普通高等教育精品系列教材

工程力学

主　编　张红艳

副主编　石　晶　王　慧

西安电子科技大学出版社

内 容 简 介

本书分为 11 章及 2 个附录,内容涵盖构件的静力学分析、杆件的基本变形及组合变形的强度和刚度问题、应力状态分析、强度理论和压杆稳定性等知识。除第 1 章外,每章末都附有思考题和习题。

本书注重理论联系工程实际,引入大量涉及工程领域的实例和习题,特别引入工程中发生的经典案例,突出强调工程应用性,系统介绍力学的相关基础知识,反映现代基础力学分析、设计新方法。

本书可作为普通高等院校非力学专业中、少学时的"工程力学"课程教材,也可作为专科、成人教育的"工程力学"课程教材。

图书在版编目(CIP)数据

工程力学 / 张红艳主编. —西安:西安电子科技大学出版社,2021.12
ISBN 978 - 7 - 5606 - 6220 - 6

Ⅰ. ①工…　Ⅱ. ①张…　Ⅲ. ①工程力学—高等学校—教材
Ⅳ. ①TB12

中国版本图书馆 CIP 数据核字(2021)第 194294 号

策划编辑　刘小莉　刘玉芳
责任编辑　刘小莉
出版发行　西安电子科技大学出版社(西安市太白南路 2 号)
电　　话　(029)88202421　88201467　　邮　　编　710071
网　　址　www.xduph.com　　　　　　电子邮箱　xdupfxb001@163.com
经　　销　新华书店
印刷单位　陕西天意印务有限责任公司
版　　次　2021 年 12 月第 1 版　2021 年 12 月第 1 次印刷
开　　本　787 毫米×1092 毫米　1/16　印张　15.75
字　　数　371 千字
印　　数　1~3000 册
定　　价　39.00 元

ISBN 978 - 7 - 5606 - 6220 - 6 / TB

XDUP 6522001 - 1

＊＊＊如有印装问题可调换＊＊＊

前　言

本书根据国家教育部高等学校力学教育委员会力学基础课程教学分委会提出的《理工科非力学专业力学基础课程教学基本要求(2012 版)》编写，可供高等学校交通、土建、汽车、地测、经管等专业本、专科学生"工程力学"课程教学使用，也可供高等职业院校和成人教育学院的师生及相关工程技术人员参考。

本书从新工科素质教育的要求出发，贯彻教学改革思想，注重学生对基本概念的理解。书中摒弃部分烦琐的理论推导和数学运算，精选不同工程行业的力学实例及相应的例题和习题，以满足少课时下高教学质量的要求，培养学生严谨的逻辑思维以及分析、解决工程实际力学问题的能力和创新精神。

本书由长安大学理学院工程力学系张红艳、石晶和王慧共同编写，张红艳担任主编，石晶和王慧担任副主编。张红艳编写第 1、5、6、9、11 章及附录，石晶编写第 7、8、10 章，王慧编写第 2、3、4 章。

本书是长安大学理学院材料力学教研室和理论力学教研室多年来教学实践和教学改革积累的结晶。编写过程中参考了长安大学工程力学系及兄弟院校已经公开出版的《材料力学》《理论力学》《工程力学》等多部教材和书籍，并引用了部分习题、例题和插图。在此特向有关作者表示敬意和衷心的感谢！

西安交通大学白长青教授审阅了全书，提出了宝贵的修改意见，在此表示衷心的感谢！

由于编者的水平有限，书中难免有疏漏和不妥之处，敬请读者批评指正。

编　者

2021 年 10 月

目　　录

第 1 章　绪论 ……………………………………………………………… (1)

1.1　工程力学的任务 ………………………………………………………… (1)

1.2　刚体和变形固体及其基本假设 ………………………………………… (2)

1.3　杆件变形的基本形式 …………………………………………………… (3)

第 2 章　基本知识和物体的受力分析 …………………………………… (5)

2.1　基本概念与静力学公理 ………………………………………………… (5)

2.2　约束和约束反力 ………………………………………………………… (10)

2.3　物体的受力分析及受力图 ……………………………………………… (15)

思考题 ………………………………………………………………………… (17)

习题 …………………………………………………………………………… (18)

第 3 章　力系的简化 ……………………………………………………… (20)

3.1　力的投影与分解 ………………………………………………………… (20)

3.2　力对点之矩与力对轴之矩 ……………………………………………… (23)

3.3　力偶及其性质 …………………………………………………………… (30)

3.4　一般力系的简化 ………………………………………………………… (33)

3.5　固定端约束和刚结点 …………………………………………………… (39)

思考题 ………………………………………………………………………… (40)

习题 …………………………………………………………………………… (40)

第 4 章　力系的平衡 ……………………………………………………… (44)

4.1　力系的平衡 ……………………………………………………………… (44)

4.2　力系平衡方程应用举例 ………………………………………………… (46)

4.3　物体系统的平衡 ………………………………………………………… (52)

思考题 ………………………………………………………………………… (60)

习题 …………………………………………………………………………… (61)

第 5 章　轴向拉伸与压缩 ………………………………………………… (66)

5.1　概述 ……………………………………………………………………… (66)

5.2 轴向拉伸(压缩)杆件的内力——轴力和轴力图 ············ (66)

5.3 轴向拉伸(压缩)杆件横截面和斜截面上的应力 ············ (69)

5.4 轴向拉伸(压缩)杆件的变形 ······························ (73)

5.5 材料在拉伸时的力学性能 ·································· (77)

5.6 材料在压缩时的力学性能 ·································· (82)

5.7 轴向拉伸(压缩)杆件的强度计算 ························ (83)

5.8 拉压超静定问题 ·· (86)

5.9 应力集中的概念 ·· (91)

5.10 连接件的强度 ··· (92)

思考题 ·· (97)

习题 ··· (98)

第6章 截面图形的几何性质 ······································ (106)

6.1 静矩和形心 ··· (106)

6.2 惯性矩、惯性积和惯性半径 ······························ (108)

6.3 平行移轴公式 主轴和主惯性矩 ·························· (111)

思考题 ·· (113)

习题 ··· (114)

第7章 扭转 ··· (116)

7.1 概述 ··· (116)

7.2 扭矩、扭矩图 ··· (117)

7.3 圆轴扭转时的应力及其强度计算 ························ (119)

7.4 圆轴扭转时的变形和刚度计算 ·························· (124)

7.5 圆轴扭转超静定问题 ····································· (125)

思考题 ·· (127)

习题 ··· (127)

第8章 梁的弯曲 ··· (130)

8.1 概述 ··· (130)

8.2 梁的内力 ··· (132)

8.3 梁的应力和强度条件 ····································· (142)

8.4 梁的变形和刚度条件 ····································· (157)

思考题 ·· (167)

习题 ··· (167)

第9章 应力状态与强度理论 ······································ (173)

9.1 应力状态概述 ··· (173)

9.2 二向应力状态分析 ·· (174)

9.3 三向应力状态的最大应力 ································· (180)

9.4 广义胡克定律 ··· (181)

9.5 强度理论 ·· (184)

思考题 ··· (188)

习题 ·· (188)

第 10 章 组合变形 ··· (193)

10.1 概述 ·· (193)

10.2 斜弯曲 ·· (194)

10.3 拉伸(压缩)与弯曲组合 ································· (196)

10.4 偏心压缩与截面核心 ···································· (199)

10.5 弯曲与扭转组合 ··· (201)

思考题 ··· (203)

习题 ·· (203)

第 11 章 压杆稳定 ··· (206)

11.1 概述 ·· (206)

11.2 细长压杆的临界力 ······································ (208)

11.3 压杆的临界应力 ··· (210)

11.4 压杆的稳定计算 ··· (213)

11.5 提高压杆承载能力的措施 ······························ (218)

思考题 ··· (219)

习题 ·· (220)

附录 A 型钢规格表 ··· (224)

附录 B 部分习题参考答案 ··································· (237)

参考文献 ··· (244)

第1章 绪 论

工程力学是研究工程结构、机械在力(系)作用下运动和变形规律的科学,是有关工程实际中结构、机械等力学分析计算和设计的基础。工程力学面向工程实际应用,与机械、能源、动力、土木、水利、化工、材料、航空航天等众多行业有着密切联系,为这些行业中的相应工程技术提供了理论指导和重要支撑。近年来,我国许多重大工程(如港珠澳大桥、首都国际机场、中国空间站等)——建成,正在由"中国制造"向"中国创造"转变,这就对工程力学方面的人才提出了更高的要求,也促使工程力学这一学科不断开拓和发展。

1.1 工程力学的任务

工程中广泛使用各种各样的结构和机械,这些结构和机械是由许多部件或零件组合而成的,我们把这些部件或零件统称为**构件**,如桥梁结构中的梁板、墩柱,房屋结构中的楼板、纵横梁、屋顶,起重机的横梁、吊钩、钢丝绳,悬臂吊车架的横梁、斜杆等都是构件。当结构或机械工作时,构件将受到其他构件传递的力的作用,这种力称为**荷载**。构件在荷载作用下,其形状及尺寸将发生变化,这种现象称为**变形**。构件的变形分为两类:一类是当外力解除后可消失的变形,称为**弹性变形**;另一类是当外力解除后不能消失的变形,称为**塑性变形**或**残余变形**。

为了保证结构或机械的正常工作,要求构件具有一定的承载能力。为此,在设计构件时,通常需要研究作用在构件上的力系,并考虑以下三个主要问题:

(1) **强度问题**。构件的强度是指构件在荷载作用下,抵抗破坏或过量塑性变形的能力。例如,房屋中的横梁不应断裂,储气罐不应爆裂等,即要求构件在受到荷载作用时不发生破坏或不产生显著的塑性变形。

(2) **刚度问题**。构件的刚度是指构件在荷载作用下,抵抗弹性变形的能力。例如,机床主轴变形不应过大,否则将影响加工精度;桥梁结构在荷载作用下如果变形过大,将影响车辆的通行等,即要求构件工作时不会产生过大变形。

(3) **稳定性问题**。构件的稳定性是指构件在压力荷载作用下,保持其原有平衡状态的能力。例如,千斤顶的螺杆、桥梁结构中的墩柱等在工作时能保持原有的直线平衡形式,即具有足够的稳定性。

构件的强度、刚度和稳定性统称为构件的**承载力**。设计构件时,不仅要求构件具有足够的承载力,同时还必须尽可能地合理选用材料和节省材料,以降低成本并减轻构件的重量。工程力学的任务就是研究构件上力系的简化和平衡,在此基础上分析其在荷载作用下的变形、受力与破坏的规律,为设计既经济又安全的构件提供强度、刚度和稳定性分析的基本理论和计算方法。

构件的承载力与所使用材料的力学性能有关,而这些力学性能只能通过实验来测定。

此外，某些复杂的问题也必须借助实验来解决。所以，实验研究和理论分析同是工程力学解决问题的主要手段。

1.2 刚体和变形固体及其基本假设

组成实际构件的材料是多种多样的，但它们都有一个共同的特点，即都是固体。在荷载作用下，一切固体都将发生变形，故称为**变形固体**。但如果物体的变形与其原始尺寸相比很小，该微小变形对所研究问题（如构件的平衡和运动状态等）影响极小时，为了使研究得到简化，可略去物体的变形，将其抽象为**刚体**。刚体是指在运动中和受力作用后，形状和大小都不发生改变，内部各点之间的距离不变的物体。刚体是从实际物体抽象得来的理想模型，自然界并不存在。

当研究构件的强度、刚度和稳定性问题时，变形成为主要因素，此时必须将构件视作**变形固体**。变形固体的性质是多方面的，而且很复杂，为了便于计算，通常省略一些对计算结果影响小的次要因素，将它们抽象为理想化的材料，因而对变形固体做以下四个基本假设。

1) 连续性假设

连续性假设认为组成变形固体的物质毫无空隙地充满其整个几何空间，即认为结构是密实的，而且变形后也保持这种连续性。根据这一假设，构件内的一些力学量即可用坐标的连续函数表示。

2) 均匀性假设

均匀性假设认为物体是由同一均匀材料组成的，其各部分的物理性质相同，且不随坐标位置的改变而改变。根据这一假设，从构件内部任何一点所取的微小体积单元，其力学性质与其他部分相同，可以代表整个构件的力学性质。

3) 各向同性假设

各向同性假设认为物体在各个方向具有相同的物理性质，即认为物体的力学性质不随方向而改变。具备这种性质的材料称为各向同性材料。

实际上，从微观角度观察，材料内部往往存在不同程度的空隙和差异；对金属材料的单一晶粒而言，其力学性能沿不同方向也是不一样的。但由于这些空隙或晶粒的尺寸远小于构件尺寸，且排列是无序的，因此从统计学的观点看，宏观上可以认为物体的性质是均匀的、连续的和各向同性的。

实践证明，基于以上三个假设得到的计算结果能够满足工程计算的精度要求。此外，工程中也常涉及沿不同方向力学性能不同的材料，这类材料称为**各向异性材料**，如木材、胶合板和一些复合材料等。

4) 小变形假设

小变形假设认为构件在荷载作用下产生的变形与构件的原始尺寸相比很微小。根据这一假设，在研究构件的平衡和运动以及内部受力和变形等问题时，认为物体的变形与构件尺寸相比属高阶小量，均按构件的原始尺寸和形状进行计算，忽略因变形引起的尺寸变化，使问题大为简化。在工程实际中，也会遇到一些柔性构件，在荷载作用下其变形常常很大，这时必须按变形后的形状计算。本书不涉及大变形问题的研究。

1.3　杆件变形的基本形式

实际中的构件有各种不同的形状，可简单分为块体（长、宽、高三个方向的尺寸接近）、板壳（长、宽方向的尺寸远大于厚度方向的尺寸）和杆件（纵向尺寸远大于横向尺寸）。材料力学研究的对象为**杆件**，简称杆。

杆件的形状和尺寸由**横截面**和**轴线**这两个几何参数确定（见图 1－1）。横截面是指与轴线垂直的截面，轴线是横截面形心的连线。

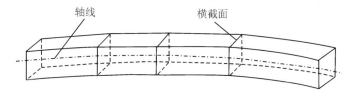

图 1－1

杆件按横截面沿轴线的变化情况可分为等截面杆和变截面杆，按轴线的形状可分为直杆、曲杆和折杆。

杆件所受的荷载多种多样，产生的变形也有各种形式。在工程结构中，杆件的基本变形只有以下 4 种：

（1）**轴向拉伸与压缩**。杆的变形是由大小相等、方向相反、作用线与杆件轴线重合的一对外力引起的，表现为杆件的长度发生伸长或缩短，见图 1－2(a)、(b)。

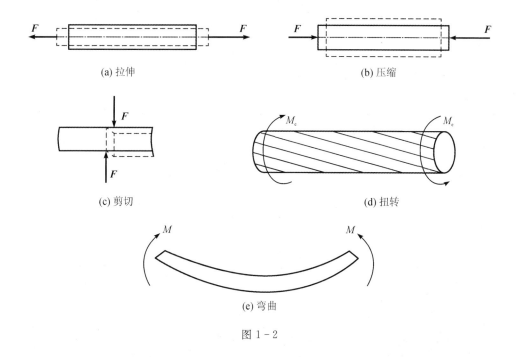

(a) 拉伸　　　　　　　　　　　　　　(b) 压缩

(c) 剪切　　　　　　　　　　　　　　(d) 扭转

(e) 弯曲

图 1－2

（2）**剪切**。杆的变形是由大小相等、方向相反、相互平行且作用线相距很近的一对外力引起的，表现为受剪杆件的两部分沿外力作用方向发生相对错动，见图 1-2(c)。

（3）**扭转**。杆的变形是由大小相等、转向相反、作用面都垂直于杆件轴的两个力偶引起的，表现为杆件的任意两个横截面发生绕轴线的相对转动，见图 1-2(d)。

（4）**弯曲**。杆的变形是由垂直于杆件轴线的横向力或作用于包含杆轴线的纵向平面内的力偶引起的，表现为杆件轴线由直线变为曲线，见图 1-2(e)。

在工程实际中，构件在荷载作用下的其他复杂变形都可以看作是上述几种基本变形的组合。处理这类问题时，若构件以某一种基本变形形式为主，其他变形形式为次，则按基本变形计算；若几种变形同等重要，则按组合变形计算。本书在分析讨论每一种基本变形的基础上，再综合研究组合变形。

第 2 章　基本知识和物体的受力分析

2.1　基本概念与静力学公理

2.1.1　力的概念

力是指物体间相互的机械作用。力对物体的作用效应包括两类：一是使物体运动状态发生变化，称为力的运动效应或外效应；二是使物体的形状和尺寸发生变化，称为力的变形效应或内效应。实践表明，力对物体的作用效果取决于力的三要素：大小、方向和作用点。力的大小反映了物体间相互机械作用的强弱程度；力的方向表示静止的质点在该力作用下开始运动的方向，沿着该方向画出的直线称为力的作用线，力的方向包含力的作用线在空间的方位和指向；力的作用点是物体间相互机械作用位置的抽象化。实际上，物体间相互机械作用的位置并不是一个点，而是一个区域。若作用区域很小，可以忽略，可将其抽象为一个点，则该力称为**集中力**。在国际单位制中，集中力的单位是牛顿（N）或千牛顿（kN）。如果作用区域不可忽略，则该力称为**分布力**。根据作用力是否均布在作用区域内，将分布力分为**均布力**及**非均布力**。根据作用区域的不同，将分布力分为**体分布力**、**面分布力**和**线分布力**。分布力的强弱程度分别用单位体积、单位面积或单位长度上的力来表示，称为**荷载集度**。体分布力是指力分布作用在某个体积上，例如重力等，其单位为 N/m^3；面分布力是指力分布作用在某个面积上，例如水压力、气压力等，其单位为 N/m^2；线分布力是指分布在狭长形状区域内而简化为沿长度方向中心线分布的分布力，其单位为 N/m。

由力的三要素可知，力在图中需用沿着力的作用线的有向线段来表示，该矢量的起点或终点表示力的作用点，线段长度按一定比例尺表示力的大小，指向表示力的方向。如果不在图中强调力的大小，则线段长度不必严格按照比例画出，如图 2-1 所示。本书中，采用黑斜体字母 *F* 表示力矢，而用普通字母 *F* 表示力的大小。书写时，为简便起见，常在普通字母上方加一个带箭头的横线表示力矢。

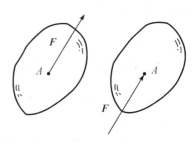

图 2-1

2.1.2　力系的概念

力系是指作用于物体上的一群力。按其作用线所在的位置可以分为**平面力系**和**空间力系**，如图 2-2(a)所示；按其作用线的相互关系可以分为**共线力系**、**平行力系**、**汇交力系**和**任意力系**等，如图 2-2(b)所示。

分别作用于同一物体的两组力系对该物体的作用效果完全相同，则称此两组力系互为

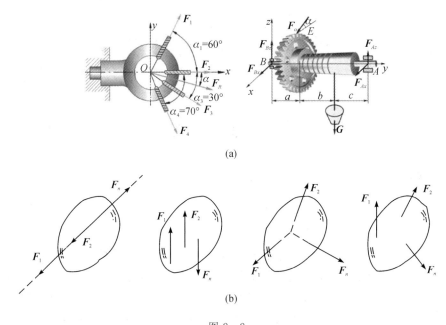

(a)

(b)

图 2 - 2

等效力系。用一个更简单的力系等效代替原力系的过程，称为**力系的简化**。如果用一个力可以等效代替原力系，则该力称为力系的**合力**，而原力系中的各力称为合力的**分力**。若力系可以用其合力代替，称为**力系的合成**；反之，一个力用其分力代替，称为**力的分解**。

2.1.3　平衡的概念

平衡是物体机械运动的一种特殊情况，是指物体相对于惯性参考系保持静止或匀速直线运动的状态。在工程中，可以将固结在地面的参考系作为惯性参考系。工程中存在大量的平衡问题，譬如各种静止于地面上的工程结构（如梁、桥墩、屋架等），或机械工程设计需要进行静力学受力分析的机械零部件。另外，运转速度缓慢或速度变化不大的结构通常也可简化为平衡问题来处理。使物体保持平衡的力系称为**平衡力系**。

2.1.4　基本公理

公理是指人们在生活和生产实践中，通过长期的实践反复证明得出的一些显而易见、为人们所公认的客观规律。能深刻反映力的本质的一般规律，称为工程静力学公理。静力学推论可借助数学论证，从公理推导出来。工程静力学的公理和推论是研究静力学的理论基础。

公理1　二力平衡公理

作用在刚体上的两个力，使刚体保持平衡的必要和充分条件是这两个力大小相等，方向相反，且在同一直线上，如图 2 - 3 所示。即

$$\boldsymbol{F}_1 = -\boldsymbol{F}_2 \tag{2-1}$$

该公理指出了作用在刚体上最简单的力系的平衡条件。该公理的条件对刚体而言，既

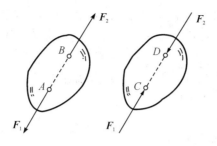

图 2 - 3

必要又充分，但对变形体来讲并不充分。

　　工程实际中，常遇到仅在两点受力作用而处于平衡的刚体，这类刚体称为**二力体**或**二**
力构件。由公理 1 可知，二力体无论其形状如何，所受的两个力必沿两力作用点的连线，且
等值、反向，如图 2 - 4 所示。

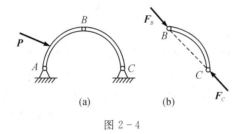

图 2 - 4

公理 2　加减平衡力系公理

　　在作用于刚体的已知力系上加上或减去任意的平衡力系，并不改变原力系对刚体的
作用。

　　该公理的正确性显而易见，这是由于平衡力系中各力对刚体的总的作用效应为零，因
此，加减平衡力系对刚体的作用效应并不发生改变。

　　加减平衡力系公理是研究力系等效变换的重要理论依据。同样，该公理也只适用于刚
体而不适用于变形体。

公理 3　力的平行四边形法则

　　作用在物体上同一点的两个力 F_1 和 F_2，可以合成为一个合力 F_R。合力的作用点也在
该点，大小和方向由这两个力为邻边构成的平行四边形的对角线确定，如图 2 - 5(a)所示。
也可以说，合力 F_R 等于两个分力 F_1 和 F_2 的矢量和，即

$$F_R = F_1 + F_2 \tag{2 - 2}$$

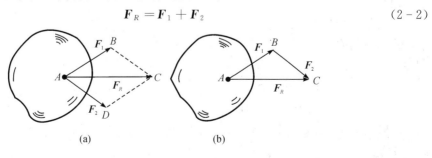

图 2 - 5

　　由于是矢量计算，为了简便，在作图时可以采用力三角形，即将其中一力矢 F_2 平移至另一个力矢 F_1 的末端，连接力矢 F_1 的起始端和力矢 F_2 的末端，得到合力矢 F_R，如图 2-5(b) 所示。

　　该公理给出了最简单力系的简化原理，是力系合成的法则；同时，也为一个力分解为两个力提供了依据，是力系分解的法则。

公理 4　作用和反作用定律

　　作用力和反作用力总是同时存在，两个力的大小相等、方向相反且沿着同一直线分别作用在两个相互作用的物体上。

　　该定律给出了物体之间相互作用力的定量关系。它是分析物体间受力关系时必须遵循的原则，为研究由多个物体组成的物体系统的受力分析提供理论依据。

　　必须注意的是，虽然作用力与反作用力两者等值、反向、共线，但它们并非作用在同一物体上，而是分别作用在两个相互作用的物体上，并不互成平衡力。因此，需要与二力平衡公理相区分。

公理 5　刚化原理

　　变形体在某一力系作用下处于平衡，如将此变形体刚化为刚体，其平衡状态保持不变。

　　该原理提供了把变形体抽象为刚体模型的条件。例如，变形体绳索在等值、反向、共线的两个拉力作用下处于平衡，若将绳索刚化为刚杆，其平衡状态保持不变，如图 2-6(a) 所示。若在绳索上作用一对等值、反向、共线的压力，此二力满足二力平衡条件，但绳索并不能平衡，则这时绳索不能刚化为刚体，如图 2-6(b) 所示。

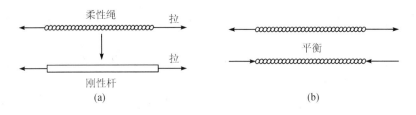

图 2-6

　　由此可见，刚体的平衡条件是变形体平衡的必要条件而非充分条件。对于变形体的平衡，除应满足刚体的平衡条件外，还必须满足与变形体有关的某些附加条件(如绳索不能受压)。故该原理给出了刚体力学与变形体力学间的关系，也为研究物系的平衡提供了基础。

两个推论

推论 1　力的可传性

　　作用于刚体上某点的力，可以沿着它的作用线移到刚体内任意一点，并不改变该力对刚体的作用。

　　证明：设力 F 作用在刚体上的 A 点，如图 2-7(a) 所示。在力 F 的作用线上任取一点 B，并在点 B 处加一对沿 AB 线的平衡力 F_1 和 F_2，且使 $F_1 = -F_2 = F$，如图 2-7(b) 所示。由加减平衡力系公理知，F_1、F_2、F 三力组成的力系与原力 F 等效，再从该力系中去掉由 F 与 F_2 组成的平衡力系，则剩下的力 F_1 与原力 F 等效，如图 2-7(c) 所示。这样，就把原来作用在点 A 处的力 F 沿其作用线移到任取的点 B 处。

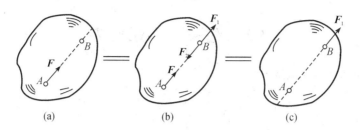

图 2-7

由此可见，作用于刚体的力的三要素可改为大小、方向和作用线。因此，作用于刚体上的力是滑动矢量。力的可传性只适用于同一刚体，不能将力沿其作用线由一个刚体移到另一个刚体上。力的可传性也不适用于变形体。譬如，如图 2-8(a)所示直杆，在杆端 A、B 两处施加沿轴线的大小相等、方向相反的两个力 F_1 和 F_2，此时杆件将产生拉伸变形；若将力 F_1 和 F_2 分别沿其作用线移至 B 点和 A 点，如图 2-8(b)所示，此时杆件将产生压缩变形。显然，两种变形效应并不相同。

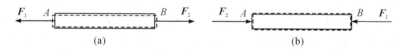

图 2-8

推论 2　三力平衡条件

作用在刚体上三力平衡的必要条件是此三力共面汇交于一点，或共面平行。

证明：设刚体上的 A、B、C 三点上分别作用了三个互不平行的力 F_1、F_2 和 F_3，在三个力作用下，刚体处于平衡状态，如图 2-9(a)所示。根据力的可传性，将 F_1 和 F_2 沿着各自作用线移至汇交点 O，如图 2-9(b)所示。根据力的平行四边形法则，得到 F_1 和 F_2 的合力 F_{R12}，再由二力平衡公理可知，F_3 和 F_{R12} 必须共线，因此，就证明了 F_3 的作用线通过 F_1 和 F_2 的汇交点 O，且与 F_1 和 F_2 共面。此外，"三力共面平行"是"三力不平行必共面汇交于一点"的特例，即在无穷远处汇交，故无须单作证明。

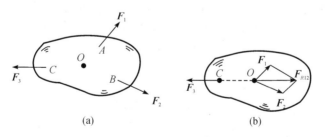

图 2-9

三力平衡条件给出了三个不平行的共面力构成平衡力系的必要条件。当刚体受不平行的三力作用处于平衡时，常利用这个关系来确定某一未知力的作用线方位。

2.2　约束和约束反力

在空间运动没有受到其他物体预加限制的物体，称为自由体，如飞行的飞机、炮弹和火箭等；反之，若其在空间运动受到了其他物体预加限制的物体，称为非自由体或被约束体，如在轨道上行进的机车、支承在柱子上的屋架、悬挂在绳索上的重物等。对非自由体的某些位移起限制作用的物体，称为非自由体的约束。上述举例中，轨道对于机车、柱子对于屋架、绳索对于重物等都是约束。

既然约束起着限制物体运动的作用，那么当物体沿着约束所限制的方向有运动或运动趋势时，约束对物体将产生作用力以阻碍物体的运动。将约束加给被约束物体的力称为约束反力或约束力，简称反力。约束力的作用点为物体上的接触点，方向必与该约束所能阻碍的被约束物体的运动方向相反。

除约束力以外，物体还受到重力、引力以及可改变物体运动状态的力（如风力、水压力、弹力等力）的作用，这类力称为主动力或荷载。主动力和约束力不同，其大小和方向一般都是预先给定的，彼此相互独立。但是约束力通常是未知的，取决于约束的性质，也取决于主动力的大小和方向，是一种被动力，在平衡问题中需要根据平衡条件来确定。

由此可见，对物体的受力分析的重要内容之一是分析约束力。要正确表示约束力的作用线或指向，需要了解约束的性质。实际工程中，约束的构成方式多种多样，通过合理简化，可以概括为如下几类典型约束模型。

1. 光滑接触面约束

若约束是刚体的，且物体与约束之间的接触面较为光滑，即摩擦力可以忽略时，可将这类约束简化为光滑接触面约束。

这类约束的特点是只能阻碍物体沿两接触面法线指向约束内部的运动，不能阻碍它沿切线方向的运动。因此，光滑接触面约束对物体的约束力作用在接触点处、沿两接触面公法线并指向被约束物体，通常称为法向反力，记作 F_N，如图 2-10 所示。需要说明的是，图 2-10(d)所示的直杆放在槽中，它在 A、B、C 三处受到槽的约束，这种有尖端物体作用的光滑支承面约束，可将尖端处看作小圆弧与直线相切，则约束力仍是法向反力。

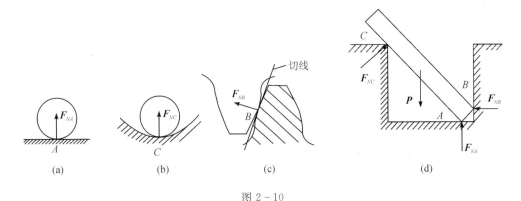

(a)　　　　　　(b)　　　　　　(c)　　　　　　　　　(d)

图 2-10

2. 光滑铰链约束

工程中光滑铰链约束的形式多样，以下介绍工程中常见的几种。

1) 固定铰链支座(固定铰支)

将结构物或构件连接在墙、柱、机座等支承物上的装置称为**支座**。在物体与支座的连接处钻上圆柱形的孔，并用圆柱形销钉将它们连接，如图 2-11 所示，这种约束称为固定铰链支座，简称固定铰支，其组成如图 2-12(a)所示。若销钉与孔之间为光滑接触，则固定铰链支座仅限制了物体沿垂直于销钉轴线任何方向的移动。可以看出，圆柱形销钉与孔之间的约束本质仍然为光滑铰链约束。因此，固定铰链的约束力沿接触点的公法线，即通过且垂直于销钉中心轴线，如图 2-12(b)所示。由于销钉与孔壁间的接触点不定，故而约束力 F_R 的大小及方向均未知，它们与作用于物体上的主动力有关。为了便于计算，通常将大小和方向待定的力用两个正交的分力 F_x 和 F_y 来表示，如图 2-12(c)所示。图 2-12(d)给出了固定铰链支座的结构简图。

图 2-11

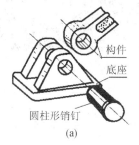

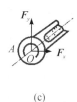

(a)　　　　(b)　　　　(c)　　　　(d)

图 2-12

2) 滚动铰链支座(可动铰支座)

工程中，考虑到温度及其他因素变化引起约束在某个方向的约束力，有时会在固定铰链支座的底部安装一排辊轮或辊轴，如图 2-13 所示，这类约束称为辊轴约束，或称为滚动铰链支座、可动铰支座，简称滚动支座。其组成如图 2-14(a)所示，支座结构简图如图 2-14(b)所示。显然，滚动支座的约束性质与光滑接触面约束相同，其约束反力 F_N 垂直于接触面，如图 2-14(c)所示。

图 2-13

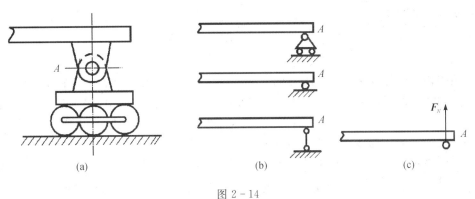

图 2 - 14

3) 连接铰链(中间铰)

两物体上分别做出直径相同的圆孔并用圆柱形销钉连接起来,如图 2 - 15(a)所示,这类约束称为连接铰链,或称为中间铰。其组成如图 2 - 16(a)所示,结构简图如图 2 - 16(b)所示。

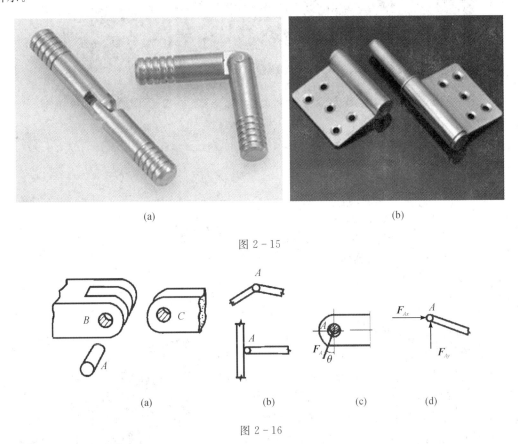

(a)　　　　　　　　　　　　　　　(b)

图 2 - 15

(a)　　　　　　(b)　　　　　　(c)　　　　　　(d)

图 2 - 16

无须单独研究销钉的受力情况时,可将销钉与其中一个物体视为一体作为约束。与固定铰链支座类似,这类约束只限制物体在垂直销钉轴线的平面内沿圆孔径向的相对移动。因此,中间铰链对物体的约束力作用在与销钉轴线垂直的平面内,并沿着销钉与孔壁间的接触点通过销钉孔中心，如图 2-16(c)所示，其约束力大小及方向均未知，工程中常用通过铰链中心的相互垂直的两个分力 F_{Ax} 和 F_{Ay} 表示，如图 2-16(d)所示。

在实际工程中，常见的蝶形铰链如图 2-15(b)所示，其构成与中间铰类似，反力画法也类似。

4）光滑球形铰链约束（球铰）

与前述三类约束相区别，被约束杆的杆端为球形，称为球头，支座上有与之半径近似相等的球窝，两者相互配合构成球形铰链约束，如图 2-17 所示，这类约束简称为球铰。其结构图如图 2-18(a)所示。球铰限制了被约束杆件在空间三个方向的移动，但并未限制其转动。假若球和球窝的接触面是光滑的，则两者之间是点接触，接触点位置并不确定，故该约束提供了一个过球心且大小和方向未知的空间约束力 F_A，通常可用三个相互正交的分力 F_{Ax}、F_{Ay}、F_{Az} 来表示，如图 2-18(b)所示。球铰支座结构简图如图 2-18(c)所示。

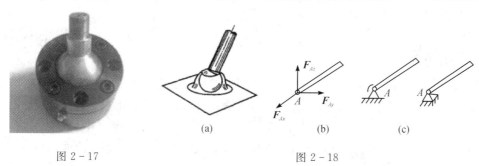

图 2-17　　　　　　　　　　　　图 2-18

3. 轴承

轴承是机械设备中一种重要的零部件，其主要功能是支撑机械中的旋转体，减少其在运动过程中的摩擦，并保证回转精度。以下介绍两种常见的轴承类型。

1）向心轴承（径向轴承）

向心轴承或径向轴承是转轴的约束，如图 2-19 所示。这类轴承允许转轴转动，但限制转轴在垂直于轴线的任何方向上的移动，如图 2-20(a)所示。因此，其约束反力的特征与光滑圆柱铰链相同，也可用垂直于轴线的两个正交分力来表示，如图 2-20(b)。向心轴承的结构简图如图 2-20(c)。

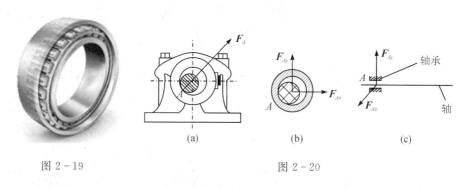

图 2-19　　　　　　　　　　　　图 2-20

2）止推轴承

止推轴承是机器中一种常见的零件与底座的连接方式，如图 2-21 所示。如图 2-22(a)

所示，这类轴承不仅限制轴颈垂直于轴线方向（径向）的位移，还限制沿轴线方向的位移，因此，相较于径向轴承，其约束反力增加了沿轴向的分力 F_z，如图 2 - 22(b)所示。其结构简图如图 2 - 22(c)所示。

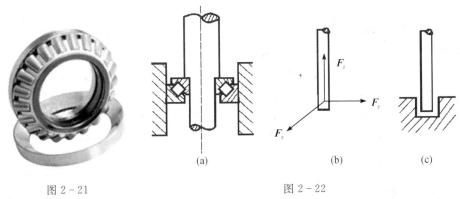

图 2 - 21　　　　　　　　　　　　　　　图 2 - 22

4. 链杆约束

两端以铰链分别与不同的物体相连，且杆上无其他受力（包括不计重力）的杆件称为链杆，如图 2 - 23(a)所示 AB 杆，其结构简图如图 2 - 23(b)所示。可见，链杆可视为二力杆，只能承受沿两铰接点连线方向的作用力。因此，根据作用与反作用定律，链杆对物体的约束反力沿着链杆两铰中心线指向不定，根据实际情况，可以表现为拉力或压力，其受力画法如图 2 - 23(c)所示。

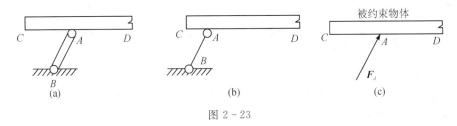

图 2 - 23

5. 柔性约束

由绳索、链条、皮带等构成的约束统称为柔性约束，或柔索约束。当忽略其刚性视为绝对柔软时，柔性约束只能承受拉力而不能承受压力和抵抗弯曲。因此，柔索对物体的约束反力（常称其为张力）沿柔索中心线背离物体，只能为拉力，记为 F_T。

例如，一皮带传动装置，假想地切开皮带轮中的皮带，由于它是被预拉后套在两皮带轮上的，故无论在皮带的紧边还是松边上都承受拉力，约束力方向沿带（与轮相切）而背向轮，如图 2 - 24 所示。

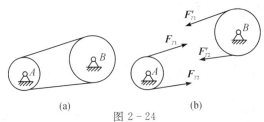

图 2 - 24

2.3　物体的受力分析及受力图

工程实际中解决力学问题，一般都需要根据所需要解决的问题合理选择具体的研究对象，这称为**确定研究对象**；由于工程问题涉及的物体大部分与其他物体间有相互连接，需要把研究对象所受外约束全部解除，将其从周围物体中假想地分离出来，单独画出其简图，这称为**取分离体**；为了保证取出的分离体与其实际受力情况相同，须对分离体进行受力分析，把作用在分离体上的所有主动力和约束反力用相应的力矢量画在研究对象的简图上，并分析哪些力是已知的，哪些力是未知的，这样得到的图形称为研究对象的**受力图**。整个分析过程称为**物体的受力分析**。

总之，画受力图的步骤可概括如下：

（1）确定研究对象，取分离体。根据题意要求，可以取单个物体或几个物体的组合或物体系统本身为研究对象。

（2）画出作用在分离体上的全部主动力（荷载）和已知力，不要运用力系的等效替换或力的可传性来随意改变力的作用位置。

（3）逐一画出全部外约束反力。在分离体被解除约束的位置，应根据约束类型的性质画出相应的约束反力，切忌主观臆断。

正确画出物体的受力图是分析、解决力学问题的基础和关键。下面举例说明。

例 2 - 1　如图 2 - 25(a)所示简支梁 AB，跨中受一集中力 F 作用，A 端为固定铰支座，B 端为活动铰支座。试画出梁的受力图。

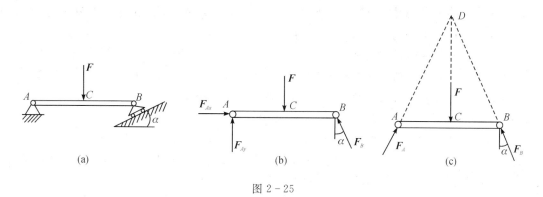

图 2 - 25

解　（1）取梁 AB 为研究对象，解除 A、B 两处的约束，并画出其分离体图。

（2）在梁的中点 C 画主动力 F。

（3）在解除约束的 A 处和 B 处，根据约束类型画出约束反力。A 处为固定铰支座，其反力用过铰链中心 A 的相互垂直的分力 F_{Ax}、F_{Ay} 表示。B 处为活动铰支座，其反力过铰链中心 B 且垂直于支承面，指向假定如图 2 - 25(b)所示。

此外，考虑到梁仅在 A、B、C 三点受力的作用而处于平衡，根据三力平衡定理，已知 F 与 F_B 的作用线相交于 D 点，故 A 处反力 F_A 的作用线也应相交于 D 点，从而确定其必沿 A、D 两点连线，故梁 AB 受力分析也可如图 2 - 25(c)所示。

例 **2 - 2**　　如图 2 - 26(a)所示连续梁由 AC 和 BC 组成，中间通过铰链 C 连接，A 端为固定铰支座，B 端为活动铰支座，D 端为链杆约束，其上作用了均布荷载，其荷载集度为 q。试画出 AC 段、BC 段以及整体的受力图。

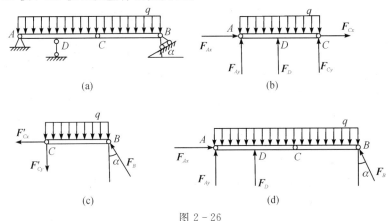

图 2 - 26

解　　(1) 取梁 AC 为研究对象，解除 A、C 和 D 处的约束，并画出其分离体图；在梁 AC 上画分布力；在解除约束 A、C 和 D 处根据约束类型画出约束反力，分别用 $\boldsymbol{F}_{Ax}$、$\boldsymbol{F}_{Ay}$，$\boldsymbol{F}_{Cx}$、$\boldsymbol{F}_{Cy}$ 以及 $\boldsymbol{F}_D$ 表示，如图 2 - 26(b)所示。

(2) 取梁 BC 为研究对象，解除 B 和 C 两处的约束，并画出其分离体图；在梁 BC 上画分布力；在解除约束 B 处画出约束反力 $\boldsymbol{F}_B$；在解除约束 C 处，画出梁 AC 作用在梁 BC 上的反作用力 $\boldsymbol{F}'_{Cx}$、$\boldsymbol{F}'_{Cy}$，如图 2 - 26(c)所示。

(3) 取整体为研究对象，解除 A 和 B 处的约束，取分离体，画出梁上的分布力；在解除约束 A 和 B 处画出约束反力，分别用 $\boldsymbol{F}_{Ax}$、$\boldsymbol{F}_{Ay}$ 和 $\boldsymbol{F}_B$ 表示，如图 2 - 26(d)所示。

需要注意的是：本题中，分析两物体间的相互作用时，应遵循作用与反作用定律，若作用力的方向一旦假定，则反作用力的方向只能与之相反；对于同一处的约束，在整体和相应的局部受力图上，约束反力要假设一致，如画整体受力图时，针对 A、B 处的约束反力，必须与梁 AC 和梁 BC 受力图中 A、B 处的约束反力假设一致。

例 **2 - 3**　　如图 2 - 27(a)所示三铰架，A、B 均为固定铰支座，C 为圆柱铰链，BC 直角弯杆上作用有力 $\boldsymbol{P}_1$ 和 $\boldsymbol{P}_2$。力 $\boldsymbol{P}$ 作用在销钉 C 上。若不计 AC 杆和 CB 杆的自重，假设销钉 C 带在 AC 杆上时，试画出 AC 杆、CB 杆和整体的受力图。

解　　(1) 将销钉 C 和 AC 杆视为一体作为研究对象，画出其分离体图；画上主动力 $\boldsymbol{P}$，注意到销钉 C 和 AC 杆作为一个整体仅两点受力，为二力体，可知固定铰支座 A 的约束反力 $\boldsymbol{F}_A$ 的方向一定沿 AC 连线。由于销钉 C 在 AC 杆上，这里销钉 C 与 AC 杆的相互作用力成为内力不必画出，只需画出 CB 杆作用在销钉 C 的约束反力 $\boldsymbol{F}_{Cx}$、$\boldsymbol{F}_{Cy}$，故其受力如图 2 - 27(b)所示。

(2) 取 CB 杆为研究对象，解除约束画出其简图，其上作用有主动力 $\boldsymbol{P}_1$、$\boldsymbol{P}_2$。由于 C 是中间铰，B 是固定铰支座，故其约束反力均用一对正交分力 $\boldsymbol{F}'_{Cx}$、$\boldsymbol{F}'_{Cy}$ 和 $\boldsymbol{F}_{Bx}$、$\boldsymbol{F}_{By}$ 表示。注意 $\boldsymbol{F}'_{Cx}$、$\boldsymbol{F}'_{Cy}$ 分别是 $\boldsymbol{F}_{Cx}$、$\boldsymbol{F}_{Cy}$ 的反作用力，其受力如图 2 - 27(c)所示。

(3) 取整体为研究对象，解除 A 和 B 处的约束，画上主动力 $\boldsymbol{P}$、$\boldsymbol{P}_1$ 和 $\boldsymbol{P}_2$，再解除约束

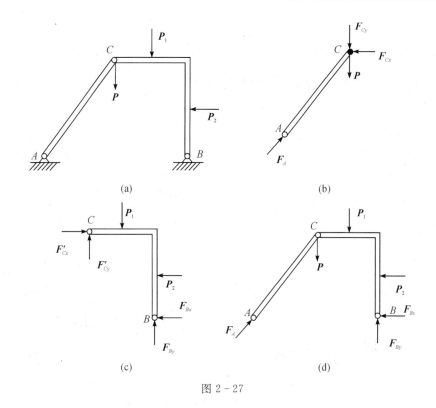

图 2 - 27

A 和 B 处的约束反力，注意 F_A 以及 F_{Bx}、F_{By} 应与局部受力图上的假设一致。

　　综上所述，进行受力分析，即恰当地选取分离体并正确地画出受力图，是解决力学问题的基础和关键。受力分析错误，会导致所做的进一步分析计算也出现错误的结果，因此要求准确和熟练地掌握物体的受力分析方法。

思　考　题

　　2.1　说明下列式子的意义和区别。

　　(1) $F_1 = F_2$；(2) $\boldsymbol{F}_1 = \boldsymbol{F}_2$；(3) 力 $\boldsymbol{F}_1$ 等效于力 $\boldsymbol{F}_2$。

　　2.2　二力平衡条件和作用力与反作用力定律中均提到了二力等值、反向、共线，但两者有何区别？

　　2.3　下列有关二力体或是二力杆的说法是否正确？为什么？

　　(1) 凡是两点受力的刚体就是二力体。

　　(2) 凡是两端以铰链链接的杆都是二力杆。

　　(3) 凡是受到两个力处于平衡的物体就是二力体；反之，受到超过两个力处于平衡的物体不可能是二力体。

　　(4) 二力杆的受力方向一定是沿着杆的方向。

　　2.4　哪些公理和推论仅适用于刚体？

　　2.5　在物体进行受力分析时，可能需要应用哪些力学公理，是如何应用的？

习　　题

2-1　画出题 2-1 图中物体 A、ABC 或构件 AB、DC 的受力图。未画重力的物体的重量均不计，所有接触处均为光滑接触。

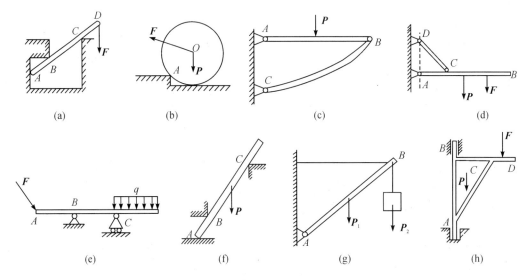

题 2-1 图

2-2　画出题 2-2 图中每个标注字符的物体的受力图及其整体受力图。未画重力的物体的重量均不计，所有接触处均为光滑接触。

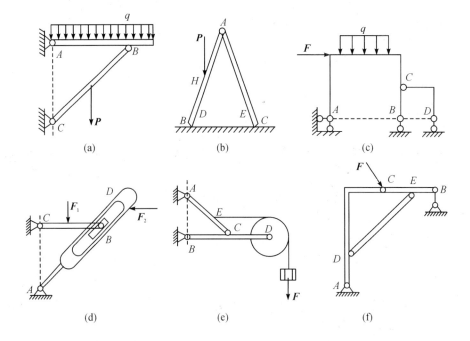

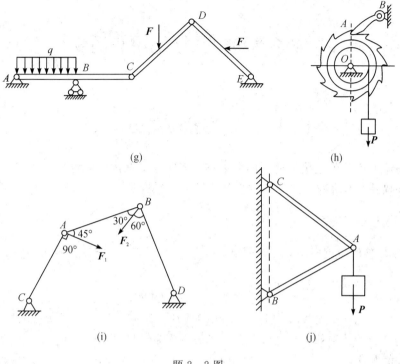

(g)　　　　　　　　　　　　　　　(h)

(i)　　　　　　　　　　　　　　　(j)

题 2 - 2 图

第 3 章　力系的简化

3.1　力的投影与分解

力对物体的运动效应包含使物体发生移动和转动。其中，力对物体的移动效应可以用力的投影来描述；力对物体的转动效应可以用力矩来度量。

3.1.1　力在轴上的投影

力 $\boldsymbol{F}$ 与 x 轴的单位向量 $\boldsymbol{i}$ 的数量积，称为力 $\boldsymbol{F}$ 在轴 x 上的投影，记为 F_x，如图 3-1 所示。于是有

$$F_x = \boldsymbol{F} \cdot \boldsymbol{i} = F\cos\theta \tag{3-1}$$

从几何上看，F_x 是过力矢的起点 A 和终点 B 分别向 x 轴引垂线所得到的有向线段 $\overrightarrow{ab}$。力在轴上的投影为代数值，当力与轴正向间的夹角为锐角时，其值为正；夹角为钝角时，其值为负；夹角为直角时，其值为零。实际计算时，当夹角为钝角时，常用其补角计算力的投影的大小，并在其前面加上负号。

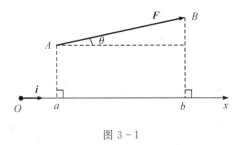

图 3-1

3.1.2　力在平面上的投影

设力 $\boldsymbol{F}$ 和 Oxy 平面之间的夹角为 θ，过力矢 $\boldsymbol{F}$ 的起点 A 和终点 B 分别向 Oxy 平面引垂线所得到的有向线段 $\overrightarrow{ab}$ 称为力 $\boldsymbol{F}$ 在 Oxy 平面的投影，记为 $\boldsymbol{F}_{xy}$，如图 3-2 所示。力在平

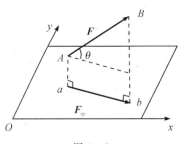

图 3-2

面上的投影是矢量，投影力矢 $\boldsymbol{F}_{xy}$ 的大小为

$$\boldsymbol{F}_{xy} = F\cos\theta \qquad (3-2)$$

3.1.3　力在直角坐标轴上的投影

若已知力 $\boldsymbol{F}$ 与直角坐标系 $Oxyz$ 三轴间的夹角为 α,β,γ，如图 3-3 所示，则可直接得到力在三个坐标轴上的投影，即

$$\begin{cases} F_x = \boldsymbol{F} \cdot \boldsymbol{i} = F\cos\alpha \\ F_y = \boldsymbol{F} \cdot \boldsymbol{j} = F\cos\beta \\ F_z = \boldsymbol{F} \cdot \boldsymbol{k} = F\cos\gamma \end{cases} \qquad (3-3)$$

这种投影法称为**一次投影法**（或**直接投影法**）。

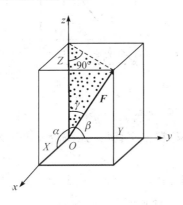

图 3-3

当力 $\boldsymbol{F}$ 与坐标轴 x、y 间的夹角不易确定时，但已知力 $\boldsymbol{F}$ 和 Oxy 平面之间的夹角为 θ，且力在该平面上的投影 $\boldsymbol{F}_{xy}$ 与某轴（x 轴）之间的夹角为 φ，如图 3-4 所示，可先将力 $\boldsymbol{F}$ 投影到平面 Oxy 上得到投影力 $\boldsymbol{F}_{xy}$，再将 $\boldsymbol{F}_{xy}$ 投影到 x、y 轴上，则力 $\boldsymbol{F}$ 在三个直角坐标轴上的投影分别为

$$\begin{cases} F_x = F\cos\theta\cos\varphi \\ F_y = F\cos\theta\sin\varphi \\ F_z = F\sin\theta \end{cases} \qquad (3-4)$$

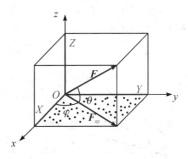

图 3-4

这种方法称为**二次投影法**（或**间接投影法**）。

具体计算时，选用以上哪一种方法要视已知条件而定。

3.1.4　力的投影与分解之间的关系

力 $\boldsymbol{F}$ 沿着空间直角坐标轴 x、y、z 可以分解为三个正交分力 $\boldsymbol{F}_x$、$\boldsymbol{F}_y$、$\boldsymbol{F}_z$，如图 3 - 5 所示。

$$\boldsymbol{F} = \boldsymbol{F}_x + \boldsymbol{F}_y + \boldsymbol{F}_z \tag{3-5}$$

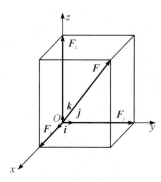

图 3 - 5

与力的投影比较，可知力 $\boldsymbol{F}$ 在空间直角坐标轴上的投影和沿此坐标轴的正交分量有如下关系：

$$\boldsymbol{F}_x = F_x \boldsymbol{i}, \ \boldsymbol{F}_y = F_y \boldsymbol{j}, \ \boldsymbol{F}_z = F_z \boldsymbol{k} \tag{3-6}$$

其中，$\boldsymbol{i}$、$\boldsymbol{j}$、$\boldsymbol{k}$ 表示相应的三个坐标轴的单位矢量。

由此，可以得到力 $\boldsymbol{F}$ 的解析表达式为

$$\boldsymbol{F} = F_x \boldsymbol{i} + F_y \boldsymbol{j} + F_z \boldsymbol{k} \tag{3-7}$$

因此，若已知力 $\boldsymbol{F}$ 在正交直角坐标系 $Oxyz$ 的三个投影，则力 $\boldsymbol{F}$ 的大小和方向余弦可以用如下关系式来计算：

$$\begin{cases} F = \sqrt{F_x^2 + F_y^2 + F_z^2} \\ \cos(\boldsymbol{F}, \boldsymbol{i}) = \dfrac{F_x}{F}, \ \cos(\boldsymbol{F}, \boldsymbol{j}) = \dfrac{F_y}{F}, \ \cos(\boldsymbol{F}, \boldsymbol{k}) = \dfrac{F_z}{F} \end{cases} \tag{3-8}$$

显然，力的分解得到沿坐标轴的分力是矢量，而力在坐标轴上的投影是代数量，虽然力在直角坐标轴上的投影与力沿着相同轴的分力大小在数值上是相等的，但这个关系式仅在直角坐标系中成立。在斜坐标系中，如图 3 - 6 所示，各轴不相垂直，力沿轴的分力在数值上不等于力在两轴上的投影。

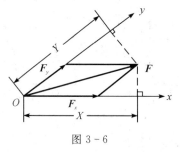

图 3 - 6

3.1.5　合力投影定理

力既然是矢量，自然满足矢量运算的一般规则。根据合矢量的投影规则，可以得到如下结论：力系的合力在某坐标轴上的投影等于各分力在该轴上投影的代数和，这个结论就是**合力投影定理**。

利用合力投影定理，并结合公式（3-8），就可以解析计算任意力系（F_1，F_2，…，F_n）的合力F_R。如 F_{1x}，F_{2x}，…，F_{nx}，F_{1y}，F_{2y}，…，F_{ny} 和 F_{1z}，F_{2z}，…，F_{nz} 分别表示该力系（F_1，F_2，…，F_n）各分力在 x、y 和 z 轴上的投影，则该力系合力F_R在 x、y 和 z 轴上的投影分别为

$$\begin{cases} F_{Rx} = F_{1x} + F_{2x} + \cdots + F_{nx} = \sum F_{ix} \\ F_{Ry} = F_{1y} + F_{2y} + \cdots + F_{ny} = \sum F_{iy} \\ F_{Rz} = F_{1z} + F_{2z} + \cdots + F_{nz} = \sum F_{iz} \end{cases} \quad (3-9)$$

合力F_R的大小和方向余弦可以用如下关系式来计算：

$$\begin{cases} F_R = \sqrt{F_{Rx}^2 + F_{Ry}^2 + F_{Rz}^2} \\ \cos(F_R, i) = \dfrac{F_{Rx}}{F_R}, \ \cos(F_R, j) = \dfrac{F_{Ry}}{F_R}, \ \cos(F_R, k) = \dfrac{F_{Rz}}{F_R} \end{cases} \quad (3-10)$$

3.2　力对点之矩与力对轴之矩

3.2.1　平面力对点之矩

作用在物体上的力可以使物体产生绕某一点（该点不在力的作用线上）转动的趋势，度量这种趋势的量称为**力之矩**，简称**力矩**。

以扳手拧螺母为例，如图 3-7 所示，作用在扳手上的力F可以使螺母绕着O点发生转动效应，这一作用效应不仅与力的大小F成正比，而且与点O到力F作用线的垂直距离h成正比。此外，力F使扳手绕O点的转动方向不同，其作用效果也不同。因此，平面问题中力对点之矩 $M_O(F)$ 可定义如下：

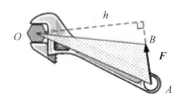

图 3-7

$$M_O(F) = \pm Fh \quad (3-11)$$

其中，点O为**力矩中心**，简称**矩心**；h为**力臂**；力F与矩心O所确定的平面为**力矩作用面**。平面力对点之矩是一个代数量，力矩大小用力的大小和力臂的乘积来表示，而正负号体现力矩平面内力使物体绕矩心的转向，即绕着过矩心且垂直于力矩平面的轴的转向，通常规定力使物体绕矩心逆时针转向转动时为正，反之为负。力矩的单位常用牛顿•米（N•m）或千牛顿•米（kN•m）。

需要注意的是，力矩是相对于某一矩心而言的，离开了矩心，力矩就没有意义。而矩心的位置可以是力矩平面内任意一点，并非一定是物体内固定的转动中心。一般而言，矩心

位置选取不同,力矩也就不同。当力的作用线过矩心时,则它对矩心的力矩为零;当力沿其作用线移动时,力对点之矩保持不变。

从几何上看,力 F 对点 O 之矩在数值上等于 $\triangle OAB$ 面积的两倍,如图 3-7 所示。

3.2.2　空间力对点之矩

由于平面力系中,各力作用线与矩心所决定的力矩作用面相同,使物体均在力矩平面内转动,因此平面力对点之矩仅取决于力矩大小和力矩转向。在空间力系问题中,由于各力作用线不在同一平面内,各力使物体绕同一点转动时其力矩作用面方位不同,此时度量力的转动效应不仅要考虑力矩大小和转向,还需要确定力使物体转动的方位,也就是力使物体绕着什么轴转动以及沿着什么转向转动。

譬如,如图 3-8 所示,作用在飞机机翼上的力和作用在飞机尾翼上的力,对飞机的转动效应并不相同:作用在机翼上的力可以使飞机侧倾甚至滚转,而作用在尾翼上的力可使飞机发生俯仰。

因此,空间力对点之矩取决于以下三要素:① **力矩大小**,即力与力臂的乘积;② **力矩作用面的方位**;③**力矩转向**,即在力矩作用面内,力使物体绕着矩心的转向。由此可知,空间力对点之矩需用一个矢量来进行表示,矢量的模表示力对点之矩的大小,矢量的方位与该力和矩心所在平面的法线方位相同,矢量的指向按右手螺旋法则确定力矩的转向。这个矢量称为**力对点的矩矢**,简称**力矩矢**,记作 $M_O(F)$,如图 3-9 所示。由于 $M_O(F)$ 的大小及方向与矩心 O 的位置有关,故力矩矢的始端必须画在矩心上,属于**定位矢量**。力矩矢的大小为 $|M_O(F)| = Fh = 2S_{\triangle OAB}$。

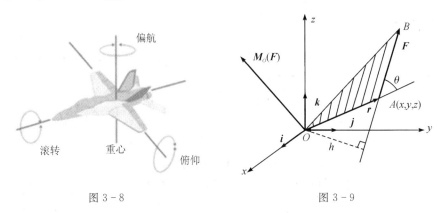

图 3-8　　　　　　　　　　　　　　　　　　图 3-9

若以 r 表示矩心 O 到力作用点 A 的位置矢量,则力矩矢也可写成如下矢积表达式:
$$M_O(F) = r \times F \tag{3-12}$$
即力对点之矩矢等于矩心到该力作用点的位置矢径与该力的矢量积。

若以矩心 O 为原点建立空间直角坐标系 $Oxyz$,如图 3-9 所示,由于
$$r = xi + yj + zk, \quad F = F_x i + F_y j + F_z k$$
于是式(3-12)可写成相应的解析表达式,即

$$\boldsymbol{M}_O(\boldsymbol{F}) = \boldsymbol{r} \times \boldsymbol{F} = \begin{vmatrix} \boldsymbol{i} & \boldsymbol{j} & \boldsymbol{k} \\ x & y & z \\ F_x & F_y & F_z \end{vmatrix} = (yF_z - zF_y)\boldsymbol{i} + (zF_x - xF_z)\boldsymbol{j} + (xF_y - yF_x)\boldsymbol{k}$$

$$(3-13)$$

式中，单位矢量 $\boldsymbol{i}$、$\boldsymbol{j}$、$\boldsymbol{k}$ 前面的三个系数分别表示力矩矢 $\boldsymbol{M}_O(\boldsymbol{F})$ 在对应坐标轴上的投影，即

$$\begin{cases} \left[\boldsymbol{M}_O(\boldsymbol{F})\right]_x = yF_z - zF_y \\ \left[\boldsymbol{M}_O(\boldsymbol{F})\right]_y = zF_x - xF_z \\ \left[\boldsymbol{M}_O(\boldsymbol{F})\right]_z = xF_y - yF_x \end{cases}$$

$$(3-14)$$

3.2.3　空间力对轴之矩

　　力使物体绕某点转动，实际上是指物体绕过矩心且垂直于力矩作用面的轴转动。在实际生活和工程中，一些物体在力的作用下只能绕着某轴转动，如门绕着门轴转动、齿轮绕着某定轴转动等。因此，采用力对轴之矩来度量力使物体绕着轴转动的效应。

　　以日常生活中的开闭门为例，设力 $\boldsymbol{F}$ 作用在门上 A 点，门可绕 z 轴转动，如图 3-10 所示。作过 A 点且垂直于轴 z 的平面，该平面与轴 z 的交点为 O。将力 $\boldsymbol{F}$ 分解为平行于 z 轴的分力 $\boldsymbol{F}_z$ 和垂直于 z 轴的分力 $\boldsymbol{F}_{xy}$。由经验可知，只有分力 $\boldsymbol{F}_{xy}$ 才能使门绕 z 轴转动，则力 $\boldsymbol{F}$ 使门绕 z 轴转动的效应等于其分力 $\boldsymbol{F}_{xy}$ 使门绕 z 轴转动的效应。因此，将分力 $\boldsymbol{F}_{xy}$ 的大小与其作用线到 z 轴的垂直距离 h 的乘积 $F_{xy}h$ 冠以正负号来表示力 $\boldsymbol{F}$ **对 z 轴之矩**，并记为

$$M_z(\boldsymbol{F}) = M_z(\boldsymbol{F}_{xy}) = \pm F_{xy}h \qquad (3-15)$$

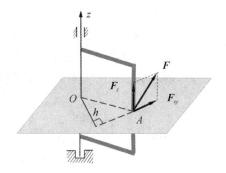

图 3-10

　　于是，力对轴之矩可定义如下：力对轴之矩是力使刚体绕该轴转动效果的度量。它是一个代数量，其大小等于力在垂直于该轴平面上的分力对于轴与平面的交点之矩。其正负号按右手螺旋法则确定，拇指与 z 轴一致为正，反之为负。

　　由定义可知，当力的作用线与轴相交或平行时（即力与轴共面），力对该轴之矩为零；当力沿其作用线滑移时，力对轴之矩不变。

　　力对轴之矩也可用解析式表示。设力 $\boldsymbol{F}$ 在空间直角坐标系 $Oxyz$ 的坐标轴的投影分别为 F_x、F_y 和 F_z，力 $\boldsymbol{F}$ 的作用点 A 的坐标为 (x, y, z)，如图 3-11 所示。根据力对点之矩

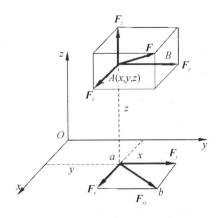

图 3 - 11

的定义以及力系等效的概念，可得力对轴 z 之矩为

$$M_z(\boldsymbol{F}) = M_O(\boldsymbol{F}_{xy}) = M_O(\boldsymbol{F}_x) + M_O(\boldsymbol{F}_y) = xF_y - yF_x$$

同理可得其余二式，则计算力对直角坐标轴之矩的解析表达式如下：

$$\begin{cases} M_x(\boldsymbol{F}) = yF_z - zF_y \\ M_y(\boldsymbol{F}) = zF_x - xF_z \\ M_z(\boldsymbol{F}) = xF_y - yF_x \end{cases} \tag{3-16}$$

3.2.4　力对点之矩与力对通过该点的轴之矩的关系

将式(3-14)与式(3-16)比较，可得

$$\begin{cases} [\boldsymbol{M}_O(\boldsymbol{F})]_x = M_x(\boldsymbol{F}) \\ [\boldsymbol{M}_O(\boldsymbol{F})]_y = M_y(\boldsymbol{F}) \\ [\boldsymbol{M}_O(\boldsymbol{F})]_z = M_z(\boldsymbol{F}) \end{cases} \tag{3-17}$$

由此可得**力矩关系定理**：力对点之矩矢在通过该点的某轴上的投影，等于力对该轴之矩。这一结论给出了力对点之矩与力对轴之矩之间的关系。前者在理论分析中比较方便，而后者在实际计算中较为实用。

由式(3-13)、式(3-14)和式(3-17)，可以得出如下表达式：

$$\boldsymbol{M}_O(\boldsymbol{F}) = M_x(\boldsymbol{F})\boldsymbol{i} + M_y(\boldsymbol{F})\boldsymbol{j} + M_z(\boldsymbol{F})\boldsymbol{k} \tag{3-18}$$

上式表明，力使物体绕某点的转动效应等于力使物体同时分别绕过该点的 3 根相互垂直的轴转动效应的总和。这也是力矩关系定理的另一种表述。

例 3 - 1　折杆 OA 各部分尺寸如图 3 - 12(a)所示，杆端 A 作用一个大小等于 1000 N 的力 $\boldsymbol{P}$，求力 $\boldsymbol{P}$ 对点 O 之矩以及它对坐标系 $Oxyz$ 各轴之矩。

解　由图 3 - 12(b)得力 $\boldsymbol{P}$ 的三个方向余弦，即

$$\cos\alpha = \frac{1}{\sqrt{1^2 + 3^2 + 5^2}} = \frac{1}{\sqrt{35}},\ \cos\beta = \frac{3}{\sqrt{35}},\ \cos\gamma = \frac{5}{\sqrt{35}}$$

于是，力 $\boldsymbol{P}$ 在各坐标轴上的投影分别为

$$X = P\cos\alpha = 1000 \times \frac{1}{\sqrt{35}} \approx 169.0\ \text{N}$$

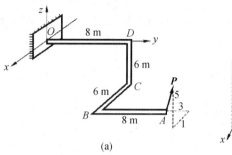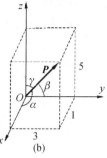

图 3 - 12

$$Y = P\cos\beta = 1000 \times \frac{3}{\sqrt{35}} \approx 507.1 \text{ N}$$

$$Z = P\cos\gamma = 1000 \times \frac{5}{\sqrt{35}} \approx 845.2 \text{ N}$$

又力 P 的作用点 A 的坐标为

$$x = 6 \text{ m}, \ y = 16 \text{ m}, \ z = -6 \text{ m}$$

于是由式(3-14)可得力 P 对坐标原点 O 之矩为

$$\begin{aligned}
\boldsymbol{M}_O(\boldsymbol{P}) &= (yZ - zY)\boldsymbol{i} + (zX - xZ)\boldsymbol{j} + (xY - yX)\boldsymbol{k} \\
&= [16 \times 845.2 - (-6) \times 507.1]\boldsymbol{i} + [(-6) \times 169.0 - 6 \times 845.2]\boldsymbol{j} \\
&\quad + [6 \times 507.1 - 16 \times 169.0]\boldsymbol{k} \\
&= 16565.8\boldsymbol{i} - 6085.2\boldsymbol{j} + 338.6\boldsymbol{k} \text{ N·m}
\end{aligned}$$

力 P 对各坐标轴之矩为

$$M_x(\boldsymbol{P}) = [\boldsymbol{M}_O(\boldsymbol{P})]_x = 16565.8 \text{ N·m}$$

$$M_y(\boldsymbol{P}) = [\boldsymbol{M}_O(\boldsymbol{P})]_y = -6085.2 \text{ N·m}$$

$$M_z(\boldsymbol{P}) = [\boldsymbol{M}_O(\boldsymbol{P})]_z = 338.6 \text{ N·m}$$

此题还可以先求力 P 对各坐标轴之矩，然后再求它对坐标原点 O 之矩。根据力 P 的分解，则力 P 对轴之矩等于各分力对同一轴之矩的代数和，注意到力与轴共面时力对该轴之矩为零。于是有

$$\begin{aligned}
M_x(\boldsymbol{P}) &= M_x(\boldsymbol{P}_y) + M_x(\boldsymbol{P}_z) = P_y \cdot \overline{DC} + P_z(\overline{OD} + \overline{BA}) \\
&= 507.1 \times 6 + 845.2 \times (8 + 8) \\
&= 16565.8 \text{ N·m}
\end{aligned}$$

$$\begin{aligned}
M_y(\boldsymbol{P}) &= M_y(\boldsymbol{P}_x) + M_y(\boldsymbol{P}_z) = -P_x \cdot \overline{DC} - P_z \cdot \overline{CB} \\
&= -169.0 \times 6 - 845.2 \times 6 = -6085.2 \text{ N·m}
\end{aligned}$$

$$\begin{aligned}
M_z(\boldsymbol{P}) &= M_z(\boldsymbol{P}_x) + M_z(\boldsymbol{P}_y) = -P_x \cdot (\overline{OD} + \overline{BA}) + P_y \cdot \overline{CB} \\
&= -169.0 \times 16 + 507.1 \times 6 \\
&= 338.6 \text{ N·m}
\end{aligned}$$

力 P 对点 O 之矩为

$$\begin{aligned}
\boldsymbol{M}_O(\boldsymbol{P}) &= M_x(\boldsymbol{P})\boldsymbol{i} + M_y(\boldsymbol{P})\boldsymbol{j} + M_z(\boldsymbol{P})\boldsymbol{k} \\
&= 16565.8\boldsymbol{i} - 6085.2\boldsymbol{j} + 338.6\boldsymbol{k} \text{ N·m}
\end{aligned}$$

例 3 - 2 长方体 $ABCD$ 边长为 a、b、c，在顶点 A 处作用一力 $\boldsymbol{F}$，方向如图 3 - 13 所示，α、β 均已知，建立如图直角坐标系 $Oxyz$。求：(1) 力 $\boldsymbol{F}$ 对另一顶点 D 之矩；(2) 力 $\boldsymbol{F}$ 对 DB 轴之矩。

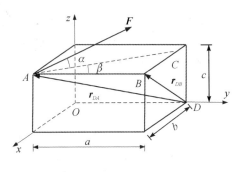

图 3 - 13

解 (1) 作出力 $\boldsymbol{F}$ 作用点 A 相对于 D 的位置矢径 $\boldsymbol{r}_{DA}$，并求出其在各坐标轴上的投影：

$$x = b, \quad y = -a, \quad z = c$$

再计算力 $\boldsymbol{F}$ 在各坐标轴上的投影：

$$F_x = -F\cos\alpha\sin\beta, \quad F_y = F\cos\alpha\cos\beta, \quad F_z = F\sin\alpha$$

利用力对点之矩矢的解析表达式：

$$\boldsymbol{M}_D(\boldsymbol{F}) = \boldsymbol{r}_{DA} \times \boldsymbol{F} = \begin{vmatrix} \boldsymbol{i} & \boldsymbol{j} & \boldsymbol{k} \\ b & -a & c \\ -F\cos\alpha\sin\beta & F\cos\alpha\cos\beta & F\sin\alpha \end{vmatrix}$$

$$= -F(a\sin\alpha + c\cos\alpha\cos\beta)\boldsymbol{i} - F(b\sin\alpha + c\cos\alpha\sin\beta)\boldsymbol{j}$$

$$+ F(b\cos\alpha\cos\beta - a\cos\alpha\sin\beta)\boldsymbol{k}$$

(2) 设 DB 轴的单位矢量为 $\boldsymbol{r}_0$，则有

$$\boldsymbol{r}_0 = \frac{\boldsymbol{r}_{DB}}{|\boldsymbol{r}_{DB}|} = \frac{(b\boldsymbol{i} + c\boldsymbol{k})}{\sqrt{b^2 + c^2}}$$

则应用力矩关系定理可求力 $\boldsymbol{F}$ 对轴 DB 之矩：

$$M_{DB}(\boldsymbol{F}) = \boldsymbol{M}_D(\boldsymbol{F}) \cdot \boldsymbol{r}_0 = -\frac{Fa(b\sin\alpha + c\cos\alpha\sin\beta)}{\sqrt{b^2 + c^2}}$$

3.2.5 合力矩定理

根据力系等效的概念，若力系的合力不等于零，则该力系的合力对某点(轴)之矩等于各分力对同一点(轴)之矩的代数和。这个结论即**合力矩定理**。

针对空间力对点之矩，根据力对点之矩矢的计算公式(3-12)，力对点之矩矢等于矩心到该力作用点的位置矢径与该力的矢量积，由于位置矢径 $\boldsymbol{r}$ 和力 $\boldsymbol{F}$ 均服从矢量合成法则。故其矢积也服从矢量合成法则。因此，可以看出，当矩心相同时，力矩矢计算符合矢量合成法则，即合力对某点之矩等于各分力对同一点之矩的矢量和：

$$\boldsymbol{M}_O(\boldsymbol{F}_R) = \sum \boldsymbol{M}_O(\boldsymbol{F}_i) \tag{3-19}$$

式中，$\boldsymbol{F}_R$ 为力系($\boldsymbol{F}_1$，$\boldsymbol{F}_2$，…，$\boldsymbol{F}_n$)的合力。需要注意的是，在平面问题中，力矩矢退化成力偶矩代数量，则平面力系的合力对某点之矩等于各分力对同一点之矩的代数和。

针对空间力对轴之矩，则有合力对某轴之矩等于各分力对同一轴之矩的代数和：

$$M_z(\boldsymbol{F}_R) = \sum M_z(\boldsymbol{F}_i) \tag{3-20}$$

利用合力矩定理(定理的证明过程见 3.5 节)，可以计算力系的合力力矩。

下面介绍采用合力矩定理进行同向分布荷载的简化。

例 3-3　工程结构常常受到狭长面积或体积上分布的荷载(即线荷载)作用，如图 3-14所示，若平面结构所受的线荷载为沿着某一直线并垂直于该直线连续分布的同向平行力系，试求合力的大小及其作用线的位置。

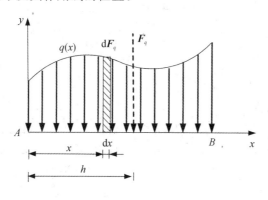

图 3-14

解　在梁上距 A 端为 x 的微段 $\mathrm{d}x$ 上，该处的荷载集度为 $q(x)$，在微段 $\mathrm{d}x$ 上的分布力合力大小为 $\mathrm{d}\boldsymbol{F}_q = q(x)\mathrm{d}x$，也就是 $\mathrm{d}x$ 段荷载图形的面积 $\mathrm{d}S_q$。因此分布荷载的合力大小为

$$F_q = \int_A^B \mathrm{d}\boldsymbol{F}_q = \int_A^B q(x)\mathrm{d}x$$

也就是 AB 段荷载图形的面积 S_q。

设合力 $\boldsymbol{F}_q$ 的作用线距 A 端距离为 h，应用合力矩定理：

$$M_A(\boldsymbol{F}_q) = \sum M_A(\mathrm{d}\boldsymbol{F}_q)$$

则有

$$-F_q \cdot h = -\int_A^B q(x) \cdot x \mathrm{d}x$$

$$h = \frac{\int_A^B q(x) \cdot x \cdot \mathrm{d}x}{F_q} = \frac{\int_A^B x \cdot \mathrm{d}S_q}{S_q}$$

计算结果表明：同向的线性分布荷载的合力大小等于荷载图形的面积(这个面积具有力的量纲)，合力的作用线通过荷载图形的形心，并与各分力同向平行。上述结论可以推广到一般情形，即当分布力的荷载图是简单图形时，应用这一法则可以方便地求出分布力的合力大小及其作用线位置。

工程上常见的均布荷载、三角形分布荷载的合力及其作用线位置如图 3-15(a)、(b)、

(c)所示。梯形荷载也可利用上述法则通过计算荷载图形面积来得到合力的大小，通过确定荷载图形的形心来确定合力作用线的位置；也可按如下方法：将其看作集度为 q_A 的均布荷载和最大集度为 $q_B - q_A (q_B > q_A)$ 的三角形分布荷载叠加而成，这两部分的合力分别为 $\boldsymbol{F}_{q1}$ 和 $\boldsymbol{F}_{q2}$，如图 3-15(d)所示。

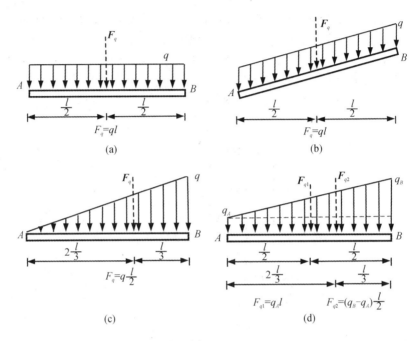

图 3-15

3.3　力偶及其性质

3.3.1　力偶及力偶矩矢

　　大小相等、方向相反且不共线的一对平行力 $\boldsymbol{F}$、$\boldsymbol{F}'$ 组成的力系称为**力偶**，记为($\boldsymbol{F}$，$\boldsymbol{F}'$)。该平行力所在的平面称为**力偶作用面**，而平行力之间的垂直距离 d 称为**力偶臂**，如图3-16所示。力偶在实际生活中经常遇到，如转动方向盘、用丝锥攻螺纹(图3-17)以及日常生活中人们用手指旋转钥匙、拧水龙头等都是施加力偶的实例。

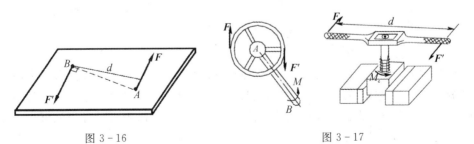

图 3-16　　　　　　　　　　　　　　　图 3-17

实践表明,力偶对自由体的运动效应只具备转动效应。譬如湖面上的小船,若用双桨反向均匀用力划动,就相当于有一个力偶作用在小船上,小船会在原地发生旋转。力偶对物体的转动效应取决于下列三个要素:① 力偶中一力的大小与力偶臂的乘积 Fd;② 力偶作用面的方位;③ 力偶在力偶作用面内的转向。因此,力偶的三个要素可以用一个矢量完全表示出来:矢量的长度表示力偶矩的大小,矢量的方位与力偶作用面的法线方位一致,矢量的指向与力偶转向的关系服从右手螺旋法则,即从矢量的末端看力偶的转向是逆时针的,如图 3-18(a)、(b)所示,这个矢量称为**力偶矩矢**,记为 M。可见,力偶对刚体的作用效果由力偶矩矢唯一决定。

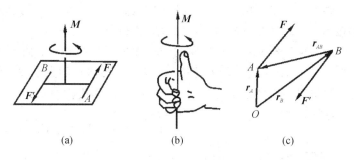

(a)　　　　　　　　(b)　　　　　　　　(c)

图 3-18

力偶对刚体产生的绕某点的转动效应,可以通过组成力偶的两个力对该点之矩的和来进行度量,如图 3-18(c)所示,组成力偶的两个力 F 和 F' 对空间任一点 O 之矩的矢量和为

$$M_O(F, F') = M_O(F) + M_O(F') = r_A \times F + r_B \times F'$$
$$= r_A \times F + r_B \times (-F) = (r_A - r_B) \times F$$

式中, r_A 和 r_B 分别是点 O 到两个力的作用点 A 和 B 的矢径,令点 A 相对于点 B 的矢径为 r_{AB},则有 $r_A - r_B = r_{AB}$,代入上式得

$$M_O(F, F') = r_{AB} \times F \tag{3-21}$$

由于 $r_{AB} \times F$ 的大小等于 Fd,它表征了力偶对刚体转动效果的强弱,方向与力偶 (F, F') 的力偶矩矢 M 一致。可见,力偶对空间任一点的矩矢都等于力偶矩矢,与矩心的位置无关。同理,可以证明,力偶中的两力对任意轴之矩之和恒等于力偶矩矢在该轴方位上的投影,与矩轴位置无关。

需要注意的是,在平面问题中,力偶矩矢可以退化成力偶矩代数量 $M = \pm Fd$,其绝对值等于力的大小和力偶臂的乘积,正负号表示力偶的转向,即逆时针方向转动时为正,反之为负。

3.3.2　力偶性质

根据力偶的定义,可以证明,力偶有如下性质。

性质一:力偶本身不是平衡力系,它有且只具有转动效应,是最简单的特殊力系。

这是因为,力偶是由两个力组成的,它对刚体的作用效应就是这两个力分别对刚体作用效应的叠加。由于组成力偶的两个力等值、反向,它们的矢量和必为零,它们在任一轴上的投影之和也必为零,故力偶无平移效应,只有纯转动效应。这表明,力偶不可能与一个力等效，也不能与一个力平衡。因此，力偶和力都是最基本的力学要素。

性质二： 度量力偶对刚体的转动效应的力偶矩矢与矩心和矩轴位置无关，这是力偶矩矢和力矩的主要区别。

性质三： 力偶矩矢是力偶转动效果的唯一度量。因此，两个力偶等效的条件是它们的力偶矩矢相等，即力偶矩矢相同的力偶等效，该结论称为力偶等效定理。

由此，可以得出如下推论：

（1）只要保证力偶矩矢不变，力偶可以在其作用面内任意移动，或者同时改变力偶中力的大小和力偶臂的长短，而不会改变力偶对刚体的作用效果。如图 3-19 所示，用双手转方向盘，双手的相对位置可以作用于方向盘的任何位置，只要双手作用于方向盘上的力组成的力偶的力偶矩不变，那么对方向盘的转动效应就相同。

（2）只要保证力偶矩矢不变，空间力偶的作用面可以平行移动，而不改变力偶对刚体的作用效果。如图 3-20 所示，用螺丝刀拧螺丝时，只要力偶矩的大小和力偶的转向保持不变，长螺丝刀或短螺丝刀的作用效果是一样的，即力偶的作用面可以沿垂直于螺丝刀的轴线平移，而不影响拧螺丝的效果。

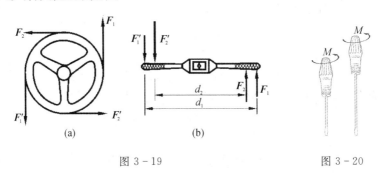

图 3-19　　　　　图 3-20

由此可见，力偶中的力、力偶臂以及力偶在其作用面内的位置都不是力偶的特征量，力偶三要素给出的力偶矩矢是力偶转动效果的唯一度量。力偶矩矢为自由矢量。通常，采用一个带箭头的平面弧线表示力偶，其中力偶所在平面表示力偶作用面，箭头表示力偶在其作用面内的转向，用 M 来表示力偶矩大小，如图 3-21 所示。

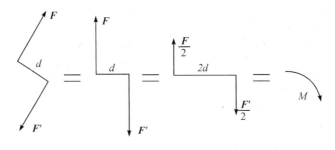

图 3-21

3.3.3　力偶系的合成

由两个或两个以上的力偶所组成的系统，称为**力偶系**。

设在刚体上作用一个力偶矩矢分别为 M_1，M_2，$\cdots$，M_n 的力偶系，根据力偶矩矢是自由矢量的性质，将各力偶矩矢平移至任一点，由汇交矢量的合成结果可以得到该刚体所受力偶系的合成结果为一合力偶矩矢，其力偶矩矢 M 等于各分力偶矩矢 M_i 的矢量和，即

$$M = \sum M_i \tag{3-22}$$

3.4　一般力系的简化

为了研究力系对刚体总的作用效果，并研究其平衡条件，需要对力系进行简化，即用最简单的力系等效替换原来的复杂力系。**力系向一点简化**是一种较为简便并具有普遍性的力系简化方法，其理论基础是**力线平移定理**。

3.4.1　力线平移定理

定理可以把作用在刚体上点 A 的力 F 平行移到刚体上任一点 B（平移点），但必须在该力 F 与平移点 B 决定的平面内附加一个力偶，这个附加力偶的力偶矩等于原力 F 对平移点 B 的矩。

证明：设力 F 作用于刚体上的点 A，如图 3-22(a)所示。在刚体上任取另一点 B，根据加减平衡力系公理，在点 B 上加一平衡力系(F', F'')，令 $F' = -F'' = F$，如图 3-22(b)所示，此时并不改变力对刚体的作用效应。由于(F, F'')组成一对力偶，因此，可以看成作用于刚体上点 A 的力 F 向 B 点平移后成了 F'，$F' = F$，同时附加相应的力偶，其力偶的矩为 $M = r_{BA} \times F = M_B(F)$，如图 3-22(c)所示。

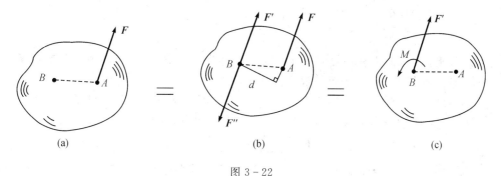

图 3-22

由力线平移定理可知，可以将一个力分解为一个力和一个力偶，反之，也可以将一个力和一个力偶合成为一个力。

力线平移定理在理论上和实践上都有重要的意义。在理论上，它建立了力和力偶这两个基本要素之间的联系；在实践上，它是力系向一点简化的理论依据，同时还可用来分析一些力学现象。例如，用丝锥攻螺纹时，操作规程规定必须用两手同时握扳手，而且要用力均匀，绝不允许只用一只手去转动扳手，读者可借助图 3-23，应用力线平移定理，自行分析其原因。

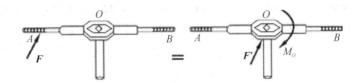

图 3 - 23

3.4.2 空间一般力系向任一点简化

空间一般力系向任一点简化的理论基础是力线平移定理。设$(F_1,F_2,\cdots,F_n)$为作用在刚体上的空间力系，如图 3 - 24(a)所示，任取一点 O 为简化中心，将各力向点 O 平移，同时附加相应的力偶矩矢，如图 3 - 24(b)所示，其中，

$$F_1=F_1',\ F_2=F_2',\ \cdots,\ F_n=F_n'$$

$$M_1=M_O(F_1),\ M_2=M_O(F_2),\ \cdots,\ M_n=M_O(F_n)$$

且$M_1,M_2,\cdots,M_n$分别垂直于由力$F_1,F_2,\cdots,F_n$各自与简化中心 O 所决定的平面。

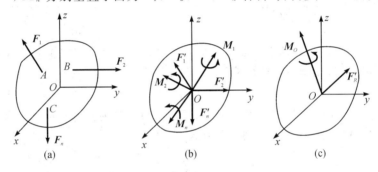

图 3 - 24

可以看出，原来的空间一般力系被空间汇交力系$(F_1',F_2',\cdots,F_n')$和空间力偶系$(M_1,M_2,\cdots,M_n)$两个简单力系等效替换。

汇交于点 O 的空间汇交力系$(F_1',F_2',\cdots,F_n')$可合成为作用于点 O 的合力F_R'，合力矢 F_R' 等于原力系中各力的矢量和，称为原空间力系的**主矢**，即

$$F_R'=\sum F_i'=\sum F_i \tag{3-23}$$

空间力偶系$(M_1,M_2,\cdots,M_n)$可合成为一个合力偶，其合力偶矩矢 M_O 等于各附加力偶矩的矢量和，称为原空间力系对简化中心 O 的**主矩矢**，即

$$M_O=\sum M_i=\sum M_O(F_i) \tag{3-24}$$

由此可得结论：空间任意力系向任一点 O 简化，可得一力和一力偶。该力的力矢等于力系的主矢，作用线过简化中心；该力偶的矩矢等于力系对简化中心的主矩矢。不难看出，主矢与简化中心的位置无关，而主矩矢一般与简化中心的位置有关。因此，力系的主矢是自由矢量，而力系的主矩矢一般是定位矢量。

如果通过简化中心做直角坐标系 $Oxyz$，则力系的主矢和主矩矢可用解析法来计算。

1. 主矢的计算

由于主矢等于原力系中各力的矢量和，可知主矢在某轴上的投影等于原力系各分力在

同一轴上投影的代数和，则

$$\begin{cases} F'_{Rx} = \sum F_{ix} \\ F'_{Ry} = \sum F_{iy} \\ F'_{Rz} = \sum F_{iz} \end{cases} \qquad (3-25)$$

式中，F'_{Rx}、F'_{Ry}、F'_{Rz} 和 F_{ix}、F_{iy}、F_{iz} 分别表示主矢 $\boldsymbol{F}'_R$ 和原力系中第 i 个分力$\boldsymbol{F}_i$在各坐标轴上的投影。

由此可以得到主矢的大小和方向余弦为

$$\begin{cases} F'_R = \sqrt{\left(\sum F_{ix}\right)^2 + \left(\sum F_{iy}\right)^2 + \left(\sum F_{iz}\right)^2} \\ \cos(\boldsymbol{F}'_R,\ \boldsymbol{i}) = \dfrac{\sum F_{ix}}{F'_R},\ \cos(\boldsymbol{F}'_R,\ \boldsymbol{j}) = \dfrac{\sum F_{iy}}{F'_R},\ \cos(\boldsymbol{F}'_R,\ \boldsymbol{k}) = \dfrac{\sum F_{iz}}{F'_R} \end{cases} \qquad (3-26)$$

主矢的解析式为

$$\boldsymbol{F}'_R = F'_{Rx}\boldsymbol{i} + F'_{Ry}\boldsymbol{j} + F'_{Rz}\boldsymbol{k} = \sum F_{ix}\boldsymbol{i} + \sum F_{iy}\boldsymbol{j} + \sum F_{iz}\boldsymbol{k} \qquad (3-27)$$

特殊地，如果是平面力系，则主矢计算仍然是将原力系中各力向直角坐标轴的两个轴进行投影，分别求解原力系各分力在同一轴上投影的代数和 F'_{Rx}、F'_{Ry}，则主矢的大小和方向按如下公式来求解：

$$\begin{cases} F'_R = \sqrt{\left(\sum F_{ix}\right)^2 + \left(\sum F_{iy}\right)^2} \\ \tan\theta = \left| \dfrac{F'_{Rx}}{F'_{Ry}} \right| \end{cases}$$

其中，θ 为 $\boldsymbol{F}'_R$ 与 x 轴所夹的锐角，$\boldsymbol{F}'_R$ 的指向由 F'_{Rx}、F'_{Ry} 的正负来确定。

2. 主矩矢的计算

由于主矩矢等于原力系中各力对简化中心 O 之矩的矢量和，根据力矩关系定理，主矩 $\boldsymbol{M}_O$ 沿 x、y、z 轴的投影也分别等于力系中的各力对 x、y、z 轴之矩的代数和，可以得到如下关系式：

$$\begin{cases} M_{Ox} = \left[\sum \boldsymbol{M}_O(\boldsymbol{F}_i)\right]_x = \sum M_x(\boldsymbol{F}_i) \\ M_{Oy} = \left[\sum \boldsymbol{M}_O(\boldsymbol{F}_i)\right]_y = \sum M_y(\boldsymbol{F}_i) \\ M_{Oz} = \left[\sum \boldsymbol{M}_O(\boldsymbol{F}_i)\right]_z = \sum M_z(\boldsymbol{F}_i) \end{cases} \qquad (3-28)$$

式中，M_{Ox}、M_{Oy}、M_{Oz} 分别表示主矩 $\boldsymbol{M}_O$ 在各坐标轴上的投影。

由此可以得到主矩矢的大小和方向余弦为

$$\begin{cases} M_O = \sqrt{\left[\sum M_x(\boldsymbol{F}_i)\right]^2 + \left[\sum M_y(\boldsymbol{F}_i)\right]^2 + \left[\sum M_z(\boldsymbol{F}_i)\right]^2} \\ \cos(\boldsymbol{M}_O,\ \boldsymbol{i}) = \dfrac{\sum M_x(\boldsymbol{F}_i)}{M_O},\ \cos(\boldsymbol{M}_O,\ \boldsymbol{j}) = \dfrac{\sum M_y(\boldsymbol{F}_i)}{M_O},\ \cos(\boldsymbol{M}_O,\ \boldsymbol{k}) = \dfrac{\sum M_z(\boldsymbol{F}_i)}{M_O} \end{cases}$$

$$(3-29)$$

主矩矢的解析式为

$$M_O = M_{Ox}\boldsymbol{i} + M_{Oy}\boldsymbol{j} + M_{Oz}\boldsymbol{k} = \sum M_x(\boldsymbol{F}_i)\boldsymbol{i} + \sum M_y(\boldsymbol{F}_i)\boldsymbol{j} + \sum M_z(\boldsymbol{F}_i)\boldsymbol{k}$$

$$(3-30)$$

特殊地，如果是平面力系，则主矩矢即为平面力系中的主矩，为代数量，其主矩的计算可通过直接求解原力系中各力对简化中心 O 之矩的代数和来得到，即

$$M_O = \sum M_i = \sum M_O(\boldsymbol{F}_i)$$

3.4.3　空间一般力系简化结果分析

由于空间力系对刚体的作用决定于力系的主矢和主矩矢，因此，可由这两个基本的物理量来研究力系简化的最终结果。

（1）若 $\boldsymbol{F}_R' = \boldsymbol{0}$，$\boldsymbol{M}_O \neq \boldsymbol{0}$，表明原力系和一个力偶等效，原力系简化为一个合力偶 $\boldsymbol{M}$，该合力偶矩矢等于原力系对简化中心的主矩矢，即 $\boldsymbol{M} = \boldsymbol{M}_O$。由于力偶矩矢与矩心位置无关，此时，主矩矢与简化中心的位置无关。

（2）若 $\boldsymbol{F}_R' \neq \boldsymbol{0}$，$\boldsymbol{M}_O = \boldsymbol{0}$，表明原力系和一个力等效，原力系简化为一个合力。合力作用线过简化中心，其合力矢等于原力系的主矢，即 $\boldsymbol{F}_R = \boldsymbol{F}_R'$。

（3）若 $\boldsymbol{F}_R' \neq \boldsymbol{0}$，$\boldsymbol{M}_O \neq \boldsymbol{0}$ 且 $\boldsymbol{F}_R' \perp \boldsymbol{M}_O$，如图 3-25(a)所示。由力线平移定理的逆过程不难看出，原力系简化结果为一合力 $\boldsymbol{F}_R$，其合力矢等于原力系的主矢，即 $\boldsymbol{F}_R = \boldsymbol{F}_R'$，其作用线到简化中心 O 的距离为

$$d = \left| \frac{M_O}{F_R'} \right|$$

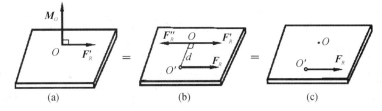

图 3-25

由图 3-25(b)可见，$\boldsymbol{M}_O(\boldsymbol{F}_R) = \overrightarrow{OO'} \times \boldsymbol{F}_R = \boldsymbol{M}_O$，则有关系式：

$$\boldsymbol{M}_O(\boldsymbol{F}_R) = \sum \boldsymbol{M}_O(\boldsymbol{F}_i)$$

由于简化中心点 O 的任意性，可得空间一般力系的合力对任一点之矩等于力系中各力对同一点之矩的矢量和。

根据力矩关系定理，有

$$M_z(\boldsymbol{F}_R) = \sum M_z(\boldsymbol{F}_i)$$

即空间一般力系的合力对任一轴之矩等于力系中各力对同一轴之矩的代数和。

以上两个关系式统称为**合力矩定理**。

（4）若 $\boldsymbol{F}_R' \neq \boldsymbol{0}$，$\boldsymbol{M}_O \neq \boldsymbol{0}$ 且两者不相互垂直，两者之间成任意角 α，如图 3-26 所示。此时可将力偶矩矢 $\boldsymbol{M}_O$ 分解为垂直于 $\boldsymbol{F}_R'$ 和平行于 $\boldsymbol{F}_R'$ 的两个分力偶矩矢 $\boldsymbol{M}_O''$ 和 $\boldsymbol{M}_O'$，如图 3-26(b)所示，其中 $\boldsymbol{M}_O''$ 和 $\boldsymbol{F}_R'$ 可以简化为作用于点 O' 的一个力 $\boldsymbol{F}_R$。由于力偶矩矢是自由

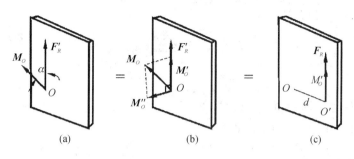

图 3 - 26

矢量，故将 M'_O 平移使之与 F_R 共线，此时力系无法作进一步简化。这种由一个力和一个力偶组成的力系，其中力的作用线垂直于力偶的作用面，称为力螺旋。

力螺旋是由组成力系的两个基本要素力和力偶组成的最简单力系之一，不能再进一步简化，也不能自身平衡。诸如钻头对于工件的作用、螺旋桨对于流体的作用等都是力螺旋的工程应用实例。若力矢 F'_R 与矩矢 M_O 同向，则称为右手力螺旋，反之称为左手力螺旋。力螺旋中力的作用线称为力螺旋的中心轴。

由此，可以得出在这种情况下，原力系简化为一力螺旋，其中 $F_R = F'_R$，力偶的大小等于 $M_O \sin\alpha$，力螺旋中心轴到简化中心 O 的距离：

$$d = \frac{|M''_O|}{F'_R} = \frac{|M_O \sin\alpha|}{F'_R}$$

（5）$F'_R = 0$，$M_O = 0$，表明原力系对刚体总的作用效果为零，故空间力系平衡。此种情形将在下一章详细讨论。

例 3 - 4　作用于物体上的力系如图 3 - 27(a)所示，建立直角坐标系 Oxy，已知 $F_1 = F_2 = 1 \text{ kN}$，$F_3 = 2 \text{ kN}$，$M = 4 \text{ kN} \cdot \text{m}$，$\theta = 30°$，图中长度单位为 m，试求该力系向点 O 简化的结果以及该力系最终的简化结果。

解　（1）将力系向 O 点简化。

首先，以简化中心 O 为原点，求力系的主矢 F'_R 在 x、y 轴上的投影，即

$$F'_{Rx} = \sum F_{ix} = F_3 \cos\theta + F_2 = 2 \times \frac{\sqrt{3}}{2} + 1 = 2.73 \text{ kN}$$

$$F'_{Ry} = \sum F_{iy} = -F_1 - F_3 \sin\theta = -1 - 2 \times \frac{1}{2} = -2 \text{ kN}$$

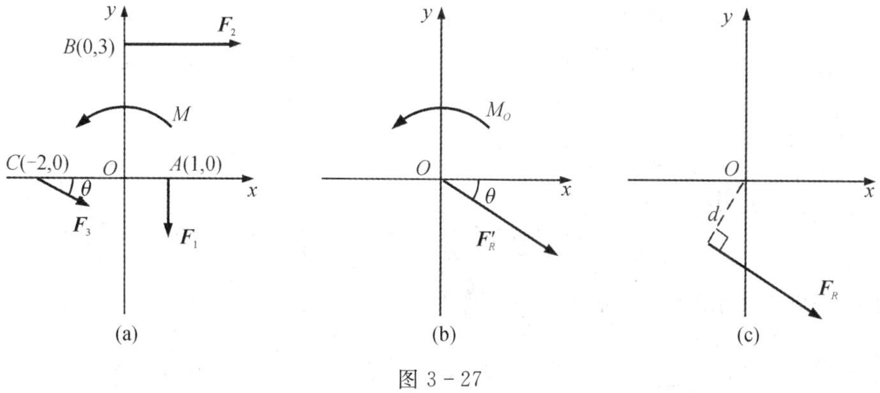

图 3 - 27

故可得主矢 $\boldsymbol{F}'_R$ 的大小及方向为

$$F'_R = \sqrt{\left(\sum F_{ix}\right)^2 + \left(\sum F_{iy}\right)^2} = 3.39 \text{ kN}$$

$$\tan\theta = \left|\frac{F'_{Ry}}{F'_{Rx}}\right| = 0.732$$

可知，$\boldsymbol{F}'_R$ 与 x 轴之间的锐角 $\theta = 36.2°$，$\boldsymbol{F}'_R$ 位于第四象限。

再求力系对简化中心的主矩，即

$$M_O = \sum M_O(\boldsymbol{F}_i) = -1 \times F_1 - 3 \times F_2 + 2\sin 30° \times F_3 + M = 2 \text{ kN} \cdot \text{m}$$

因此，力系向 O 点简化的结果如图 3-27(b)所示。

（2）讨论该力系最终的简化结果。

由于 $\boldsymbol{F}'_R \neq \boldsymbol{0}$，$M_O \neq \boldsymbol{0}$，原力系简化结果为一合力 $\boldsymbol{F}_R$，合力的大小和方向与主矢一致，即 $\boldsymbol{F}_R = \boldsymbol{F}'_R$，其作用线到简化中心 O 的距离为

$$d = \left|\frac{M_O}{F'_R}\right| = \frac{2}{3.39} = 0.59 \text{ m}$$

由于 M_O 为正值，表示主矩为逆时针转动，故合力作用线位置如图 3-27(c)所示。

例 3-5　在边长为 a 的正方体顶点上作用有大小都等于 F 的力，方向如图 3-28(a)所示，求此力系最终的简化结果。

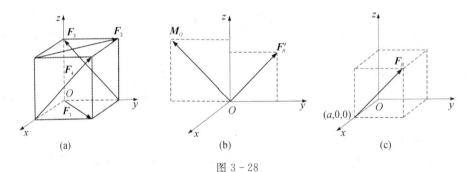

(a)　　　　　　　　　　(b)　　　　　　　　　　(c)

图 3-28

解　以 O 为简化中心，建立图示直角坐标系 $Oxyz$。

首先，求解力系的主矢在各个轴上的投影，即

$$F'_{Rx} = \sum F_{ix} = F_1 \times \frac{\sqrt{2}}{2} - F_2 \times \frac{\sqrt{2}}{2} = 0$$

$$F'_{Ry} = \sum F_{iy} = F_1 \times \frac{\sqrt{2}}{2} + F_2 \times \frac{\sqrt{2}}{2} - F_3 \times \frac{\sqrt{2}}{2} + F_4 \times \frac{\sqrt{2}}{2} = \sqrt{2}F$$

$$F'_{Rz} = \sum F_{iz} = F_3 \times \frac{\sqrt{2}}{2} + F_4 \times \frac{\sqrt{2}}{2} = \sqrt{2}F$$

得到主矢 $\boldsymbol{F}'_R$ 的解析式为

$$\boldsymbol{F}'_R = \sqrt{2}F\boldsymbol{j} + \sqrt{2}F\boldsymbol{k}$$

再求解力系对简化中心 O 的主矩矢，即

$$M_{Ox} = \sum M_x(\boldsymbol{F}_i) = -F_2 \times \frac{\sqrt{2}}{2} \times a + F_3 \times \frac{\sqrt{2}}{2} \times a = 0$$

$$M_{Oy} = \sum M_y(\boldsymbol{F}_i) = -F_2 \times \frac{\sqrt{2}}{2} \times a - F_4 \times \frac{\sqrt{2}}{2} \times a = -\sqrt{2}Fa$$

$$M_{Oz} = \sum M_z(\boldsymbol{F}_i) = F_2 \times \frac{\sqrt{2}}{2} \times a + F_4 \times \frac{\sqrt{2}}{2} \times a = \sqrt{2}Fa$$

得到主矩矢 $\boldsymbol{M}_O$ 的解析式为

$$\boldsymbol{M}_O = -\sqrt{2}Fa\boldsymbol{j} + \sqrt{2}Fa\boldsymbol{k}$$

显然，对于该空间力系，有 $\boldsymbol{F}'_R \perp \boldsymbol{M}_O$，如图 3-28(b)所示。因此，本题简化的最后结果为一合力 $\boldsymbol{F}_R$，合力矢为

$$\boldsymbol{F}_R = \boldsymbol{F}'_R = \sqrt{2}F\boldsymbol{j} + \sqrt{2}F\boldsymbol{k}$$

最后，求合力作用线位置。设合力作用线任一点的矢径为 $\boldsymbol{r} = x\boldsymbol{i} + y\boldsymbol{j} + z\boldsymbol{k}$，由合力矩定理得

$$(x\boldsymbol{i} + y\boldsymbol{j} + z\boldsymbol{k}) \times (\sqrt{2}F\boldsymbol{j} + \sqrt{2}F\boldsymbol{k}) = -\sqrt{2}Fa\boldsymbol{j} + \sqrt{2}Fa\boldsymbol{k}$$

即

$$\sqrt{2}F(y-z)\boldsymbol{i} - \sqrt{2}Fx\boldsymbol{j} + \sqrt{2}Fx\boldsymbol{k} = -\sqrt{2}Fa\boldsymbol{j} + \sqrt{2}Fa\boldsymbol{k}$$

由此得

$$x = a，y = z$$

综上，所给力系的最终简化结果为一合力 $\boldsymbol{F}_R = \sqrt{2}F\boldsymbol{j} + \sqrt{2}F\boldsymbol{k}$，简化结果如图 3-28(c)所示，其作用线方程为

$$\boldsymbol{r} = a\boldsymbol{i} + y\boldsymbol{j} + y\boldsymbol{k}$$

3.5　固定端约束和刚结点

固定端或插入端是常见的一种约束形式。例如，与基础整体浇注在一起的钢筋混凝土柱与基础的连接端，嵌入墙内的防雨篷的一端，见图 3-29(a)，插入电线杆的地基路面，夹持车刀的刀架，夹紧工件的卡盘，见图 3-29(b)等都属于这类约束，图 3-29(c)是它们的力学简图。

这类约束的特点是连接处有很大的刚性，不允许被约束物体发生任何移动和转动。它对物体的作用是在接触面上作用了一群约束反力。当被约束物体受到空间主动力系作用

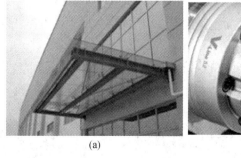
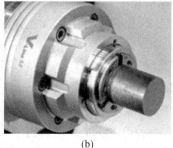
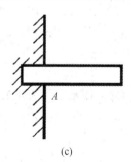

(a)　　　　　　　　　(b)　　　　　　　　　(c)

图 3-29

时，物体所受的约束反力也构成一个与主动力有关的空间任意力系，如图 3 - 30(a)所示。将其向固定端中心 A 点简化得到一个反力主矢 F_A 和一个反力偶主矩 M_A，如图 3 - 30(b)所示。由于 F_A 和 M_A 的大小、方向均未知，可以分别用三个未知的正交分量 F_{Ax}、F_{Ay}、F_{Az} 和 M_{Ax}、M_{Ay}、M_{Az} 来进行表示，如图 3 - 30(c)所示。当被约束物体受到平面主动力系作用时，约束反力也是位于该平面内的一组复杂力系，向支座中心 A 简化时，通常可采用两个正交反力分量 F_{Ax}、F_{Ay} 以及一个反力偶 M_A 来表示，如图 3 - 30(d)所示。

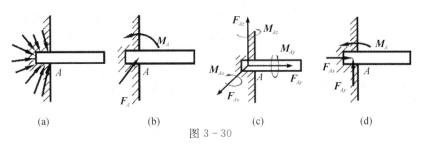

(a)　　　　　　(b)　　　　　　(c)　　　　　　(d)

图 3 - 30

当两物体刚性连接形成一个整体，彼此之间均不能有任何的相对位移和转动，这样的连接点称为刚结点。例如，钢筋混凝土框架结构中的梁和柱之间的连接点，若柱与梁之间被浇筑为一个整体，则这个连接点可视为刚结点。刚结点的约束性质和约束反力构成情况与固定端完全一致。

思 考 题

3.1　力在正交坐标轴上的投影与力沿这两个轴的分力有何不同？又有何关系？

3.2　力偶可在刚体同一平面内任意转移，也可在不同平面之间转移，而不会改变力偶对刚体的作用。这种说法是否正确？为什么？

3.3　若某平面力系向同一平面内任一点简化的结果都相同，此力系的最后简化结果可能是什么？

3.4　空间任意力系向两个不同的点简化，试问下列情况是否可能：(1)主矢相等，主矩矢也相等；(2)主矢不相等，主矩矢相等；(3)主矢相等，主矩矢不相等。

3.5　有关力系简化的判断，下列说法是否正确？为什么？

(1)空间平行力系不可能简化成力螺旋。

(2)空间汇交力系不可能简化成合力偶。

(3)空间一般力系向某点 O 简化，若主矢和主矩矢均不为零，该力系最终简化为一合力。

(4)某一空间力系对不共线的三个点的主矩矢都等于零，此力系一定平衡。

3.6　固定空间物体至少需要几根二力杆？为什么？

习 题

3-1　求题3-1图示平面汇交力系的合力。

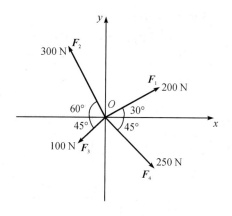

题 3-1 图

3-2　求题 3-2 图所示四种情况下力 F 对点 A 之矩。

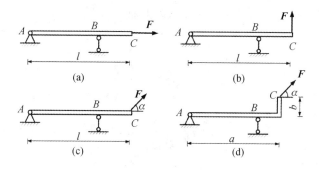

题 3-2 图

3-3　如题 3-3 图所示，直三棱柱的底面为等腰三角形，已知 $OA=OB=a$，在平面 $ABED$ 内有沿对角线 AE 的一个力 F，图中 $\alpha=30°$，求此力对点 O 之矩。

3-4　如题 3-4 图所示，已知力 F 的大小、角度 φ 和 θ，以及长方体的边长 a、b、c，求此力对 z 轴之矩。

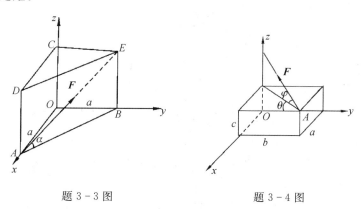

题 3-3 图　　　　　　　　　　题 3-4 图

3-5　轴 AB 与铅直线成 α 角，悬臂 CD 与轴垂直且固定在轴上，其长为 a，并与铅直面 zAB 成 θ 角，如题 3-5 图所示。如在点 D 作用铅直向下的力 F，求此力对轴 AB 之矩。

3-6　正立方体如题3-6图所示，各边长为 a，四个力 $\boldsymbol{F}_1$、$\boldsymbol{F}_2$、$\boldsymbol{F}_3$、$\boldsymbol{F}_4$ 大小皆等于 F，且作用在相应的边上。则此力系简化的最终结果是什么？

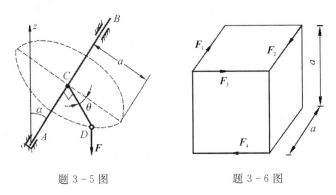

题 3-5 图　　　　　　　　题 3-6 图

3-7　平面力系如题3-7图所示，$F_1=150$ N，$F_2=200$ N，$F_3=300$ N，$F=F'=200$ N。求：(1) 力系向点 O 的简化结果；(2) 力系最终的简化结果。

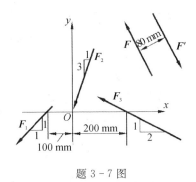

题 3-7 图

3-8　已知平面力系，$F_1=40\sqrt{2}$ N，$F_2=40$ N，$F_3=100$ N，$F_4=80$ N，$M=3200$ N·mm，各力作用线位置如题3-8图所示，图中尺寸单位为 mm。求：(1) 力系向点 O 的简化结果；(2) 力系最终的简化结果。

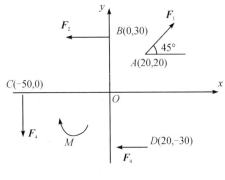

题 3-8 图

3-9　某桥墩顶部受到两边桥梁传来的铅直力 $F_1=1940$ kN，$F_2=800$ kN，水平力 $F_3=193$ kN，桥墩重量 $P=5280$ kN，风力的合力 $F=140$ kN，如题3-9图所示。求将这

些力向基底截面中心 O 的简化结果；如能简化为一个合力，试求出合力作用线位置。

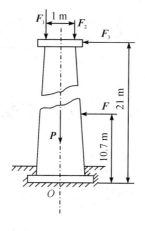

题 3-9 图

3-10 一板上作用有四个平行力，如题 3-10 图所示，尺寸单位为 m，求力系的合力。

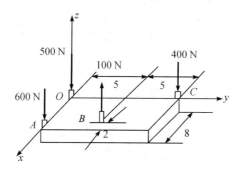

题 3-10 图

3-11 力系中，$F_1 = 100$ N，$F_2 = 300$ N，$F_3 = 200$ N，各力作用线的位置如题 3-11 图所示。试将力系向原点 O 简化。

3-12 一力系由四个力组成，如题 3-12 图所示。已知 $F_1 = 60$ N，$F_2 = 400$ N，$F_3 = 500$ N，$F_4 = 200$ N，试将该力系向 A 点简化，并求其简化结果。

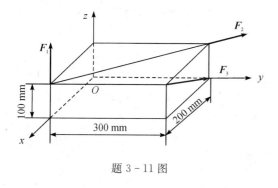

题 3-11 图   题 3-12 图

第 4 章　力系的平衡

4.1　力系的平衡

4.1.1　空间力系的平衡方程

根据力系的简化结果可知,空间一般力系处于平衡的必要和充分条件是力系的主矢和对任一点的主矩矢都等于零。即

$$\boldsymbol{F}_R^{'} = \boldsymbol{0} , \; \boldsymbol{M}_O = \boldsymbol{0}$$

根据主矢和主矩矢的解析表达式,并采用简写记号,可将上述平衡条件写成

$$\begin{cases} \sum F_x = 0 \\ \sum F_y = 0 \\ \sum F_z = 0 \\ \sum M_x(\boldsymbol{F}) = 0 \\ \sum M_y(\boldsymbol{F}) = 0 \\ \sum M_z(\boldsymbol{F}) = 0 \end{cases} \qquad (4-1)$$

上式为空间一般力系的平衡方程。即空间一般力系平衡的解析条件是:所有各力在三个坐标轴中每一轴上投影的代数和等于零,且这些力对每一轴之矩的代数和也等于零。

须指出,空间一般力系的平衡方程虽然是在直角坐标系下导出的,但具体应用时,三个投影轴或矩轴不必相互垂直,且矩轴和投影轴也不必一定相互重合,而可以选取适宜轴线为投影轴或矩轴,使每一个平衡方程中所含未知量最少,以简化计算。此外,还可将投影方程用适当的力矩方程取代,使计算更为方便,但必须保证独立的平衡方程总数为六个。

空间一般力系是物体受力的最一般情形,由空间一般力系的平衡方程可以直接推导出其他类型力系的平衡方程。

1) 空间汇交(共点)力系

若物体受到一个空间汇交力系作用处于平衡,不妨过力系的汇交点建立投影坐标系 $Oxyz$,则力系中各力对 x、y、z 轴之矩都恒等于零,故空间汇交力系的平衡方程为

$$\begin{cases} \sum F_x = 0 \\ \sum F_y = 0 \\ \sum F_z = 0 \end{cases} \qquad (4-2)$$

2) 空间平行力系

若物体受到一个空间平行力系作用处于平衡,如果取轴 Oz 与力系中各力作用线平行,

则各力在轴 Ox 和 Oy 的投影以及对轴 Oz 之矩恒等于零，故空间平行力系的平衡方程为

$$\begin{cases} \sum F_z = 0 \\ \sum M_x(\boldsymbol{F}) = 0 \\ \sum M_y(\boldsymbol{F}) = 0 \end{cases} \qquad (4-3)$$

3）空间力偶系

若物体受到一个空间力偶系作用处于平衡，建立投影坐标系 $Oxyz$，由于各力偶的两力在 x、y、z 轴上投影恒为零，故空间力偶系的平衡方程为

$$\begin{cases} \sum M_{ix} = 0 \\ \sum M_{iy} = 0 \\ \sum M_{iz} = 0 \end{cases} \qquad (4-4)$$

上述几种特殊的平面力系，由于力系本身满足了某些条件，因此其独立的平衡方程数目也随之减少。

4.1.2　平面力系的平衡方程

平面一般力系也可视为空间一般力系的特殊形式，若物体在 Oxy 平面内受到一个平面一般力系作用处于平衡，由于各力在 z 轴上的投影以及各力对 x 和 y 轴的力矩都恒等于零，故平面一般力系的平衡方程为

$$\begin{cases} \sum F_x = 0 \\ \sum F_y = 0 \\ \sum M_z(\boldsymbol{F}) = \sum M_O(\boldsymbol{F}) = 0 \end{cases} \qquad (4-5)$$

这就是平面一般力系平衡方程的基本形式，它由两个投影方程和一个力矩方程组成。它表明：平面一般力系平衡的解析条件是力系中各力在平面坐标系中任一轴上投影的代数和为零，并且各力对力系作用面内任一点之矩的代数和也等于零。

平面一般力系有三个独立的平衡方程，可以求解三个未知量，并且除上述基本形式外，还有所谓的二矩式、三矩式两种，它们之间是相互等价的。

二矩式平衡方程为

$$\begin{cases} \sum M_A(\boldsymbol{F}) = 0 \\ \sum M_B(\boldsymbol{F}) = 0 \\ \sum X = 0 \end{cases} \qquad (4-6)$$

即两个力矩方程和一个投影方程，其中两个矩心 A、B 的连线不得与投影轴 x 垂直。

三矩式平衡方程为

$$\begin{cases} \sum M_A(\boldsymbol{F}) = 0 \\ \sum M_B(\boldsymbol{F}) = 0 \\ \sum M_C(\boldsymbol{F}) = 0 \end{cases} \qquad (4-7)$$

式中 A、B、C 三点不能共线。

　　关于以上两组方程的证明，读者可自行考虑。另外，为什么不能写出三个投影平衡方程，也请读者思考。

　　尽管上述三组平衡方程形式不同，但对于作用平面一般力系的物体，最多只能建立三个独立的平衡方程，从而最多可以求解三个未知量。任何第四个方程都只能是上述三个方程的线性组合，因而不是独立的，但可以利用多余的方程来校核计算结果。在实际应用中，可以根据具体情况灵活选用上述某一种形式的方程。

　　以上讨论了最一般平面力系的平衡条件和平衡方程，在此基础上可以很方便地推导出某些特殊的平面力系的平衡方程。

　　1）平面汇交力系

　　若物体受到一个平面汇交力系作用处于平衡，其平衡方程式为

$$\begin{cases} \sum F_x = 0 \\ \sum F_y = 0 \end{cases} \tag{4-8}$$

　　2）平面平行力系

　　若物体受到一个平面平行力系作用处于平衡，若取轴 Oy 与力系中各力作用线平行，其平衡方程式为

$$\begin{cases} \sum Y = 0 \ (\boldsymbol{F}_i // y \ 轴) \\ \sum M_O(\boldsymbol{F}) = 0 \end{cases} \tag{4-9}$$

　　平面汇交力系和平面平行力系的平衡方程式同样可用多矩式表达，但必须附加相应的限制条件，请读者自行给出。

　　3）平面力偶系

　　若物体受到一个平面汇交力系作用处于平衡，其平衡方程式为

$$\sum M = 0 \tag{4-10}$$

　　注意：这里取掉 M_O 的下标，是由于力偶矩与矩心的选择无关。

4.2　力系平衡方程应用举例

　　力系的平衡，在工程实际中十分常见。应用平衡方程式求解平衡问题的方法称为解析法，它是求解平衡问题的主要方法。本节主要讨论单个物体的平衡问题。应用解析法求解平衡问题的步骤如下：

　　（1）根据求解的问题恰当地选取研究对象。选取研究对象的原则是：要使所取物体上既包含已知条件，又包含待求的未知量。

　　（2）对选取的研究对象进行受力分析，正确地画出受力图。注意适当运用二力平衡、三力平衡定理、力偶等效定理等确定未知反力的方位，以简化求解过程。

　　（3）建立相应的平衡方程式，求解未知量。建立平衡方程时应注意如下几点：

　　① 根据所研究的力系选择平衡方程式的类别（如汇交力系、平行力系、力偶系、任意力

系等)和形式(如基本式、二矩式、三矩式等)。

②灵活选择投影轴、矩心和矩轴,并非一定取水平或铅垂方向,尽可能使每个方程只含有一个(或较少)未知量,以避免联立方程,使得解题简便。

③求解题目所需求解的未知量。

4.2.1　平面力系平衡问题举例

例 4 - 1　图 4 - 1(a)所示为拖拉机制动蹬,制动时用力 $\boldsymbol{F}$ 踩踏板,通过拉杆 CD 使拖拉机制动。若 $F=100$ N,踏板和拉杆自重不计,求图示位置时拉杆的拉力 $\boldsymbol{F}_T$ 和铰链 B 处的支座反力。

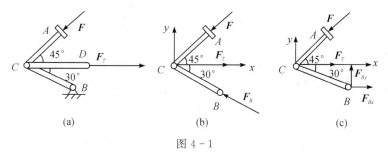

图 4 - 1

解　选择踏板 ACB 为研究对象,其上作用的力既有已知力 $\boldsymbol{F}$,又有未知力 $\boldsymbol{F}_T$ 和 B 处的支座反力 $\boldsymbol{F}_B$,利用三力平衡汇交定理画出受力图如图 4 - 1(b)所示,未知力 $\boldsymbol{F}_B$ 的指向可先假设,待计算之后由 F_B 的正负号即可判定。

可以看出 ACB 上受一个平面汇交力系,列出相应的平衡方程式,求解未知量:

$$\sum X = 0, \ F_T - F\cos45° - F_B\cos30° = 0$$

$$\sum Y = 0, \ F_B\sin30° - F\sin45° = 0$$

求得

$$F_B = F\frac{\sin45°}{\sin30°} = \sqrt{2}F = \sqrt{2} \times 100 = 141.4 \ \text{N}$$

$$F_T = F(\cos45° + \cot30°\sin45°) = 100 \times \left(\frac{\sqrt{2}}{2} + \sqrt{3} \times \frac{\sqrt{2}}{2}\right) = 193.2 \ \text{N}$$

由计算结果知,F_B 为正值,说明受力分析时假定的 $\boldsymbol{F}_B$ 的指向与实际一致。

讨论:若在受力分析中不利用三力平衡定理,则 B 处的约束反力可由一对正交分力 $\boldsymbol{F}_{Bx}$、$\boldsymbol{F}_{By}$ 表示。踏板上所受的是一个平面一般力系,需要选用平面一般力系的平衡方程,坐标系如图 4 - 1(c)所示,并以 B 为矩心,有

$$\sum X = 0, \ -F\cos45° + F_T + F_{Bx} = 0$$

$$\sum Y = 0, \ -F\sin45° + F_{By} = 0$$

$$\sum M_B(F) = 0, \ F\cos15° \times \overline{BC} - F_T\cos60° \times \overline{BC} = 0$$

解上述方程组可得

$$F_{By} = 70.7 \text{ N}, \ F_T = 193.2 \text{ N}, \ F_{Bx} = -122.5 \text{ N}$$

为了与前面的结果进行对比，可将 $\boldsymbol{F}_{Bx}$、$\boldsymbol{F}_{By}$ 合成 $\boldsymbol{F}_B$，有

$$F_B = \sqrt{F_{Bx}^2 + F_{By}^2} = 141.4 \text{ N}$$

$$\tan\alpha = \frac{F_{By}}{F_{Bx}} = -0.577$$

所以 $\alpha = 150°$，与前面结果一致，这里的 α 是力 $\boldsymbol{F}_B$ 与 x 轴正向之间的夹角。

例 4 - 2 一种车载式起重机，车重 $P_1 = 26$ kN，起重机伸臂重 $P_2 = 4.5$ kN，起重机的旋转与固定部分共重 $P_3 = 31$ kN。尺寸如图 $4 - 2$(a)所示。设伸臂在起重机对称面内，且放在图示位置，试求车不致翻倒的最大起吊重量 P_{max}。

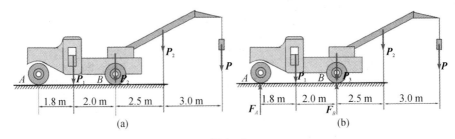

图 4 - 2

解 这是翻倒或平衡稳定问题。物体系统倾翻，平衡即已破坏，故不再属于静力学范畴，但可以利用"平衡"与"不平衡"之间的临界状态求解翻倒条件。

取整体为研究对象，受力分析如图 $4-2$(b)所示。显然这是一个平面平行力系的平衡问题。假设车不翻倒而处于平衡状态，该力系必须满足平面平行力系的平衡方程式。

由 $\sum F_y = 0$ 有

$$F_A + F_B - P - P_1 - P_2 - P_3 = 0$$

由 $\sum M_B(\boldsymbol{F}) = 0$，有

$$P_1 \times 2 - P(2.5 + 3) - P_2 \times 2.5 - F_A(1.8 + 2) = 0$$

解得

$$F_A = \frac{1}{3.8}(2P_1 - 2.5P_2 - 5.5P)$$

由于车不翻倒的限制条件为

$$F_A \geqslant 0$$

解得

$$P \leqslant \frac{1}{5.5}(2P_1 - 2.5P_2) = 7.5 \text{ kN}$$

所以，车不致翻倒的最大起吊重量

$$P_{max} = 7.5 \text{ kN}$$

可见，翻倒或平衡稳定问题除满足平衡条件外，还要满足限制条件。本题还可以利用稳定力矩不小于倾翻力矩的条件求解未知量的取值范围，读者不妨一试。

例 4 - 3 三铰拱的左半部 AC 上作用一个力偶，如图 $4 - 3$(a)所示，其力偶矩为 M，

转向如图所示，求铰 A 和 B 处的反力。

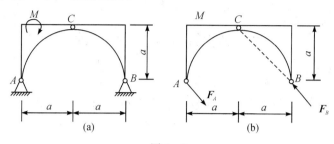

图 4 - 3

解　铰 A 和 B 处的反力 $\boldsymbol{F}_A$ 和 $\boldsymbol{F}_B$ 的方向都是未知的。但三铰拱右边拱片只在 B、C 两处受力，即拱片 BC 是二力构件，故可知力 $\boldsymbol{F}_B$ 的作用线方位必沿 BC 连线，假设 $\boldsymbol{F}_B$ 的指向如图 4 - 3(b)所示。

现在考虑整个三铰拱的平衡。因整个拱所受的主动力系只有一个力偶，故反力 $\boldsymbol{F}_A$ 和 $\boldsymbol{F}_B$ 应组成一个力偶才能与之平衡。受力如图 4 - 3(b)所示，从而可知 $\boldsymbol{F}_A = -\boldsymbol{F}_B$，而力偶臂为 $2a\cos 45°$。这是一个平面力偶系的平衡问题，于是平衡方程为

$$\sum M = 0 \Rightarrow F_A \times 2a\cos 45° - M = 0$$

解得

$$F_A = F_B = M/(\sqrt{2}\,a)$$

例 4 - 4　自重为 $P = 100$ kN 的 T 字形刚架 ABD 置于铅垂面内，荷载如图 4 - 4(a)所示，其中 $M = 20$ kN·m，$F = 400$ kN，$q = 20$ kN/m，$l = 1$ m。试求固定端 A 的约束反力。

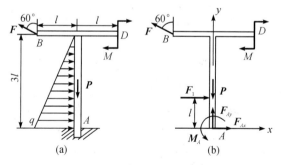

图 4 - 4

解　取 T 字形刚架为研究对象，其上除受主动力外，还要有固定端 A 处的约束反力 F_{Ax}、F_{Ay} 和约束反力偶 M_A，而分布荷载可简化为一集中力 $\boldsymbol{F}_1$，其大小为

$$F_1 = \frac{1}{2}q \times 3l = 30 \text{ kN}$$

$\boldsymbol{F}_1$ 作用于三角形分布荷载的几何中心，即距点 A 为 l 处。

刚架受力如图 4 - 4(b)所示，这是一个平面一般力系的平衡问题，采用平面一般力系平衡方程的一般形式为

$$\sum X = 0 \Rightarrow F_{Ax} + F_1 - F\sin 60° = 0$$

$$\sum Y = 0 \Rightarrow F_{Ay} - P + F\cos 60° = 0$$

$$\sum M_A(\boldsymbol{F})=0 \Rightarrow M_A - M - F_1 l - Fl\cos 60° + 3Fl\sin 60° = 0$$

求得

$$F_{Ax} = F\sin 60° - F_1 = 316.4 \text{ kN}$$

$$F_{Ay} = P - F\cos 60° = -100 \text{ kN}$$

$$M_A = M + F_1 l + Fl\cos 60° - 3Fl\sin 60° = -789.2 \text{ kN·m}$$

本题也可采用平面一般力系二矩式或三矩式平衡方程,仍然可以得出同样的结果,读者不妨一试。

4.2.2 空间力系平衡问题举例

例 4-5 起吊装置如图 4-5(a)所示,起重杆 A 端用球铰链固定在地面上,B 端则用绳 CB 和 DB 拉住,两绳分别系在墙上的点 C 和 D,连线 CD 平行于 x 轴。若已知 $\alpha=30°$,$CE=EB=DE$,$\angle EBF=30°$,如图 4-5(b)所示,物重 $P=10$ kN。不计杆重,试求起重杆所受的压力和绳子的拉力。

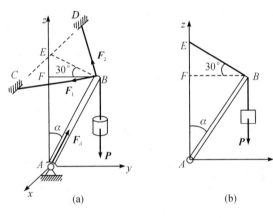

图 4-5

解 取起重杆 AB 与重物为研究对象,其上受有主动力 $\boldsymbol{P}$,B 处受绳拉力 $\boldsymbol{F}_1$ 与 $\boldsymbol{F}_2$,球铰链 A 的约束反力方向一般不能预先确定,可用三个正交分力表示。本题中,由于杆重不计,又只在 A、B 两端受力,所以起重杆 AB 为二力构件,球铰 A 对于 AB 杆的反力 $\boldsymbol{F}_A$ 必沿 AB 连线。$\boldsymbol{P}$、$\boldsymbol{F}_1$、$\boldsymbol{F}_2$ 和 $\boldsymbol{F}_A$ 四个力汇交于点 B,构成一个空间汇交力系,如图 4-5(a)所示,取图示坐标系 $Axyz$,注意到 $\angle CBE = \angle DBE = 45°$,列平衡方程,有

$$\sum F_x = 0 \Rightarrow F_1\sin 45° - F_2\sin 45° = 0$$

$$\sum F_y = 0 \Rightarrow F_A\sin 30° - F_1\cos 45°\cos 30° - F_2\cos 45°\cos 30° = 0$$

$$\sum F_z = 0 \Rightarrow F_A\cos 30° + F_1\cos 45°\sin 30° + F_2\cos 45°\sin 30° - P = 0$$

解得

$$F_1 = F_2 = 3.54 \text{ kN}, \quad F_A = 8.66 \text{ kN}$$

$\boldsymbol{F}_A$ 为正值,说明图中 $\boldsymbol{F}_A$ 的方向假设正确,杆 AB 受压力。

注:从本题开始,在空间平衡问题的讨论中,凡是以物体系统为研究对象的,不单独取

其分离体，其受力图直接在结构原图上画出。

例 4-6　起重机装在三轮小车 ABC 上。已知起重机的尺寸为：$AD=DB=1$ m，$CD=1.5$ m，$CM=1$ m，$KL=4$ m。机身连同平衡锤 F 共重 $P_1=100$ kN，作用在 G 点，G 点在平面 $LMFN$ 之内，到机身轴线 MN 的距离 $GH=0.5$ m，如图 4-6 所示，重物 $P_2=30$ kN，求当起重机的平面 $LMFN$ 平行于 AB 时车轮对轨道的压力。

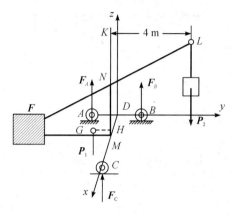

图 4-6

解　取起重机、三轮小车和重物一起为研究对象。受力分析如图 4-6 所示，其中 P_1、P_2 为主动力，F_A、F_B 和 F_C 为地面对轮子的约束反力，这些力组成一个空间平行力系。选取图示坐标系 $Dxyz$，列平衡方程，即

$$\sum F_z=0 \Rightarrow F_A+F_B+F_C-P_1-P_2=0$$

$$\sum M_x(\boldsymbol{F})=0 \Rightarrow -F_A\cdot\overline{AD}+F_B\cdot\overline{BD}-P_2\cdot\overline{KL}+P_1\cdot\overline{GH}=0$$

$$\sum M_y(\boldsymbol{F})=0 \Rightarrow -F_C\cdot\overline{DC}+P_1\cdot\overline{DH}+P_2\cdot\overline{DM}=0$$

解得

$$F_C=43.3 \text{ kN}, \quad F_A=8.33 \text{ kN}, \quad F_B=78.3 \text{ kN}$$

例 4-7　如图 4-7 所示均质长方体刚板由 6 根直杆支持于水平位置，直杆两端各用球铰链与板和地面连接，板重为 P，在 A 处作用一水平力 $\boldsymbol{F}$，且 $F=2P$，求各杆的内力。

解　取长方体刚板为研究对象，各直杆均为二力杆，设它们均受拉力。板的受力分析如图 4-7 所示，列平衡方程，即

$$\sum M_{AB}(\boldsymbol{F})=0 \Rightarrow -aF_6-\frac{Pa}{2}=0$$

$$\sum M_{AE}(\boldsymbol{F})=0 \Rightarrow F_5=0$$

$$\sum M_{AC}(\boldsymbol{F})=0 \Rightarrow F_4=0$$

$$\sum M_{EF}(\boldsymbol{F}_i)=0 \Rightarrow -aF_6-\frac{Pa}{2}-F_1\frac{ab}{\sqrt{a^2+b^2}}=0$$

$$\sum M_{FG}(\boldsymbol{F})=0 \Rightarrow -bF_2-\frac{Pb}{2}+Fb=0$$

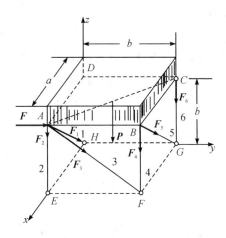

图 4 - 7

$$\sum M_{BC}(\boldsymbol{F}) = 0 \Rightarrow -bF_2 - \frac{Pb}{2} - F_3 b\cos 45° = 0$$

解得

$$F_6 = -\frac{P}{2}(压力),\ F_5 = 0,\ F_4 = 0,\ F_1 = 0,\ F_2 = 1.5P(拉力),\ F_3 = -2\sqrt{2}\,P(压力)$$

此例为一个空间杆系结构，主要练习力矩轴的选取问题。在本题解中，采用六矩式平衡方程求得六杆的内力。一般而言，力矩方程比较灵活，常可使一个方程只含一个未知量。当然也可采用其他形式的平衡方程求解，但无论怎样列方程，独立的平衡方程只有六个。由于空间情况比较复杂，在此不讨论其独立性条件。

4.3　物体系统的平衡

工程实际中的结构或机械大多是由若干物体组成的物体系统，故常需研究物体系统的平衡问题。

物体系统作为整体平衡时，组成系统的每一个物体或由若干物体组成的分系统一定也处于平衡状态，故都可以作为研究对象，取出分离体，画出受力图，来求解所需求解的未知量。在研究物体系统的平衡问题时，不仅需要确定系统所受的外约束反力，可能还要确定系统内各物体之间相互作用的内力。由于内力总是成对存在，即每对内力中的两个力均等值、反向、共线并同时作用在所选研究对象上，故内力不应出现在受力图和平衡方程中。由于内力和外力的划分是相对于研究对象而言的，当需要求解内力时，可将物体系统从相互作用的约束处拆开，取某部分作为研究对象，使之转化为该研究对象的外力，从而进行求解。

4.3.1　构架或机械系统的平衡问题

例 4 - 8　图 4 - 8(a)所示结构由杆 AB、DE、BD 组成，尺寸如图，各杆自重不计，D、C、B 均为铰链接连，A 端为固定端约束，其上受到荷载集度为 q 的水平均布力，E 点处作

用集中力 P，AB 杆上作用了一力偶 M，已知 $M=qa^2$，$P=\sqrt{2}\,qa$。求固定端 A 处的约束反力及 BD 杆受到的力。

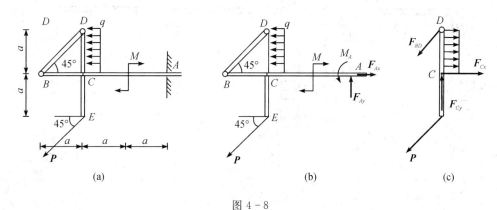

图 4 - 8

解　先取整体为研究对象，画出受力图，如图 4 - 8(b) 所示，其上作用有已知集中力 P、分布力 q 和力偶 M，并作用有 F_{Ax}、F_{Ay} 和 M_A 三个未知量，其上力系为平面一般力系，列出三个独立的平衡方程：

$$\sum F_x = 0 \Rightarrow F_{Ax} - P\cos 45° + qa = 0$$

$$\sum F_y = 0 \Rightarrow F_{Ay} - P\sin 45° = 0$$

$$\sum M_A(\boldsymbol{F}) = 0 \Rightarrow M_A - M + qa \cdot \frac{a}{2} - P\cos 45° \cdot a + P\sin 45° \cdot 2a = 0$$

解得

$$F_{Ax} = 2qa,\ F_{Ay} = qa,\ M_A = -\frac{1}{2}qa^2$$

再分析 BD 杆受到的力，由于 BD 杆为二力杆，不妨设其受拉，只需要求解 BD 杆对 DCE 杆或 BCA 杆的约束反力即可得到 BD 杆受到的力。若以 DCE 杆为研究对象，取分离体，受力分析如图 4 - 8(c) 所示，列平衡方程：

$$\sum M_C(\boldsymbol{F}) = 0 \Rightarrow F_{BD}\sin 45° \cdot a + qa \cdot \frac{1}{2}a - P\cos 45° \cdot a = 0$$

解得

$$F_{BD} = \frac{\sqrt{2}}{2}qa$$

讨论：由本题可以看出，对于物体系统的平衡问题，先研究整体有时是比较方便的。若能通过研究整体先求出外部约束力，再研究其中的构件或是几个构件组成的分离体，以此来求解物体系统的内力，就比较方便了。

例 4 - 9　刚架结构由两个直角杆件 AC、BC 组成，如图 4 - 9(a) 所示，其中 A、B 和 C 都是铰链。试求 A、B 处的约束反力。

解　不妨先取整体为研究对象，画出受力图，如图 4 - 9(b) 所示，其上作用有已知集中力 P、分布力 q 和力偶 M，并作用有 F_{Ax}、F_{Ay} 和 F_{Bx}、F_{By} 四个未知量。由于其上力系为平

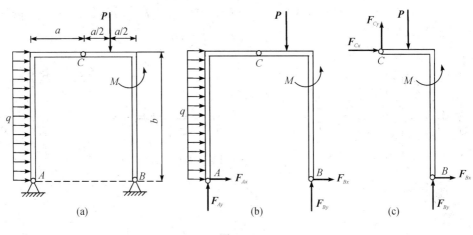

图 4 - 9

面一般力系，只有三个独立的平衡方程，显然三个方程无法解出四个未知量。但由受力图可以看出，这四个力的分布很特殊，其中点 A、B 均为其中三个未知力的交点，因此，利用力矩方程 $\sum M_A = 0$ 可以求解 F_{By}，再用 $\sum M_B = 0$ 或者 $\sum Fy = 0$ 可以求解 F_{Ay}，方程如下：

$$\sum M_B(F) = 0 \Rightarrow M + P \cdot \frac{a}{2} - F_{Ay} \cdot 2a - qb \cdot \frac{b}{2} = 0$$

解得

$$F_{Ay} = \frac{1}{2a}\left(M + \frac{1}{2}Pa - \frac{1}{2}qb^2\right)$$

$$\sum F_y = 0 \Rightarrow F_{Ay} + F_{By} - P = 0$$

解得

$$F_{By} = \frac{1}{2a}\left(\frac{3}{2}Pa - M + \frac{1}{2}qb^2\right)$$

$$\sum F_x = 0 \Rightarrow F_{Ax} + F_{Bx} + qb = 0 \qquad (1)$$

　　这样，虽然以整体为研究对象不能求出全部未知量，但可以先求出其中两个。再以 BC 杆或 AC 杆作为研究对象，将方程补充完整，求解所需求的未知量。假设以 BC 杆作为研究对象，画出受力图如 4 - 9(c)所示，列出平衡方程：

$$\sum M_C(F) = 0 \Rightarrow M - P \cdot \frac{a}{2} + F_{Bx} \cdot b + F_{By} \cdot a = 0$$

解得

$$F_{Bx} = -\frac{1}{2b}\left(M + \frac{1}{2}Pa + \frac{1}{2}qb^2\right)$$

代入方程(1)，可得

$$F_{Ax} = \frac{1}{2b}\left(M + \frac{1}{2}Pa - \frac{3}{2}qb^2\right)$$

例 4 - 10　平面构架如图 4 - 10(a)所示，由直杆 AC 和直角杆 CDE 组成，其中 C 处为中间铰链，B 处为连杆约束，E 处为固定端，直杆 AC 上作用了一个力偶 $M = 4.5$ kN·m，直角杆 CDE 上 D 点处作用了一个水平集中力 $P = 6$ kN，三角形分布荷载作用于 BD 端，且最大荷载集度 $q = 3$ kN/m。若已知 $l = 4.5$ m，不计杆件自重及摩擦，求固定端 E 处的反力。

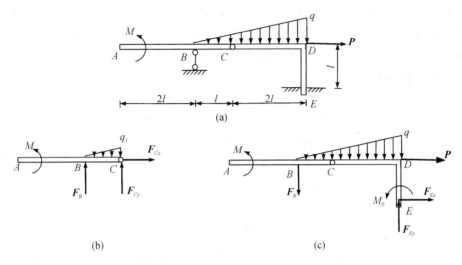

图 4 - 10

解　为了确定一个合适的解题方案，不妨先取整体为研究对象，受力分析如图 4 - 10(c)，为一个平面一般力系，其中 B 处为连杆约束，包含一个未知量 F_B，E 处为固定端，有三个未知量 F_{Ex}、F_{Ey} 和 M_E。未知量共有四个，根据其受力分布不能先求出其中几个未知量，因此不能先研究整体。

将系统拆分取分离体，研究 AC 杆和 CDE 杆，其中 CDE 杆包含 C 处中间铰的两个未知量，和 E 处固定端的三个未知量，共五个未知量，而 AC 杆受力如图 4 - 10(b)所示，其上受力为平面一般力系，仅含有三个未知量，因此以 AC 杆为研究对象，列出平衡方程：

$$\sum M_C(\boldsymbol{F}) = 0 \Rightarrow M - F_B \cdot l + \frac{q_1 l}{2} \cdot \frac{l}{3} = 0$$

其中 $q_1 = q/3$，解得

$$F_B = 1.75 \text{ kN}$$

通过另两个平衡方程可以求出 $\boldsymbol{F}_{Cx}$、$\boldsymbol{F}_{Cy}$，根据题设条件，可不必列出。

再以整体作为研究对象，列平衡方程：

$$\sum F_x = 0 \Rightarrow F_{Ex} + P = 0$$

$$\sum F_y = 0 \Rightarrow -\frac{1}{2}q \cdot 3l + F_B + F_{Ey} = 0$$

$$\sum M_E(\boldsymbol{F}) = 0 \Rightarrow M_E - P \cdot l + \frac{3ql}{2} \cdot l - F_B \cdot 3l + M = 0$$

解得

$$F_{Ex} = -6 \text{ kN}, \quad F_{Ey} = 18.5 \text{ kN}, \quad M_E = -45 \text{ kN·m}$$

讨论： 这种情况属于有主次之分的物体系统的平衡。所谓物体系统的主要部分是指在自身部分的外约束作用下能独立承受荷载并维持平衡的部分，如本题中的 CDE 杆；次要部分是指在自身部分的外约束作用下不能独立承受荷载和维持平衡，必须依赖于相应的主要部分才能承受荷载并维持平衡的部分，如本题中的 AC 杆。在研究有主次之分的物体系统的平衡问题时，应先分析次要部分，再根据题设要求分析主要部分或整体。

例 4-11　曲柄冲压机由冲头、连杆和飞轮组成，如图 4-11(a)所示。设 OA 在铅垂位置时系统平衡，冲头 B 所受的工件阻力为 $\boldsymbol{F}$。已知连杆 AB 长为 l，OA 长为 r，不计各构件的自重及摩擦，求作用于飞轮上的力偶矩 M，轴承 O 处的约束反力，连杆 AB 所受的力及冲头 B 对导轨的侧压力。

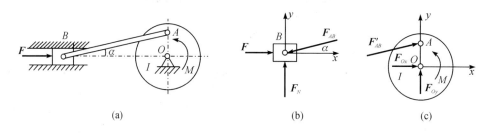

(a)　　　　　　　　　　(b)　　　　　　　　　　(c)

图 4-11

解　本例要求系统上的所有未知外力和内力。对系统及其相应的组成物体分别受力分析，不难发现，系统和飞轮的受力情况相当，未知力个数都是四个，而冲头上未知力只有两个。故而本题首先以冲头为研究对象，再以飞轮为研究对象，列出所需的独立方程，求解全部未知量。

(1) 取冲头 B 为研究对象，受力如图 4-11(b)所示，列平衡方程：

$$\sum F_x = 0 \Rightarrow F - F_{AB}\cos\alpha = 0$$

$$\sum F_y = 0 \Rightarrow F_N - F_{AB}\sin\alpha = 0$$

由图中的几何关系，知

$$\sin\alpha = \frac{r}{l}, \ \cos\alpha = \frac{\sqrt{l^2 - r^2}}{l}, \ \tan\alpha = \frac{r}{\sqrt{l^2 - r^2}}$$

代入上式解得

$$F_{AB} = \frac{F \cdot l}{\sqrt{l^2 - r^2}}, \ F_N = F\tan\alpha = \frac{Fr}{\sqrt{l^2 - r^2}}$$

由作用与反作用定律，冲头对导轨的侧压力为

$$F'_N = F_N = \frac{Fr}{\sqrt{l^2 - r^2}}$$

(2) 再取飞轮为研究对象，受力如图 4-11(c)所示，列平衡方程：

$$\sum F_x = 0 \Rightarrow F_{Ox} + F'_{AB}\cos\alpha = 0$$

$$\sum F_y = 0 \Rightarrow F_{Oy} + F'_{AB}\sin\alpha = 0$$

$$\sum M_O(\boldsymbol{F}) = 0 \Rightarrow M - F'_{AB}\cos\alpha \cdot r = 0$$

由以上各式解出

$$F_{Ox} = -F, \quad F_{Oy} = -\frac{Fr}{\sqrt{l^2 - r^2}}, \quad M = Fr$$

讨论：取飞轮为研究对象，可以借助力偶平衡方程求解。另外，本题也可以先取整体为研究对象，再取飞轮为研究对象，列平衡方程求解。请读者自解，并作比较。

通过以上例题可知，受平面力系作用的物体系统的平衡问题的解法与单个物体的平衡问题的解法基本相同。由于物体系统的结构和连接方式复杂多样，很难有一成不变的分析方法，但大体有以下几个原则可供参考：

（1）如果分析整体，出现的未知量不超过三个，或者未知量虽然超过三个，但可以列出一元平衡方程，能求出部分未知量，就可先研究整体平衡。

（2）如果分析整体出现的未知量超过三个，且不能列出一元平衡方程求出任何未知量，但系统中有某个构件(或某几个构件的组合)所包含未知量的个数等于其独立平衡方程的个数，或能列出一元平衡方程求出要求的未知量，可先研究该构件(或某几个构件的组合)的平衡。

（3）如果不满足以上两条，可以分别从两个研究对象上建立同元的二元一次方程组，先求出两个未知量，再求其他未知量。

4.3.2　平面简单桁架的内力计算

桁架是一种由细长杆件彼此在两端用铰链连接而成的结构，它在受力后几何形状不变。工程中，房屋建筑、桥梁、起重机、电视塔等结构物常用桁架结构，如图 4 - 12 所示。如果桁架所有的杆件都在同一平面内，这种桁架称为平面桁架。桁架中杆件的铰接接头称为节点。

桁架的优点是：杆件主要承受拉力或压力，可以充分发挥材料的作用，节约材料，减轻结构的重量。

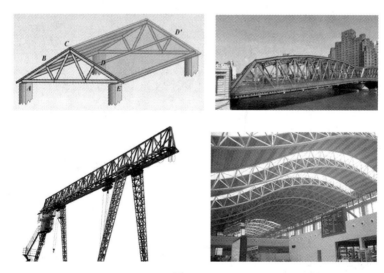

图 4 - 12

为了简化桁架的计算，工程实际中采用以下几个假设：

（1）桁架所受荷载都作用在节点上，且在桁架的平面内。由于实际情况下，每根杆件的受力远大于自重，因而杆件自重略去不计，如需要考虑杆重时，将其平均分配在杆件两端的节点上。

（2）所有杆件均采用光滑铰接连接。通常节点连接是采用普通平板（即角撑板或加固板）用螺栓将杆连接在一起，或用大的螺栓、焊接将相邻杆件连在一起，如图 4 - 13 所示。

图 4 - 13

这样的桁架称为理想桁架。实际的桁架当然与上述假设有差别，如桁架的节点不是铰接的，杆件的中心线也不可能是绝对直的。但在工程实际应用中，上述假设能够简化计算，而且所得结果也符合工程实际的需要。根据这些假设，桁架的杆件都可看成二力杆件。

桁架的内力计算通常采用节点法或截面法。下面通过例题介绍其应用。

例 4 - 12　平面桁架的尺寸和支座如图 4 - 14(a) 所示。在节点 F 处作用荷载 $\boldsymbol{F}$，设各杆长为 a，求桁架中 AE、AD、EC、ED 和 CD 杆的内力。

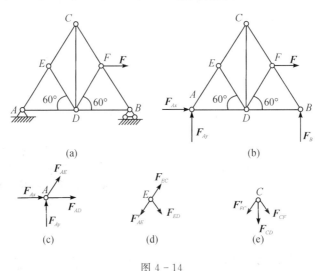

图 4 - 14

解　首先取桁架整体为研究对象，受力如图 4 - 14(b) 所示，列平衡方程：

$$\sum F_x = 0 \Rightarrow F_{Ax} + F = 0$$

$$\sum F_y = 0 \Rightarrow F_{Ay} + F_B = 0$$

$$\sum M_A(\boldsymbol{F}) = 0 \Rightarrow -F \cdot a\sin 60° + F_B \cdot 2a = 0$$

由以上各式解出

$$F_B = \frac{\sqrt{3}}{4}F,\ F_{Ax} = -F,\ F_{Ay} = -\frac{\sqrt{3}}{4}F$$

其次利用节点法，依次取节点 A、E、C 为研究对象，计算各杆内力。为分析方便，设各杆均受拉力。

节点 A：受力分析如图 4 - 14(c)所示，平衡方程为

$$\sum F_x = 0 \Rightarrow F_{Ax} + F_{AD} + F_{AE}\sin 30° = 0$$

$$\sum F_y = 0 \Rightarrow F_{Ay} + F_{AE}\sin 60° = 0$$

解得

$$F_{AE} = \frac{1}{2}F,\ F_{AD} = -\frac{5}{4}F$$

节点 E：受力分析如图 4 - 14(d)所示，假设垂直于 CE 方向取为投影轴 x，沿 CE 方向为投影轴 y，平衡方程为

$$\sum F_x = 0 \Rightarrow F_{ED}\cos 30° = 0$$

$$\sum F_y = 0 \Rightarrow F_{EC} - F'_{AE} - F_{ED}\sin 30° = 0$$

解得

$$F_{ED} = 0,\ F_{CE} = \frac{1}{2}F$$

节点 C：受力分析如图 4 - 14(e)所示，平衡方程为

$$\sum F_x = 0 \Rightarrow F_{CF}\sin 30° - F'_{EC}\sin 30° = 0$$

$$\sum F_y = 0 \Rightarrow -F_{CD} - F'_{EC}\cos 30° - F_{CF}\cos 30° = 0$$

解得

$$F_{CF} = \frac{1}{2}F,\ F_{CD} = -\frac{\sqrt{3}}{2}F$$

判断各杆受拉力或受压力：$\boldsymbol{F}_{AE}$、$\boldsymbol{F}_{CE}$、$\boldsymbol{F}_{CF}$ 为正值，表明杆 AE、CE、CF 受拉力，为拉杆；$\boldsymbol{F}_{AD}$ 和 $\boldsymbol{F}_{CD}$ 为负值，表明杆 AD 和 CD 受压力，为压杆；$\boldsymbol{F}_{ED}$ 为零，表明杆 ED 为零力杆。

讨论：桁架内力为零的杆件称为零力杆(或简称零杆)。应该注意：桁架中的零力杆虽然不受力，但却是保持结构稳定性所必需的，不是可有可无的，且是否为零力杆与主动力有关。分析桁架内力时，如有可能应先确定其中的零力杆，这样后续分析将简单。读者可结合图 4 - 15 自行总结零力杆的判别方法。

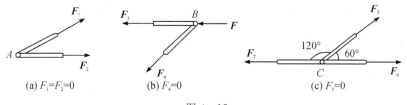

(a) $F_1 = F_2 = 0$　　　(b) $F_4 = 0$　　　(c) $F_5 = 0$

图 4 - 15

可以看出，如果按照节点，可以依次求出所有杆件的内力，读者可自行分析。

有时，题目只需求桁架中指定杆的内力，采用节点法不太方便，这时可以考虑采用截面法来进行求解，即适当地选取一个截面，假想它将桁架截开，再考虑其中某一部分的平衡，求出这些被截杆件的内力。

如例 4-12 中，若只需要求解 CD 杆的内力，可取截面 $n-n$ 将桁架拆开，如图 4-16(a)所示，初看是解不出来，因为被截杆数均超过 3，无法求解。

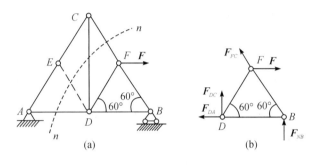

图 4-16

但由零力杆判定法则可知，ED 杆为零力杆，假想将其"取掉"，再用截面 $n-n$ 截取右半部桁架作为研究对象，受力分析如图 4-16(b)所示，列平衡方程有

$$\sum M_B(\boldsymbol{F})=0 \Rightarrow -F_{DC}\times DB - F\times FB\times\sin 60°=0$$

所以

$$F_{DC}=-F\sin 60°=-\frac{\sqrt{3}}{2}F(压力)$$

通过以上分析可知，节点法与截面法各有特点，节点法解题思路简单，但有时计算量较大；截面法比较灵活，只要选择适当的截面和恰当的平衡方程，常可较快地求得某些指定杆件的内力。有时，这两种方法相结合对解题更有利。

思 考 题

4.1　平面一般力系的平衡方程能不能全部采用投影方程？为什么？

4.2　(1)空间力系各力作用线平行于某一固定平面；(2)空间力系中各力的作用线分别汇交于两个固定点。试分析这两种力系各有几个平衡方程？

4.3　输电线跨度 l 相同时，电线下垂量 h 越小，电线越易于拉断，为什么？

4.4　下列说法是否正确？为什么？

(1)空间汇交力系平衡方程所选的三根投影轴必须相互垂直。

(2)空间平衡方程不能对通过同一点的三根以上的轴列矩方程。

(3)空间平衡方程不能对三根以上的平行轴列矩方程。

习　题

4-1　求题 4-1 图所示各梁的支座反力。自重不计。

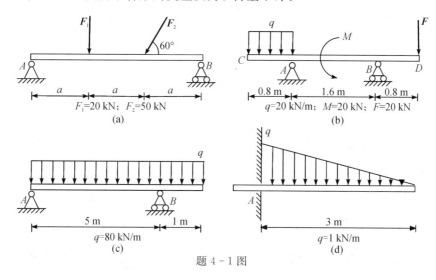

题 4-1 图

4-2　求题 4-2 图所示各刚架的支座反力。自重不计。

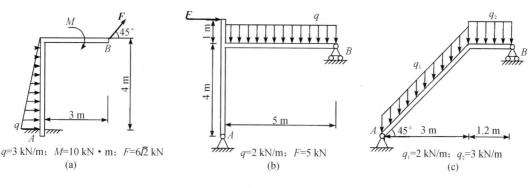

题 4-2 图

4-3　铰车系统如题 4-3 图所示，其中直杆 AB、BC 铰接于点 B，自重不计，点 B 处滑轮尺寸不计，重物重 $P=20$ kN，通过钢丝绳悬挂于滑轮上并与铰车相连。试求平衡时杆 AB 和 BC 所受的力。

4-4　行动式起重机如题 4-4 图所示，已知轨距 $d_2=3$ m，机身重 $G=500$ kN，其作用线至右轨的距离 $d_3=1.5$ m，起重机的最大荷载 $P_1=250$ kN，其作用线至右轨的距离 $l=10$ m。欲使起重机满载时不向右倾倒，空载时不向左倾倒，试确定平衡时 P_2 之值，设其作用线至左轨的距离 $d_1=6$ m。

4-5　挂物架如题 4-5 图所示，三杆的重量不计，用球铰链连接于 O 点，平面 BOC 为水平面，且 $OB=OC$，角度如图。若在 O

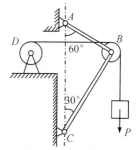

题 4-3 图

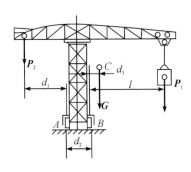

题 4 - 4 图

点挂一重物 G，重为 1000 N，求三杆所受的力。

4 - 6 三轮小车如题 4 - 6 图所示，自重 $P = 8$ kN，作用于点 E，荷载 $P_1 = 10$ kN，作用于点 C。求小车静止时地面对车轮的约束力。

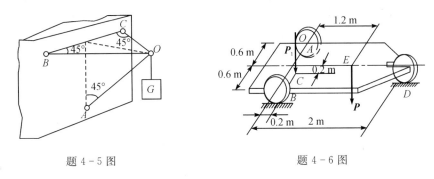

题 4 - 5 图   题 4 - 6 图

4 - 7 如题 4 - 7 图所示，均质长方形薄板重 $P = 200$ N，用球铰链 A 和蝶铰链 B 固定在墙上，并用绳子 CE 维持在水平位置。求绳子的拉力和支座反力。

4 - 8 如题 4 - 8 图所示，六杆支撑一水平矩形板，在板角处受铅直力 F 作用。设板和杆自重不计，求各杆的内力。

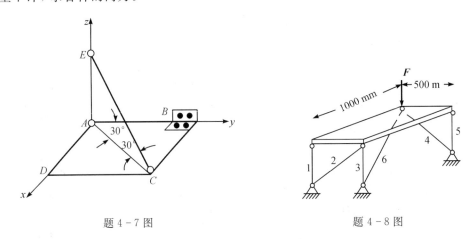

题 4 - 7 图   题 4 - 8 图

4 - 9 在题 4 - 9 图所示的结构中，各杆件的自重略去不计，尺寸如图所示。在构件 AB 上作用一力偶矩为 M 的力偶。试求支座 A 和 C 处的约束反力。

4-10 构架由杆 AB、AC 和 DF 铰接而成，如题 4-10 图所示。在 DEF 杆上作用一力偶矩为 M 的力偶。不计各杆的重量，求 AB 杆上铰链 A、D 和 B 所受的力。

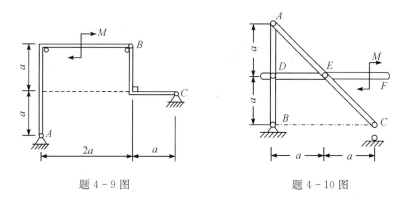

题 4-9 图   题 4-10 图

4-11 在题 4-11 图示的连续梁中，已知 q、M、a 及 θ，不计梁的自重，求各连续梁在 A、B、C 处的约束力。

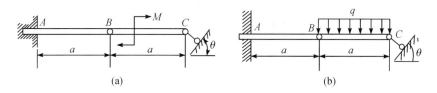

(a)   (b)

题 4-11 图

4-12 静定多跨度的荷载尺寸如题 4-12 图所示，求支座约束反力和中间铰的反力。

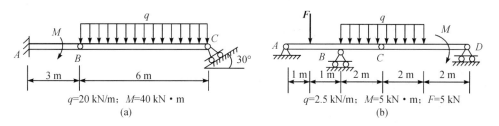

q=20 kN/m；M=40 kN·m q=2.5 kN/m；M=5 kN·m；F=5 kN
(a)   (b)

题 4-12 图

4-13 水平连续梁由梁 AB 和 BC 在 B 处铰接而成，如题 4-13 图所示，A 为固定铰链支座，C 和 D 为滚动支座。已知 $F=8$ kN，$q=2$ kN/m，$M=5$ kN·m。试求支座 A、C、D 的约束反力。

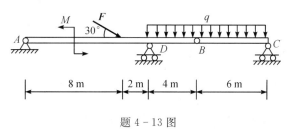

题 4-13 图

4-14　结构如题 4-14 图所示，由 AB、BC、CE 三杆铰接而成，且各杆自重不计。已知：q_0，L，$P = q_0 L$，$M = 2q_0 L^2$。求 A、E 处的约束反力。

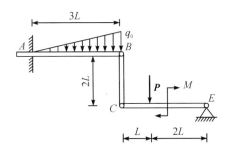

题 4-14 图

4-15　多跨梁如题 4-15 图所示，由直杆 AD 和 T 字形杆 DHG 组成，已知：力 $P = 2$ kN，$q = 0.5$ kN/m，$M = 4$ kN·m，$L = 4$ m。试求支座 H 和支座 C 的反力。

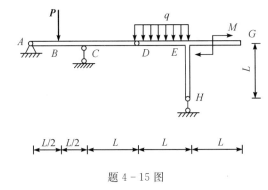

题 4-15 图

4-16　求题 4-16 图所示结构中三铰刚架中 A、B、C 处的约束反力，已知 $q = 15$ kN/m，且自重不计。

4-17　如题 4-17 图所示结构由 CD 和 ABC 两部分组成，各杆件自重不计，已知 $q = 200$ N/m；$q_A = 300$ N/m；$F = 5$ kN。求支座 A、B 的约束反力。

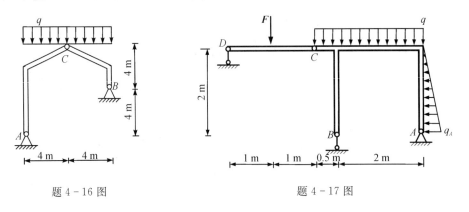

题 4-16 图　　　　　　　　　　　　　　题 4-17 图

4-18　求题 4-18 图所示结构中 AC 和 BC 两杆的受力，已知 $q = 2$ kN/m，设各杆自重不计。

4-19　在题 4-19 图所示悬臂台结构中，已知荷载 $M = 60$ kN·m，$q = 24$ kN/m，各杆件自重不计。试求杆 BD 的内力。

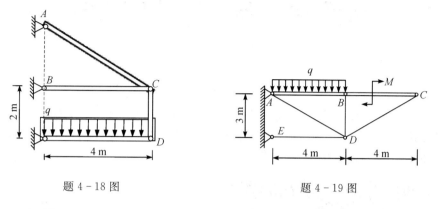

题 4-18 图　　　　　　　　　　题 4-19 图

4-20　如题 4-20 图所示组合结构中，各杆重量不计，已知 $F_1 = 4$ kN，$F_2 = 5$ kN，图中长度单位为 m，试求杆 1 的内力。

4-21　求题 4-21 图所示桁架各杆内力。

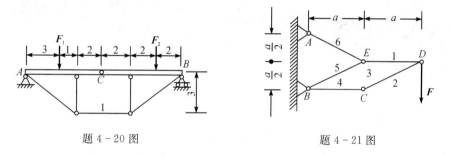

题 4-20 图　　　　　　　　　　题 4-21 图

4-22　平面桁架所受荷载及尺寸如题 4-22 图所示，求图中杆 1、2、3 的内力。

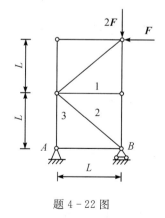

题 4-22 图

第5章　轴向拉伸与压缩

5.1　概　述

工程实际中，常见沿其轴线方向承受拉伸或压缩的杆件。例如，图5-1所示桁架桥中的弦杆，图5-2所示内燃机的连杆等。

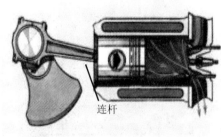

图5-1　　　　　　　　　　　　　　　　图5-2

这些承受拉伸或压缩的杆件外形或加载方式各不相同，但若将杆件的形状和受力情况进行简化，均可得到如图5-3所示的计算简图。这类杆件**外力作用线与杆轴线重合**，杆件沿轴线方向伸长或缩短，这种变形形式称为**轴向拉伸**或**轴向压缩**，这类构件简称为**拉(压)杆**。

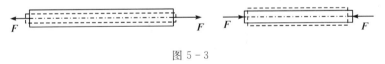

图5-3

5.2　轴向拉伸(压缩)杆件的内力——轴力和轴力图

为了进行轴向拉伸和压缩杆件的强度和刚度计算，均需要研究杆件横截面上的内力。

5.2.1　内力

作用在构件上的荷载和支反力称为外力。构件不受外力时，构件内部各部分之间存在相互作用力，以维持构件各部分之间的联系，保持构件的形状。当构件受到外力作用而变形时，其内部各部分之间的相互作用力发生改变。这种因外力作用而引起构件内部各部分之间相互作用力的改变量，称为**附加内力**，简称**内力**。构件的内力随外力的变化而变化，其内力的大小及分布规律直接与构件的强度、刚度和稳定性密切相关，因此构件的内力分析十分重要。

5.2.2　截面法

为了显示构件内力并确定其大小，可采用**截面法**进行分析。如图 5-4(a)所示，构件在外力作用下处于平衡状态。欲求 $m-m$ 截面上的内力，可假想将构件沿 $m-m$ 截面切开，分为Ⅰ、Ⅱ两部分，如图 5-4(b)所示。任取其中一部分，例如，取Ⅰ部分为研究对象，由连续性假设可知，此时Ⅱ部分给Ⅰ部分的内力沿 $m-m$ 截面连续分布。这种分布力的合力（可以是力及力偶）即为该截面的内力。该内力的大小和方向可由Ⅰ部分的静力平衡方程确定。同理，如以Ⅱ部分为研究对象，也可以求出Ⅰ部分对Ⅱ部分作用的内力。作用在Ⅰ、Ⅱ两部分的内力互为作用力和反作用力，由作用力和反作用力定律可知，两者大小相等，方向相反。

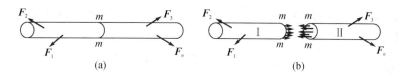

图 5-4

上述分析内力的方法称为**截面法**，它是工程力学中研究构件内力的基本方法，可以归纳为三个步骤：

（1）**截开**：在需求内力的截面处，假想地将构件截为两部分。

（2）**代替**：选两部分中的任一部分进行分析，将另外一部分对分析部分的作用代之以截开面上的内力。

（3）**平衡**：对分析部分建立平衡方程，确定截开面上的未知内力。

5.2.3　轴力和轴力图

以图 5-5(a)所示的等直轴向拉杆为例，用**截面法**将该杆在任一横截面 $m-m$ 处假想地截为两段，如图 5-5(b)所示。取左段进行分析，右段对左段的内力为分布力，根据左段平衡条件 $\sum F_x = 0$，可知其合力必为一个与杆轴线重合的轴向力 F_N，即有

$$F_N = F$$

F_N 称为**轴力**。若取右段分析，由作用力与反作用力定律知，右段在截开面 $m-m$ 截面的轴力与前述左段在该面的轴力数值相等，方向相反。

为使左右两段同一截面处的内力符号相同，通常由杆的变形来确定内力的符号：当轴力的方向与截面外法线一致时，杆件的变形为轴向伸长，轴力 F_N 为正，称为**拉力**；反之，杆件的变形为轴向压缩，轴力 F_N 为负，称为**压力**。

图 5-5(b)和 5-5(c)所示 $m-m$ 截面上的轴力均为正号。

当杆件受到多个轴向外力作用时，在不同的横截面上，轴力将不相同。为了表明横截面上的轴力随横截面位置变化的情况，可按选定的比例尺，用平行于杆轴线的坐标表示横截面的位置，用垂直于杆轴线的坐标表示横截面上轴力的数值，从而绘出表示轴力与截面

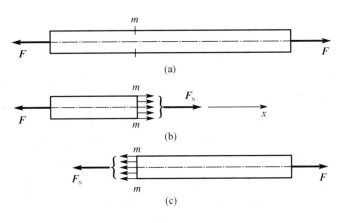

图 5 - 5

位置关系的图线，称为**轴力图**。习惯上将正值的轴力画在轴线坐标轴的上侧，负值画在下侧。下面举例说明。

例 5 - 1　直杆受力如图 5 - 6(a)所示。已知 $F_1 = 16 \text{ kN}$，$F_2 = 10 \text{ kN}$，$F_3 = 20 \text{ kN}$，试计算杆件的内力，并作轴力图。

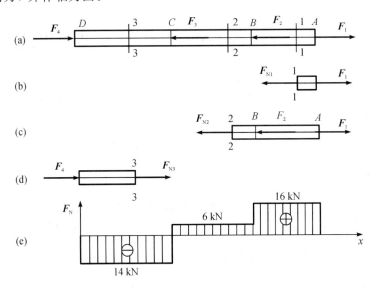

图 5 - 6

解　(1) 根据荷载情况，计算各段内力。

AB 段：作任意截面 1-1，取右段部分[见图 5 - 6(b)]，并假设 F_{N1} 方向沿轴力正方向，由 $\sum F_x = 0$ 得

$$F_{N1} = 16 \text{ kN}(拉力)$$

BC 段：作任意截面 2-2，取右段部分[见图 5 - 6(c)]，并假设 F_{N2} 方向如图所示，由 $\sum F_x = 0$ 得

$$-F_{N2} - F_2 + F_1 = 0$$

则

$$F_{N2} = 6 \text{ kN(拉力)}$$

同理，可求得 CD 段任意截面 $3-3$ 上的轴力[见图 $5-6$(d)]为

$$F_{N3} + F_4 = 0$$

$$F_{N3} = -14 \text{ kN(压力)}$$

负号表示 F_{N3} 的方向与图中所示方向相反。

（2）绘轴力图。选截面位置为横坐标，相应截面上的轴力为纵坐标，选择适当比例，绘出轴力图[见图 $5-6$(e)]，可知 AB 段的轴力值最大，即 $|F_N|_{max} = 16 \text{ kN}$。

由此例可以看出：

（1）任意截面上的轴力，在数值上等于该截面一侧轴向外力的代数和。在计算代数和时，外力作用方向背离截开截面时，取正号，反之取负号。

（2）采用截面法求轴力时，可假设其为正值（拉力），按平衡方程计算。若得到的值为正，说明该轴力为拉力，其方向与假设相同；反之为压力，其方向与假设方向相反。我们把这种方法称为**设正法**。

5.3　轴向拉伸(压缩)杆件横截面和斜截面上的应力

在确定了轴向拉伸或压缩杆件的轴力后，只是确定杆件横截面上分布内力的合力，但不能确定内力在截面上的分布情况。为了分析杆件的强度，还必须知道内力的分布集度，以及材料承受荷载的能力。杆件横截面上内力分布集度，称为**应力**。

5.3.1　应力的概念

应力是受力杆件某一截面上分布内力在一点处的集度。若考察受力杆截面 $m-m$ 上 K 点处的应力，如图 $5-7$(a)所示，围绕 K 点取微小面积 ΔA，ΔA 上分布内力的合力为 $\Delta \boldsymbol{F}$，$\Delta \boldsymbol{F}$ 与 ΔA 的比值用 $\boldsymbol{p}_m$ 表示，即

$$\boldsymbol{p}_m = \frac{\Delta \boldsymbol{F}}{\Delta A}$$

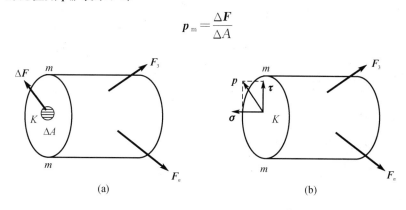

(a)　　　　　　　　　　　　　(b)

图 $5-7$

$\boldsymbol{p}_m$ 是一个矢量，代表在 ΔA 范围内单位面积上的内力的平均集度，称为**平均应力**。当 ΔA 趋于零时，$\boldsymbol{p}_m$ 的大小和方向都将趋于一定极限，于是有

$$p = \lim_{\Delta A \to 0} p_m = \lim_{\Delta A \to 0} \frac{\Delta \boldsymbol{F}}{\Delta A} = \frac{\mathrm{d}\boldsymbol{F}}{\mathrm{d}A} \tag{5-1}$$

式中，p 称为 K 点处的应力。

由式(5-1)知，应力可理解为单位面积上的内力，表示截面上某点当 $\Delta A \to 0$ 时内力的密集程度。通常把应力 $\boldsymbol{p}$ 分解成垂直于截面的分量 $\boldsymbol{\sigma}$ 和位于截面的分量 τ，$\boldsymbol{\sigma}$ 称为**正应力**，τ 称为**切应力**。显然有

$$\boldsymbol{p}^2 = \boldsymbol{\sigma}^2 + \tau^2 \tag{5-2}$$

应力的单位为 N/m²，且 1 N/m²＝1 Pa(帕)，1 GPa＝10^9 Pa，1 MPa＝10^6 Pa。

5.3.2 横截面上的应力

轴向拉(压)杆横截面上只有轴力，轴力的大小为分布内力的合力，轴力的方向垂直于横截面，且通过横截面的形心。与轴力相对应，横截面上有应力，由于还不知道其在横截面上的变化规律，因此无法直接求出。如图 5-8(a)所示一个两端受均布拉力作用的等截面直杆，均布力的合力 F 和杆件轴线重合，直杆发生轴向拉伸。由对称性可知，直杆中央横截面必须保持平面，从而可以推断出该横截面上的内力均匀连续分布，各点的应力相等且垂直于横截面，即为正应力。从中央横截面把直杆截开，观察左半部分，如图 5-8(b)所示。根据对称性，其 $l/4$ 处的横截面亦保持平面，依次类推，杆上所有横截面在受力后都保持平面，只发生相对平行移动。因此，直杆的轴向变形是均匀的，所有横截面的正应力都是均匀分布。

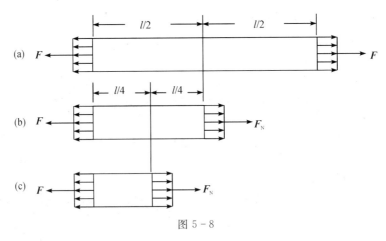

图 5-8

设杆件的横截面面积为 A，则有

$$F_N = \int_A \sigma \mathrm{d}A = \sigma A$$

则

$$\sigma = \frac{F_N}{A} \tag{5-3}$$

式中，σ 为横截面上的正应力，F_N 为横截面上的轴力，A 为横截面面积。对于轴向压缩的

杆件，式(5-3)同样适用。可以看出，正应力 σ 的正负号与轴力 F_N 相同，即拉应力为正，压应力为负。

当轴向拉伸杆或压缩杆两端承受集中荷载或其他非均布荷载时，在外力作用处附近，变形较为复杂，应力不再是均匀分布。但距离外力作用点稍远的部分，其轴向变形仍然是均匀的，在这些区域中，式(5-3)仍然适用。**圣维南原理**指出："力作用于杆端方式的不同，只会使与杆端距离不大于杆的横向尺寸的范围内受到影响"。这一原理已经被实验证实。

例 5-2　如图 5-9 所示的简易起吊三角架，已知 AB 杆由两根截面面积为 10.86 cm² 的角钢制成，$F=130$ kN，$\alpha=30°$，求 AB 杆横截面上的应力。

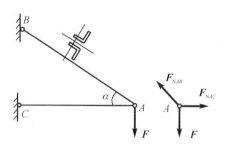

图 5-9

解　(1) 计算 AB 杆的内力。取节点 A 为研究对象，由平衡条件 $\sum F_y=0$，得

$$F_{NAB}\sin 30° = F$$

则

$$F_{NAB}=2F=260 \text{ kN} \quad (拉力)$$

(2) 计算 σ_{AB}。

$$\sigma_{AB}=\frac{F_{NAB}}{A_{AB}}=\frac{260\times 10^3}{2\times 10.86\times 10^{-4}}=119.7\times 10^6 \text{ Pa}=119.7 \text{ MPa}$$

例 5-3　某起吊钢索如图 5-10(a)所示，已知 AB 和 BC 两段的横截面面积分别为 $A_1=3$ cm²，$A_2=4$ cm²，长度 $l_1=l_2=50$ m。A 端承受轴向荷载 $F=12$ kN 作用。钢索材料的单位体积重量为 $\rho=0.028$ N/cm³，试绘制轴力图，并计算 σ_{max}。

解　(1) 计算轴力。

AB 段：设沿 1-1 截面截开，其轴力 F_{N1} 为拉力。由下半部分的平衡得

$$F_{N1}=F+\rho A_1 x_1 (0\leqslant x_1\leqslant l_1) \tag{a}$$

BC 段：设沿 2-2 截面截开，其轴力 F_{N2} 为拉力。由下半部分的平衡得

$$F_{N2}=F+\rho A_1 l_1+\rho A_2(x_2-l_1)(l_1\leqslant x_2\leqslant l_1+l_2) \tag{b}$$

(2) 绘制轴力图。根据式(a)和(b)可得各截面的轴力为

当 $x_1=0$ 时，$F_{NA}=F=12$ kN

当 $x_1=l_1$ 时，$F_{NB}=F+\rho A_1 l_1=12\times 10^3+0.028\times 3\times 50\times 10^2=12.42\times 10^3$ N = 12.42 kN

当 $x_2=l_1$ 时，$F_{NB}=F+\rho A_1 l_1+\rho A_2(l_1-l_1)=12.42$ kN

当 $x_2=l_1+l_2$ 时，$F_{NC}=F+\rho A_1 l_1+\rho A_2 l_2=12.98$ kN

由各截面的轴力值作轴力图，如图 5 - 10(b)所示。

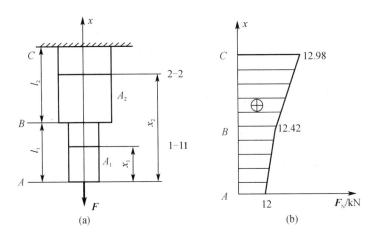

图 5 - 10

（3）应力计算。由轴力表达式(a)和式(b)知，AB 段的最大应力在 B 截面，BC 段的最大应力在 C 截面。根据式(5 - 3)得其应力值为

$$\sigma_B = \frac{F_{NB}}{A_1} = \frac{12.42 \times 10^3}{3 \times 10^{-4}} = 41.4 \times 10^6 \text{ Pa} = 41.4 \text{ MPa}$$

$$\sigma_C = \frac{F_{NC}}{A_2} = \frac{12.98 \times 10^3}{4 \times 10^{-4}} = 32.5 \times 10^6 \text{ Pa} = 32.5 \text{ MPa}$$

比较 σ_B 和 σ_C 的大小得 $\sigma_{max} = 41.4$ MPa。

5.3.3　斜截面上的应力

前面讨论了轴向拉（压）杆件横截面上的正应力。材料强度试验表明，杆件的破坏并不总是沿着横截面发生的，有时却是沿着斜截面的。为了全面了解杆件在不同方位截面上的应力情况，还需研究杆件斜截面上的应力。

如图 5 - 11 所示为一个受轴向拉力 F 的等直杆件，分析与横截面成 α 角的任一斜截面 $m - m$ 上的应力。用截面法得到 $m - m$ 斜截面上的内力 F_N 为

$$F_N = F$$

由于杆内各点的变形是均匀的，因而同一斜截面上的应力也是均匀分布的。设斜截面 $m - m$ 的面积为 A_α，于是斜截面 $m - m$ 上的全应力

$$p_\alpha = \frac{F}{A_\alpha}$$

若杆的横截面面积为 A，则

$$A_\alpha = \frac{A}{\cos\alpha}$$

因此，斜截面 $m - m$ 上的全应力为

$$p_\alpha = \frac{F}{A}\cos\alpha = \sigma\cos\alpha \qquad\qquad (5 - 4)$$

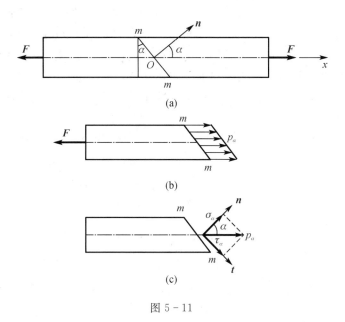

图 5 - 11

式中，$\sigma = \dfrac{F}{A}$，为杆件横截面上的正应力。将 p_α 分解成垂直于斜截面的正应力 σ_α 和相切于斜截面的切应力 τ_α，有

$$\sigma_\alpha = p_\alpha \cos\alpha = \sigma \cos^2\alpha = \frac{\sigma}{2}(1 + \cos2\alpha) \tag{5-5}$$

$$\tau_\alpha = p_\alpha \sin\alpha = \sigma \sin\alpha \cos\alpha = \frac{\sigma}{2}\sin2\alpha \tag{5-6}$$

式中，α、σ_α、τ_α 的正负号的规定为：

α：自 x 轴逆时针转向截面外法线 $\boldsymbol{n}$ 时为正，反之为负。

σ_α：拉应力为正，压应力为负。

τ_α：取保留截面内任一点为矩心，而 τ_α 对矩心产生顺时针的矩时为正，反之为负。

由式(5-5)和式(5-6)可以看出，σ_α 和 τ_α 都是 α 的函数。当 $\alpha = 0°$ 时，$\sigma_{0°} = \sigma_{\max} = \sigma$，即横截面上的正应力是所有截面上正应力中的最大值；当 $\alpha = \pm45°$ 时，τ_α 分别为极值，$\tau_{45°} = \tau_{\max} = \dfrac{\sigma}{2}$，$\tau_{-45°} = \tau_{\min} = -\dfrac{\sigma}{2}$。

5.4　轴向拉伸(压缩)杆件的变形

杆件在轴向荷载作用下不仅在杆件内产生内力，同时还将发生变形。杆件沿轴线方向的变形称为**轴向变形**或**纵向变形**，垂直于轴线方向的变形称为**横向变形**。构件的变形程度通常用**应变**来进行度量。

5.4.1　应变的概念

构件在荷载作用下，其形状和尺寸都将发生改变，即产生变形，构件发生变形时，内部任意一点将产生移动，这种移动称为**线位移**。同时，构件上的线段（或平面）将发生转动，这种转动称为**角位移**。由于构件的刚体运动也可产生线位移和角位移，因此，构件的变形要用线段长度的改变和角度的改变来描述。线段长度的改变称为**线变形**，角度的改变称为**角变形**，线变形和角变形分别用**线应变**和**角应变**来度量。

为了研究构件的变形，设想将其分割成无数个单元体，整个构件的变形可以看成是这些单元体变形累积的结果。图 5-12(a) 是构件中取出的一个单元体，其变形可用棱边长度的改变和棱边所夹直角的改变来描述。设棱边 AB 原长为 Δx，构件在荷载作用下发生变形，A 点沿 x 轴方向的位移为 u，B 点沿 x 轴方向的位移为 $u+\Delta u$，则棱边沿 x 轴方向的改变为 $[(\Delta x+u+\Delta u)-u]-\Delta x=\Delta u$，则棱边 AB 的**平均应变**为

$$\varepsilon_m=\frac{\Delta u}{\Delta x}$$

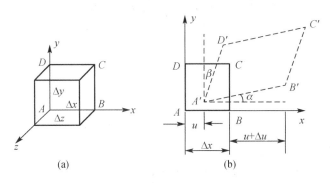

图 5-12

若 AB 上各点的变形程度不同，应使 Δx 趋近于零，此时

$$\varepsilon=\lim_{\Delta x\to 0}\frac{\Delta u}{\Delta x}=\frac{\mathrm{d}u}{\mathrm{d}x} \tag{5-7}$$

称为点 A 沿 x 轴方向的**线应变**，或简称为**应变**。用类似的方法，还可确定 A 点沿其他方向的线应变。线应变的物理意义是构件上一点沿某一方向变形量的大小。线应变无量纲，常用百分数来表示，如 $0.001\ \mathrm{m/m}=0.1\%$。在实际工程中，应变 ε 的单位常用 $\mu\varepsilon$ 来表示，即 $1\ \mu\varepsilon=1\ \mu\mathrm{m/m}$。

棱边长度发生改变时，相邻棱边的夹角一般也发生改变，如图 5-12(b) 所示。两棱边所夹直角改变了 $\alpha+\beta$，这种直角的改变量称为**切应变**（或**角应变**），用 γ 表示。切应变无量纲，单位为 rad（弧度）。

5.4.2　杆件的轴向变形与胡克定律

如图 5-13 所示，设等直杆的原长为 l，横截面面积为 A，在轴向拉力 F_N 作用下，长度由 l 变为 l_1，杆件在轴线方向的伸长，即纵向变形为

$$\Delta l=l_1-l$$

由于轴向拉伸杆沿轴向的变形均匀，因此任一点纵向线应变为杆件的变形 Δl 除以原长 l，即

$$\varepsilon = \frac{\Delta l}{l}$$

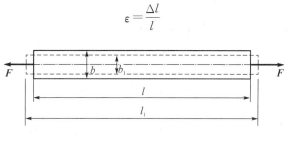

图 5 - 13

对于常用的工程材料,根据大量试验结果表明,若杆件横截面上的应力不超过材料的某一极限值,即比例极限(见 5.5 节)时,则应力与应变成正比,即

$$\sigma = E\varepsilon \qquad\qquad (5-8)$$

式中,比例常数 E 称为材料的**弹性模量**,其单位为 Pa 或 GPa,其数值由试验确定。把应力、应变计算式代入式(5-8)得

$$\sigma = \frac{F_N}{A} = E\varepsilon = E\,\frac{\Delta l}{l}$$

所以

$$\Delta l = \frac{F_N l}{EA} \qquad\qquad (5-9)$$

此关系式称为**胡克定律**。它表明,当应力不超过材料的比例极限时,杆件的伸长 Δl 与轴力 F_N 和杆件的原始长度 l 成正比,与横截面面积 A 成反比。式中 EA 称为**拉(压)刚度**,它反映了杆件抵抗变形的能力。

式(5-9)适用于在长为 l 的杆件的拉(压)刚度 EA 和轴力 F_N 皆为常量的情况,若杆件轴力及拉(压)刚度均沿轴线连续变化,则

$$\Delta l = \int_l \frac{F_N(x)}{EA(x)}\mathrm{d}x \qquad\qquad (5-10)$$

5.4.3　杆件的横向变形与泊松比

在图 5 - 13 中,杆在轴向力 F_N 作用下,杆件的横向尺寸由 b 变为 b_1,则杆件的横向变形为

$$\Delta b = b_1 - b$$

由于变形均匀,杆件的横向线应变为

$$\varepsilon' = \frac{\Delta b}{b}$$

试验表明,在弹性范围内,杆件的横向应变 ε' 和纵向应变 ε 有如下关系:

$$\varepsilon' = -\nu\varepsilon \qquad\qquad (5-11)$$

式中,ν 称为泊松(Poisson)比(或横向变形系数),是一个无量纲量,其值随材料而异,并由试验确定。上式表明横向应变 ε' 与纵向应变 ε 恒为异号。

例 5 - 4　图 5 - 14 所示的变截面杆,已知 BD 段横截面面积 $A_1 = 2\ \mathrm{cm}^2$,AD 段横截面面积 $A_2 = 4\ \mathrm{cm}^2$。材料的弹性模量 $E = 120\ \mathrm{GPa}$,承受荷载 $F_1 = 5\ \mathrm{kN}$、$F_2 = 10\ \mathrm{kN}$ 作用。

试计算 AB 杆的变形 Δl_{AB}。

解　（1）内力计算。分别求得 BD、DC、CA 三段的轴力为

$$F_{N1} = -5 \text{ kN}, \quad F_{N2} = -5 \text{ kN}, \quad F_{N3} = 5 \text{ kN}$$

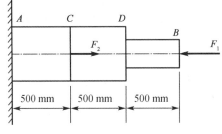

图 5 - 14

（2）变形计算。由于三段的内力和面积不同，需按式(5 - 9)计算各段变形：

$$\Delta l_{BD} = \Delta l_1 = \frac{F_{N1} l_1}{EA_1} = \frac{-5 \times 10^3 \times 0.5}{120 \times 10^9 \times 2 \times 10^{-4}} = -1.04 \times 10^{-4} \text{ m}$$

$$\Delta l_{DC} = \Delta l_2 = \frac{F_{N2} l_2}{EA_2} = \frac{-5 \times 10^3 \times 0.5}{120 \times 10^9 \times 4 \times 10^{-4}} = -0.52 \times 10^{-4} \text{ m}$$

$$\Delta l_{CA} = \Delta l_3 = \frac{F_{N3} l_3}{EA_3} = \frac{5 \times 10^3 \times 0.5}{120 \times 10^9 \times 4 \times 10^{-4}} = 0.52 \times 10^{-4} \text{ m}$$

（3）计算杆的变形。

$$\Delta l_{AB} = \Delta l_1 + \Delta l_2 + \Delta l_3 = -1.04 \times 10^{-4} \text{ m}$$

Δl_{AB} 的负号说明此杆总的变形是缩短。

例 5 - 5　图 5 - 15(a)所示的杆系结构，已知 BD 杆为圆截面钢杆，直径 $d = 20 \text{ mm}$，长度 $l = 2 \text{ m}$，弹性模量 $E = 200 \text{ GPa}$；BC 杆为方截面木杆，边长 $a = 100 \text{ mm}$，弹性模量 $E = 12 \text{ GPa}$；荷载 $F = 50 \text{ kN}$。求 B 点的位移。

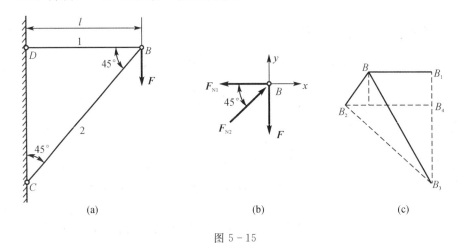

(a)　　　　　　　　(b)　　　　　　　　(c)

图 5 - 15

解　在荷载作用下，BC 杆和 BD 杆发生变形，从而引起节点 B 的位移。所以应先求出两杆的内力，并计算其变形，再由两杆变形求节点 B 的位移。

（1）内力计算。以节点 B 为研究对象进行受力分析，如图 5-15(b)所示。

由 $\sum F_x = 0$ 和 $\sum F_y = 0$ 解得两杆的轴力分别为

$$F_{N1} = 50 \text{ kN} \quad （拉力）$$

$$F_{N2} = 70.7 \text{ kN} \quad （压力）$$

（2）计算变形。由图 5-15(a)知，$l_1 = l = 1$ m，$l_2 = \dfrac{l}{\cos 45°} = 1.41$ m

由胡克定律求得 BC 杆和 BD 杆的变形：

$$\Delta l_1 = \frac{F_{N1} l_1}{E_1 A_1} = \frac{50 \times 10^3 \times 1}{200 \times 10^9 \times \dfrac{\pi}{4} \times 20^2 \times 10^{-6}} = 7.96 \times 10^{-4} \text{ m}$$

$$\Delta l_2 = \frac{F_{N2} l_2}{E_2 A_2} = \frac{70.7 \times 10^3 \times 1.41}{12 \times 10^9 \times 100^2 \times 10^{-6}} = 8.31 \times 10^{-4} \text{ m}$$

（3）确定 B 的位移。由前面计算知，Δl_1 为拉伸变形，Δl_2 为压缩变形。设想将结构在节点 B 拆开，BD 杆伸长变形后变为 $B_1 D$，BC 杆压缩变形后变为 $B_2 C$。分别以 D 点和 C 点为圆心，以 DB_1 和 CB_2 为半径，作圆弧相交于 B_3。B_3 点即为结构变形后 B 点的位置。因为变形很小，$B_1 B_3$ 和 $B_2 B_3$ 是两段极其微小的短弧，因而可用分别垂直于 $B_1 D$ 和 $B_2 C$ 的直线线段来代替，这两段直线的交点为 B_3，BB_3 即为 B 点的位移，且 $BB_1 = \Delta l_1$，$BB_2 = \Delta l_2$。

由图 5-15(c)可以求出：

$$B_2 B_4 = BB_1 + BB_2 \cos 45° = \Delta l_1 + \Delta l_2 \times \frac{\sqrt{2}}{2}$$

B 点的垂直位移为

$$B_1 B_3 = B_1 B_4 + B_4 B_3 = BB_2 \sin 45° + \frac{B_2 B_4}{\tan 45°}$$

$$= \Delta l_2 \times \frac{\sqrt{2}}{2} + \Delta l_1 + \Delta l_2 \times \frac{\sqrt{2}}{2}$$

$$= 1.97 \times 10^{-3} \text{ m}$$

B 点的水平位移为

$$BB_1 = \Delta l = 7.96 \times 10^{-4} \text{ m}$$

所以 B 点的位移 BB_3 为

$$BB_3 = \sqrt{(B_1 B_3)^2 + (BB_1)^2} = 2.12 \times 10^{-3} \text{ m}$$

5.5　材料在拉伸时的力学性能

在讨论拉（压）杆的强度和变形时，提到了材料的某些力学性质，如弹性模量 E、泊松比 ν 等，这些都必须通过试验得到。材料的力学性能是指材料在外力作用下所呈现的有关强度和变形方面的特性。材料力学性能试验种类较多，这里主要介绍材料在常温、静载下的拉伸和压缩试验，以及通过试验所得到的一些材料力学性质。

5.5.1 材料的拉伸试验

拉伸试验是研究材料力学性质的常用基本试验。国家标准(GB 6397—86)规定试件应做成一定的形状和尺寸,即**标准试件**。对于金属材料,圆截面的标准试件如图 5 - 16(a)所示。在试件中间等直部分取一段长度为 l 的工作长度,称为**标距**。标距 l 与直径 d 有两种比例:$l = 5d$ 称为 5 倍试件,$l = 10d$ 称为 10 倍试件。对于矩形截面标准试件,如图 5 - 16(b)所示,标距 l 与横截面面积 A 的比例为 $l = 11.3\sqrt{A}$ 和 $l = 5.65\sqrt{A}$。

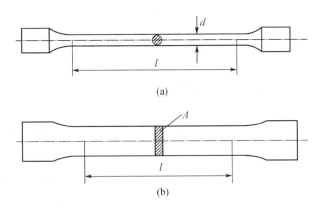

图 5 - 16

拉伸试验在材料试验机上进行,把试件装夹在试验机上,开动机器,使试件受到从零开始缓慢增加的拉力 F,于是在试件标距 l 长度内产生相应的变形 Δl,直至试件断裂。把试验过程中的拉力 F 与对应的变形 Δl 绘制成 F - Δl 曲线,称为**拉伸图**。显然,拉伸图与试件的几何尺寸有关。为了消除试件尺寸的影响,得到反映材料性质的图线,通常用试件的正应力 σ(即拉力 F 除以试件横截面的原面积 A)作为纵坐标,用试件沿长度方向的线应变 ε(即伸长量 ΔL 除以标距的原始长度 l)作为横坐标,得到材料的**应力-应变曲线**或 σ - ε 图。

5.5.2 低碳钢在拉伸时的力学性质

低碳钢是工程上广泛使用的材料,其含碳量一般在 0.3% 以下,其力学性质具有典型性。低碳钢的**应力-应变曲线**(σ - ε 图)如图 5 - 17 所示,可分为四个阶段。

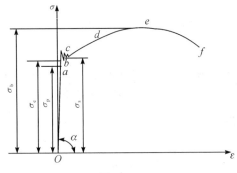

图 5 - 17

1. 弹性阶段(Oa 段)

图 5-17 中 σ-ε 曲线的 Oa 段为直线,这时应力 σ 与应变 ε 呈线性关系,即胡克定律成立。

$$\sigma = E\varepsilon$$

a 点所对应的应力值称为**比例极限**,记为 σ_p,它是应力与应变成正比例的最大值。图中 α 角的正切值为

$$\tan\alpha = \frac{\sigma}{\varepsilon} = E$$

即 Oa 段直线的斜率等于材料的弹性模量 E。

应力超过比例极限以后,曲线呈微弯,但只要不超过 b 点,材料仍是弹性的,即卸载后,变形能够完全恢复。b 点对应的应力称为**弹性极限**,记为 σ_e。σ 与 ε 之间的关系不再是直线,但应力解除后应变会随之消失,这种变形称为**弹性变形**。σ_e 它是材料只出现弹性变形的最大应力。在 σ-ε 曲线上,a、b 两点非常接近,所以工程上对比例极限和弹性极限并不严格区分。

2. 屈服阶段(bc 段)

如图 5-17 所示,当应力超过弹性极限 b 点增加到某一数值时,σ-ε 曲线上出现一段接近水平线的微小锯齿形波动线段,变形显著增长而应力几乎保持不变,材料暂时失去抵抗变形的能力,这种现象称为**屈服**或**流动**。屈服阶段应力的最高点和最低点分别称为上屈服点和下屈服点。通常上屈服点的数值与试件形状、加载速度等因素有关,一般不稳定;而下屈服点则比较稳定,能够反映材料的性能,通常就把下屈服点称为**屈服极限**或**屈服强度**,用 σ_s 表示。σ_s 是衡量材料强度的重要指标。

表面磨光的试件发生屈服时,表面将出现与轴线大致成45°倾角的条纹,这是由于材料内部相对滑移形成的,称为**滑移线**。

3. 强化阶段(ce 段)

过了屈服阶段后,材料又恢复了抵抗变形的能力,要使它继续变形必须增加拉力,这种现象称为材料的**强化**。如图 5-17 所示,强化阶段的最高点 e 点所对应的应力 σ_b 是材料所能承受的最大应力,称为**强度极限**或**抗拉强度**,它表示材料所能承受的最大应力。σ_b 是衡量材料强度的重要指标。

4. 局部变形阶段

过 e 点后,即应力达到强度极限后,在试件的某一局部范围内,横向尺寸突然急剧缩小,形成**颈缩现象**,如图 5-18 所示。在 σ-ε 图上,用原始横截面面积 A 算出的应力 σ 随着横截面面积的迅速减小而下降到 f 点,试件拉断。

5. 两个塑性指标

试件拉断后,弹性变形消失,塑性变形仍然保留。试件标距由原长 l 变为 l_1,两者之差与原长 l

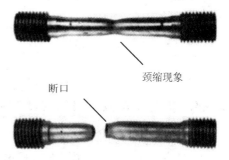

颈缩现象

断口

图 5-18

之比的百分率称为材料的延伸率，用 δ 表示，即

$$\delta = \frac{l_1 - l}{l} \times 100\% \tag{5-12}$$

试件断裂时的塑性变形越大，延伸率就越大，因此延伸率是衡量材料塑性大小的指标。

衡量材料塑性的另一个指标是断面收缩率，即

$$\psi = \frac{A - A_1}{A} \times 100\% \tag{5-13}$$

式中，A 为试件的原始横截面面积，A_1 为试件拉断后颈缩处的最小截面面积。

材料的延伸率和断面收缩率值越大，说明材料塑性越好。工程上通常按延伸率的大小把材料分为两类：$\delta \geq 5\%$ 为**塑性材料**；$\delta < 5\%$ 为**脆性材料**。

6. 卸载规律

在弹性阶段卸载，应力、应变将沿着直线 Oa 回到 O 点（如图 5-19 所示），变形完全消失。当应力超过屈服极限到强化阶段的 d 点时，开始卸载，应力与应变关系将沿着直线 dd' 回到 d'。斜直线 dd' 近似地平行于 Oa。即在卸载过程中，应力和应变按直线规律变化，这就是**卸载规律**。卸载后在短期内再次加载，则应力和应变大致上沿卸载时的斜直线 dd' 变化，直到 d 点后，又沿曲线 def 变化。可见，在再次加载时，直到 d 点以前材料的变形是弹性的，过 d 点后才开始出现塑性变形。比较图 5-19 中卸载后重新加载的曲线 $d'ef$ 和原来的 $\sigma\text{-}\varepsilon$ 曲线，可以看出其比例极限得到提高，但塑性变形和延伸率却有所降低，这种现象称为**冷作硬化**。冷作硬化现象经退火可以消除。若将试件拉到超过屈服极限后（见图 5-19 中的 d 点）卸载，并经过一段时间后重新加载，其比例极限还将有所提高，如图 5-19 中虚线 dh 所示，这种现象称为**冷作时效**。冷作时效与卸载后至重新加载的时间间隔和加载时试件的温度有关。

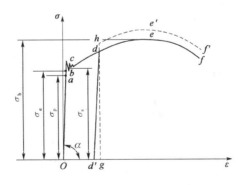

图 5-19

5.5.3　灰铸铁在拉伸时的力学性质

灰铸铁（简称铸铁）也是工程中广泛应用的一种材料，其拉伸时的 $\sigma\text{-}\varepsilon$ 曲线如图 5-20 所示，没有弹性阶段、屈服阶段、强化阶段和局部变形阶段，是一条微弯曲线，并在较小的拉应力下就被拉断，拉断前产生的应变很小。灰铸铁的延伸率 $\delta < 1\%$，是典型的脆性材料，

强度极限 σ_b 是衡量其强度的唯一指标。铸铁等脆性材料的抗拉强度很低，因此不宜作为抗拉构件的材料。

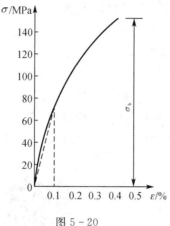

图 5 - 20

由于铸铁的 σ-ε 曲线没有明显的直线部分，所以，弹性模量 E 的数值随应力的大小而变化。在工程实际的应用中，当拉应力较小时，近似地认为铸铁服从胡克定律。通常取 σ-ε 曲线的割线代替曲线的开始部分，并以割线的斜率作为弹性模量，称为**割线弹性模量**。

5.5.4　其他金属材料拉伸时的力学性质

图 5 - 21(a) 所示为锰钢与硬铝等金属材料的应力—应变曲线。可以看出，有些材料(如 Q345 钢与低碳钢)有明显的四个阶段；有些材料(如硬铝)没有屈服阶段，其他三个阶段比较明显。但它们断裂时均产生较大的残余变形，均属于塑性材料。

对于不存在明显屈服阶段的塑性材料，工程中通常以卸载后产生数值为 0.2% 的残余应变的应力作为屈服应力，称为**屈服强度**或**名义屈服极限**，用 $\sigma_{p0.2}$ 表示，如图 5 - 21(b) 所示。

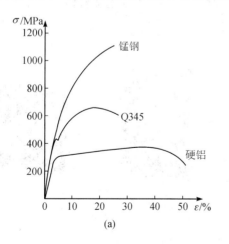
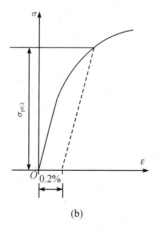

图 5 - 21

5.6　材料在压缩时的力学性能

金属材料的压缩试件一般制成很短的圆柱，以免被压弯。圆柱高度与直径的关系为 $h=(1.5\sim3)d$。混凝土、石料等材料的压缩试件常制成立方体形。

1. 低碳钢压缩时的 σ - ε 曲线

低碳钢压缩时的 σ - ε 曲线，如图 5-22(a)所示。试验表明：低碳钢压缩时的弹性模量 E 和屈服极限 σ_s 都与拉伸时大致相同，屈服阶段以后，试件越压越扁[如图 5-22(b)所示]，横截面面积不断增大，试件抗压能力也继续增高，因而得不到压缩时的强度极限。由于可从拉伸试验中测定低碳钢压缩时的主要性能，因此不一定要进行压缩试验。

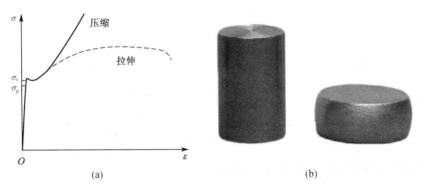

图 5 - 22

2. 铸铁压缩时的 σ - ε 曲线

铸铁压缩时的 σ - ε 曲线，如图 5-23(a)所示，试件仍然在较小的变形下突然破坏，破坏断面的法线与轴线大致成45°～55°的倾角，如图 5-23(b)所示，表明试件沿斜截面因错动而破坏。铸铁的抗压强度极限高于其抗拉强度极限。其他脆性材料，如混凝土、石料等的抗压强度也远高于铸铁的抗拉强度。

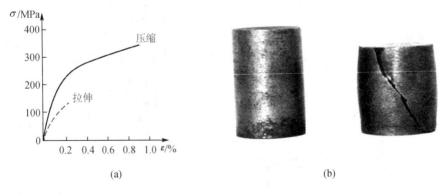

图 5 - 23

5.7　轴向拉伸(压缩)杆件的强度计算

5.7.1　失效与许用应力

由于各种原因使结构丧失其正常工作能力的现象,称为**失效**。断裂和塑性屈服都是构件失效的形式,通常将材料失效时的应力称为**极限应力**,并以 σ_u 表示。对于塑性材料,以屈服强度 σ_s 作为极限应力;对于脆性材料,以强度极限 σ_b 作为极限应力。

在对构件进行强度计算时,考虑力学模型与实际情况的差异及必须有适当的强度安全储备等因素,对于由一定材料制成的具体构件,需要规定一个工作应力的最大容许值,这个最大容许值称为材料的**许用应力**,用 $[\sigma]$ 表示,即

$$[\sigma] = \frac{\sigma_u}{n} \tag{5-14}$$

式中,n 为大于 1 系数,称为**安全系数**。

对塑性材料,有

$$[\sigma] = \frac{\sigma_s}{n_s} \tag{5-15}$$

对脆性材料,有

$$[\sigma] = \frac{\sigma_b}{n_b} \tag{5-16}$$

式中,n_s、n_b 分别为塑性材料和脆性材料的安全系数。

安全系数的取值受到力学模型与实际结构、材料差异、构件的重要程度和经济等多方面因素影响,一般情况下可从有关规范或设计手册中查到。一般的机械制造中,在静荷载情况下,安全系数的大致范围为 $n_s = 1.5 \sim 2.0$,$n_b = 2.0 \sim 5.0$。

5.7.2　强度条件

根据上述分析知,为了保证受拉(压)杆工作时不发生失效,强度条件为

$$\sigma_{max} \leqslant [\sigma] \tag{5-17}$$

式中,σ_{max} 为构件内的最大工作应力。

对于等截面拉(压)杆,强度条件为

$$\sigma_{max} = \frac{F_{max}}{A} \leqslant [\sigma] \tag{5-18}$$

根据强度条件对拉(压)杆进行强度计算时,可作以下三方面的计算。

1. 强度校核

在已知拉(压)杆的材料、截面尺寸和所受荷载时,检验最大工作应力是否超过许用应力,称为强度校核。

2. 截面设计

在已知拉(压)杆的材料和所受荷载时,根据强度条件确定该杆横截面面积或尺寸的计

算，称为截面设计。对于等截面拉(压)杆，由式(5-18)得

$$A \geqslant \frac{F_{\max}}{[\sigma]} \qquad (5-19)$$

3. 确定许可荷载

在已知拉(压)杆的材料和截面尺寸时，根据强度条件确定该杆或结构所能承受的最大荷载的计算，称为确定许可荷载。按式(5-18)有

$$F_{\max} \leqslant [\sigma]A \qquad (5-20)$$

需要指出的是，当拉(压)杆的工作应力 $\sigma_{\max}$ 超过许用应力 $[\sigma]$，而偏差不大于许用应力的 5% 时，在工程上是允许的。

例 5-6　结构尺寸及受力如图 5-24(a)所示，AB 为刚性梁，斜杆 CD 为圆截面钢杆，直径 $d=30$ mm，材料为 Q235 钢，许用应力 $[\sigma]=160$ MPa。若荷载 $F=50$ kN，试校核此结构的强度。

解　(1) 受力分析。受力图如图 5-24(b) 所示，由平衡方程 $\sum M_A = 0$ 得

$$F_N \sin 30° \times 2000 - F \times 3000 = 0$$

解得

$$F_N = 3F = 150 \text{ kN}$$

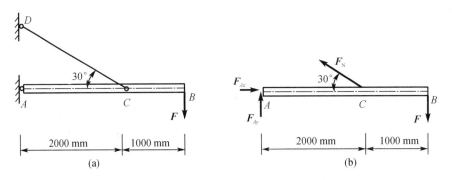

图 5-24

(2) 应力计算。由式(5-3)得 CD 杆横截面上的应力

$$\sigma = \frac{F_N}{A} = \frac{F_N}{\dfrac{\pi d^2}{4}} = \frac{4 \times 150 \times 10^3}{\pi \times 30^2 \times 10^{-6}} = 212.3 \times 10^6 \text{ Pa} = 212.3 \text{ MPa}$$

(3) 强度校核。由计算结果知，$\sigma_{CD} = 212.3$ MPa$>[\sigma]=160$ MPa，即杆 CD 的强度不满足要求，所以结构是不安全的。

例 5-7　由例 5-6 知，杆 CD 横截面上的应力超过了许用应力，在所受荷载不变的情况下，重新设计 CD 杆的截面。

解　根据强度条件式(5-18)，杆 CD 的截面面积为

$$A = \frac{\pi d^2}{4} \geqslant \frac{F_N}{[\sigma]}$$

即

$$d \geqslant \sqrt{\frac{4F_N}{\pi[\sigma]}} = \sqrt{\frac{4 \times 150 \times 10^3}{\pi \times 160 \times 10^6}} = 3.46 \times 10^{-3} \ \text{m} = 34.6 \ \text{mm}$$

因此，杆 CD 截面的直径最小取 34.6 mm。

例 5 - 8　设在例 $5-6$ 中，杆 CD 的直径仍为 $d=30$ mm，其他条件不变。试确定结构所能承受的许可荷载。

解　由 AB 梁的平衡得

$$F_N = 3F = 150 \ \text{kN}$$

根据强度条件，有

$$\sigma = \frac{F_N}{A} = \frac{3F}{\frac{\pi d^2}{4}} \leqslant [\sigma]$$

得到

$$F_N \leqslant \frac{\pi d^2 [\sigma]}{12} = \frac{\pi \times 30^2 \times 10^{-4} \times 160 \times 10^6}{12} = 37.7 \times 10^3 \ \text{N} = 37.7 \ \text{kN}$$

即结构所能承受的最大荷载为 37.7 kN。

例 5 - 9　设在例 $5-6$ 中，斜杆 CD 与刚性梁 AB 的夹角为 α[如图 $5-25$(a)所示]，荷载 F 可在梁 AB 上水平移动，其他条件不变。试求 α 为何值时，斜杆的重量最轻。

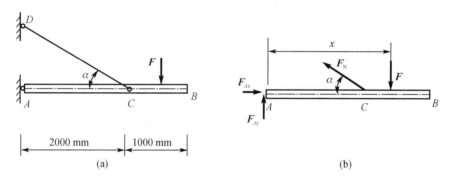

图 5 - 25

解　取 AB 杆进行受力分析，如图 $5-25$(b)所示。设斜杆 CD 的轴力为 F_N，荷载作用于距 A 端的 x 处，由平衡方程 $\sum M_A = 0$ 得

$$F_N = \frac{Fx}{2000 \times \sin\alpha}$$

由上式知，当 $x=3000$ mm（F 作用于 B 点）时，F_N 最大，即

$$F_{Nmax} = \frac{3F}{2\sin\alpha}$$

按照强度条件，斜杆 CD 轴力最大时所需要的横截面面积为

$$A \geqslant \frac{F_{Nmax}}{[\sigma]} = \frac{3F}{2[\sigma]\sin\alpha}$$

则斜杆 CD 的体积为

$$V = Al_{CD} = \frac{3F}{2[\sigma]\sin\alpha} \cdot \frac{2}{\cos\alpha} = \frac{6F}{[\sigma]\sin2\alpha}$$

由上式可见，斜杆 CD 的体积 V 是 α 的函数，要使 V 最小，只有 $\sin2\alpha = 1$，从而得

$$\alpha = 45°$$

5.8　拉压超静定问题

5.8.1　超静定问题及其解法

在前面所讨论的问题中，杆件的轴力可由平衡方程求出，这类问题称为**静定问题**。例如，图 5-26(a)所示桁架即为静定结构。在工程中常有一些结构，其未知力的个数多于静力平衡方程式的个数，如果只用静力平衡方程不能求出全部未知力，这种问题称为**超静定问题**（或静不定问题）。例如图 5-26(b)所示桁架结构，未知轴力为三个，静力平衡方程只有两个，显然仅由平衡方程不能确定三个未知轴力。未知力超过独立平衡方程的数目称为**超静定次数**（或阶数）。可见，图 5-26(b)所示桁架为一次超静定结构。

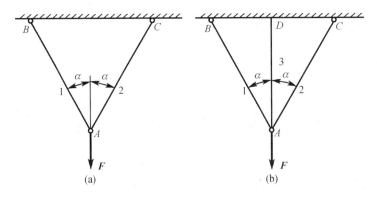

图 5-26

为了对结构进行强度、刚度等计算，必须先求解超静定问题，但由于未知力的数目多于平衡方程的数目，因此除利用平衡方程外，还必须寻求补充方程。现以图 5-26(b)所示桁架为例，说明超静定问题的分析方法。

设杆 1 与杆 2 的拉（压）刚度相同，均为 E_1A_1，杆 3 的拉（压）刚度为 E_3A_3，杆 3 的长度为 l。

在荷载 F 作用下，设杆 1、杆 2 和杆 3 的轴力分别为 F_{N1}（拉力）、F_{N2}（拉力）和 F_{N3}（拉力）。以节点 A 为研究对象，进行受力分析，受力图如图 5-27(a)所示，其平衡方程为

$$\sum F_x = 0 \Rightarrow F_{N2}\sin\alpha - F_{N1}\sin\alpha = 0 \qquad (5-21)$$

$$\sum F_y = 0 \Rightarrow F_{N1}\cos\alpha + F_{N2}\cos\alpha + F_{N3} - F = 0 \qquad (5-22)$$

对图示结构，在力 F 作用下，变形前与变形后三杆始终交于一点。设想解除 A 点约束，如图 5-27(b)所示，杆 1 将沿轴线伸长 Δl_1 到 A_1 点，杆 2 将沿轴线伸长 Δl_2 到 A_2 点，杆 3 将沿轴线伸长 Δl_3 到 A' 点。由于变形后三个杆件仍需交于一点，用"切线代替圆弧的

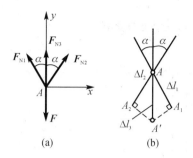

图 5-27

方法",分别从 A_1、A_2 作 AA_1、AA_2 的垂线,显然两垂线相交于 A' 点,即 A 点变形后的位置。图中三个杆件变形之间的几何关系方程为

$$\Delta l_1 = \Delta l_2 = \Delta l_3 \cos \alpha \tag{5-23}$$

式(5-23)是保证结构连续性所应满足的变形几何关系,称为**变形协调条件**或**几何方程**。

设三杆均处于线弹性范围,由胡克定律得

$$\Delta l_1 = \Delta l_2 = \frac{F_{N1} l_1}{E_1 A_1} = \frac{F_{N1} l}{E_1 A_1 \cos \alpha} \tag{5-24}$$

$$\Delta l_3 = \frac{F_{N3} l_3}{E_3 A_3} = \frac{F_{N3} l}{E_3 A_3} \tag{5-25}$$

将式(5-24)和式(5-25)代入式(5-23),得到用轴力表示的变形协调方程,即**补充方程**:

$$F_{N1} = \frac{E_1 A_1}{E_3 A_3} \cos^2 \alpha \, F_{N3} \tag{5-26}$$

联立平衡方程式(5-21)、式(5-22)和补充方程式(5-26)并求解得

$$F_{N1} = F_{N2} = \frac{E_1 A_1 \cos^2 \alpha}{2 E_1 A_1 \cos^3 \alpha + E_3 A_3} F \tag{5-27}$$

$$F_{N3} = \frac{E_3 A_3}{2 E_1 A_1 \cos^3 \alpha + E_3 A_3} F \tag{5-28}$$

结果均为正,说明各杆的轴力与假设相同,均为拉力。

归纳上述方法,一般拉(压)杆静不定问题解法的步骤为:

(1) 进行受力分析,建立平衡方程。

(2) 根据变形满足的条件,建立几何方程。

(3) 根据胡克定律建立物理方程(或者杆件变形与其他物理量的关系方程)。

(4) 将物理方程代入几何方程,得到补充方程。

(5) 联立求解平衡方程和补充方程,求出未知力(约束力、内力)。

例 5-10　如图 5-28(a)所示阶梯杆,两端固定,在截面 B 处承受荷载 F 作用,已知 AB 段的拉(压)刚度为 EA_1,BC 段的拉(压)刚度为 EA_2。试求 A、C 端的支反力。

　　解　(1) 静力平衡方程。设在荷载 F 作用下,A、C 端的支反力分别为 F_A 和 F_C,方向如图 5-28(b)所示。由共线力系平衡条件得

$$F_A + F_C - F = 0 \tag{a}$$

式(a)中 F_A 和 F_C 均为未知力，一个方程无法求解两个未知力，故是一次超静定问题。

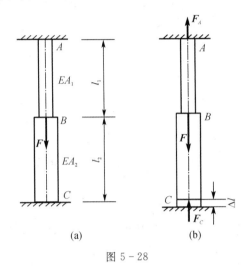

(a)　　　　　　　　　(b)

图 5 - 28

（2）几何方程。由于两端固定，变形后两端间距离不变，杆的总长度不变，即

$$\Delta l = 0$$

杆件总变形为 AB 和 BC 两段变形之和，由此得到变形几何方程：

$$\Delta l = \Delta l_{AB} + \Delta l_{BC} = 0 \tag{b}$$

（3）物理方程。设 AB 与 BC 段处于弹性范围内，由胡克定律得

$$\Delta l_{AB} = \frac{F_{NAB} l_1}{EA_1} = \frac{F_A l_1}{EA_1} \tag{c}$$

$$\Delta l_{BC} = \frac{F_{NAB} l_2}{EA_2} = \frac{-F_C l_2}{EA_2} \tag{d}$$

$$\Delta l = \Delta l_{AB} + \Delta l_{BC} = \frac{F_A l_1}{EA_1} - \frac{F_C l_2}{EA_2} \tag{e}$$

（4）支反力计算。将式(e)代入式(b)，即得补充方程：

$$\Delta l = \frac{F_A l_1}{EA_1} - \frac{F_C l_2}{EA_2} = 0 \tag{f}$$

联立平衡方程(a)和补充方程(f)并求解得

$$F_A = \frac{A_1 l_2}{A_1 l_2 + A_2 l_1} F$$

$$F_C = \frac{A_2 l_1}{A_1 l_2 + A_2 l_1} F$$

5.8.2　装配应力和温度应力

1. 装配应力

杆件在加工时，其尺寸难免存在微小误差，在静定杆或杆系中，这种误差不会引起应

力，只改变原有结构形式，如图 5-29 所示，原结构为对称结构，由于杆 2 加工比设计长度稍微短了一些，安装后结构不再对称，但在杆内不引起应力。但对图 5-30 所示超静定结构就有不同的结果，若杆 3 比原设计长度 l 短 $\delta(\delta \ll l)$，则必须把杆 3 拉长，杆 1 和杆 2 压短，才能装配。这样，结构虽未受荷载作用，但各杆内就已经存在**装配应力**。在工程实际中，装配应力的存在常常是不利的，但有时也利用装配应力，例如将轮圈套在轮毂上；或为提高某些构件的承载能力，例如预应力混凝土梁板。下面以此超静定结构为例说明装配应力的分析计算方法。

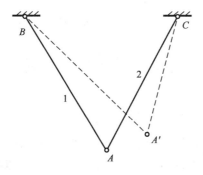

图 5-29

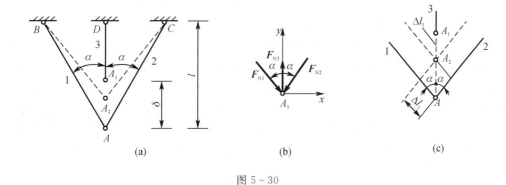

图 5-30

如图 5-30(a)所示杆系结构，设杆 1、杆 2 的拉(压)刚度为 $E_1 A_1$，杆 3 的拉(压)刚度为 $E_3 A_3$。

为了将三杆连接在一起，必须把杆 3 拉长，杆 1 和杆 2 压短，装配后最终三杆平衡于图 5-30(a)所示虚线位置。设杆 1、杆 2 和杆 3 的轴力分别为 F_{N1}、F_{N2} 和 F_{N3}，杆 1、杆 2 和杆 3 的变形分别为 Δl_1、Δl_2 和 Δl_3。节点 A_1 的受力如图 5-30(b)所示，其平衡方程为

$$\sum F_x = 0 \Rightarrow F_{N1} \sin\alpha - F_{N2} \sin\alpha = 0$$

$$\sum F_y = 0 \Rightarrow F_{N3} - F_{N1} \cos\alpha - F_{N2} \cos\alpha = 0 \qquad (5-29)$$

得

$$F_{N1} = F_{N2}$$

$$F_{N1} = \frac{F_{N3}}{2\cos\alpha}$$

如图 5-30(c)所示，由各杆变形之间的关系得变形几何方程为

$$\delta = \overline{AA_1} = \overline{AA_2} + \overline{A_2A_1} = \Delta l_3 + \frac{\Delta l_1}{\cos\alpha} \tag{5-30}$$

物理方程为

$$\Delta l_1 = \Delta l_2 = \frac{F_{N1}l}{E_1A_1\cos\alpha}, \quad \Delta l_3 = \frac{F_{N3}l}{E_3A_3} \tag{5-31}$$

将式(5-31)代入式(5-30)，得补充方程：

$$\delta = \frac{F_{N1}l}{E_1A_1\cos^2\alpha} + \frac{F_{N3}l}{E_3A_3} \tag{5-32}$$

联立静力平衡方程和补充方程得

$$F_{N1} = F_{N2} = \frac{E_1A_1E_3A_3\cos^2\alpha}{E_3A_3 + 2E_1A_1\cos^3\alpha} \times \frac{\delta}{l}$$

$$F_{N3} = \frac{2E_1A_1E_3A_3\cos^3\alpha}{E_3A_3 + 2E_1A_1\cos^3\alpha} \times \frac{\delta}{l}$$

　　从所得结果可以看出，杆件加工误差所引起的各杆的轴力与误差成正比，并与杆的拉（压）刚度有关。要计算各杆的装配应力，只需将上述轴力除以相应的横截面面积即可。

2. 温度应力

　　在工程实际中，结构物或杆件往往会遇到温度的变化，杆件将发生伸长或缩短变形。在静定结构或杆系中，由于杆能自由变形，故由温度引起的变形不会在杆中产生应力。但在静不定结构或杆系中，由于有了多余约束，杆由温度变化引起的变形受到限制，从而将在杆内产生应力，这种因温度变化引起构件内部的应力，称为**温度应力**。现以图 5-31(a)所示为例进行分析。在图 5-31(b)中，杆 AB 代表锅炉与建筑物间的热力管道。与锅炉和建筑物相比，管道刚度很小，故可以把 A、B 两端简化成固定端。当管道中通过高温蒸汽时，管道就会膨胀，但由于两端固定端限制其膨胀或收缩，必然产生约束反力，用 F_A 和 F_B 分别表示 A 端和 B 端的反力，如图 5-31(c)所示。对管道 AB 来说，由平衡方程得

$$F_A = F_B \tag{5-33}$$

　　由于式(5-33)中有两个未知数，且不能确定其数值，因此是一次静不定问题。

　　设想拆除右端支座，以支反力 F_B 代替其作用，杆件变为静定的。设温度变化和支反力 F_B 共同作用引起杆件的变形为 Δl，则有

$$\Delta l = \Delta l_T + \Delta l_F \tag{5-34}$$

式中，Δl_T 和 Δl_F 分别为温度变化引起的变形和支反力 F_B 作用引起的变形。实际上，由于管道两端固定，杆件长度不能变化，必须有 $\Delta l = 0$，即

$$\Delta l_T + \Delta l_F = 0 \tag{5-35}$$

这就是几何方程。同时，物理方程为

$$\Delta l_T = \alpha l \Delta T \tag{5-36}$$

$$\Delta l_F = -\frac{F_B l}{EA} \tag{5-37}$$

式中，α 为管道材料的线膨胀系数，ΔT 为管道温度变化量，EA 为管道材料的拉（压）刚度。

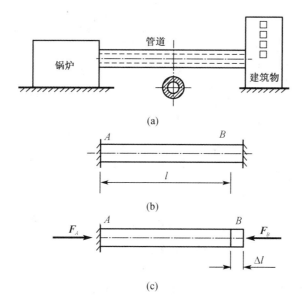

图 5 - 31

将式(5 - 36)和式(5 - 37)代入式(5 - 35),得补充方程为

$$\alpha l \Delta T = \frac{F_B l}{EA}$$

所以

$$F_B = EA\alpha \Delta T$$

温度引起的应力为

$$\sigma_T = \frac{F_N}{A} = \frac{-F_B}{A} = -E\alpha \Delta T$$

如杆的材料为碳钢,$\alpha = 1.25 \times 10^{-5}/\text{℃}$,$E = 200\,\text{GPa}$,温度升高 ΔT 时,温度应力为

$$\sigma_T = -E\alpha \Delta T = -1.25 \times 10^{-5} \times 200 \times 10^3 \times \Delta T = -2.5\Delta T\ \text{MPa}$$

负号表示为压应力。可见当 ΔT 较大时,σ_T 的数值非常可观,对构件十分不利。

5.9　应力集中的概念

等截面直杆在轴向拉伸或压缩变形时,横截面上的应力是均匀分布的。在工程实际中,有时为了结构上的需要,有些构件需要有切口、切槽、油孔、螺纹等,在这些部位上,构件的截面尺寸发生突变。实验和理论研究表明,在构件形状尺寸发生突变的截面上,应力并不是均匀分布的。如图 5 - 32 所示开有圆孔和带有切口的板条,当其轴向拉伸时,在圆孔和切口附近的局部区域内,应力的数值剧烈增加,而在离开这一区域稍远的地方,应力迅速降低而趋于均匀。这种因杆件外形突变而引起局部应力急剧增大的现象,称为**应力集中**。

应力集中的程度用**应力集中因数** K_t 表示,其定义为

$$K_t = \frac{\sigma_{\max}}{\sigma_n} \qquad\qquad (5 - 38)$$

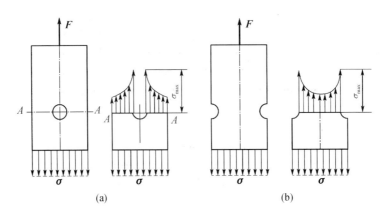

图 5 - 32

式中，σ_n 为名义应力，σ_{max} 为最大局部应力。

名义应力是在不考虑应力集中的条件下求得的，例如上述含圆孔薄板，若所受拉力为 F，板厚为 δ，板宽为 b，孔径为 d，则截面 $A - A$ 上的名义应力为

$$\sigma_n = \frac{F}{(b-d)\delta} \qquad\qquad (5-39)$$

最大局部应力则由解析理论（如弹性力学）、试验或数据方法（如有限元法与边界元法等）确定。

K_t 是应力的比值，与材料无关，它反映了杆件在静荷载下应力集中的程度，是一个大于 1 的因数。实验表明：构件的截面尺寸改变得越急剧，切口越尖锐，孔越小，应力集中程度就越严重。应力集中现象的存在会影响构件的承载能力，设计构件时要特别注意，应尽可能避免尖角、槽和小孔等。

对于由脆性材料制成的构件，当由应力集中所形成的最大局部应力达到强度极限时，在应力集中处首先出现裂纹，随着裂纹的发展，应力集中程度加剧，最终导致构件发生破坏。因此，在设计脆性材料构件时，应考虑应力集中的影响。对于由塑性材料制成的构件，应力集中对其在静荷载作用下的强度几乎无影响，因为当应力集中处最大应力达到屈服应力后保持不变，如果继续增大荷载，所增加荷载将由同一截面的未屈服部分承担，以致屈服区域不断扩大，应力分布逐渐趋于均匀化。所以，在研究塑性材料构件的静强度问题时，通常可以不考虑应力集中的影响。

然而，应力集中能促使疲劳裂纹的形成与扩展，因而对构件（无论是塑性材料还是脆性材料）的疲劳强度影响极大。所以在设计这种构件时，要特别注意减小构件的应力集中。

5.10 连接件的强度

工程中，构件与构件之间经常用到**连接件**以实现力和运动的传递。**连接件**就是起连接作用的部件，如销钉、铆钉、螺栓、键等，如图 5 - 33 所示。这些连接件的受力与变形一般比较复杂，精确分析、计算比较困难，工程中常采用**实用计算方法**。

分析图 5 - 33(a)所示铆钉连接件的强度，通常有三种可能的破坏形式：① 铆钉沿受剪

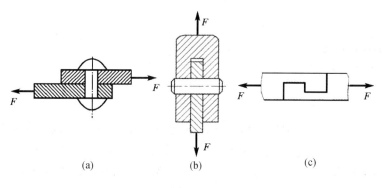

图 5 - 33

面 $m-m$ 被剪坏,如图 5 - 34(a)所示;② 连接板铆钉孔边缘或铆钉本身被挤压而发生显著的塑性变形,如图 5 - 34(b)所示;③ 连接板在被铆钉孔削弱的截面处拉断,如图 5 - 34(c)所示。第一种为剪切破坏;第二种为挤压破坏;第三种为强度破坏,前面章节已经叙述过。下面分析介绍剪切和挤压的实用计算。

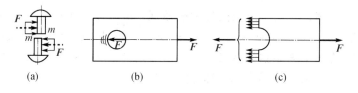

图 5 - 34

5.10.1　剪切实用计算

设两块钢板用铆钉连接后承受拉力 F[如图 5 - 35(a)所示],其铆钉受力如图 5 - 35(b)所示。铆钉的两侧面上受到分布外力作用,分布外力大小相等、方向相反、合力作用线很近,在这样的外力作用下,铆钉发生的是**剪切变形**。当外力过大时,铆钉将沿横截面 $m-m$ 被剪断,横截面 $m-m$ 称为**剪切面**。为了分析铆钉的剪切强度,应用截面法求出剪切面上的内力,如图 5 - 35(c)所示,在剪切面上,分布内力的合力称为**剪力**,用 F_Q 表示。

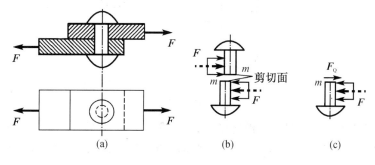

图 5 - 35

在剪切面上,切应力的分布较复杂,工程中常采用实用计算。假设在剪切面上切应力均匀分布,则剪切面上的名义切应力为

$$\tau = \frac{F_Q}{A_Q} \tag{5-40}$$

式中，A_Q 为剪切面面积。

剪切强度条件为

$$\tau = \frac{F_Q}{A_Q} \leqslant [\tau] \tag{5-41}$$

式中，$[\tau]$ 为许用切应力，一般通过剪切试验确定。试验时要求试件的形状和受力情况尽可能与构件实际受力情况类似。试验测得剪切破坏荷载，进而求得剪断时的剪力 F_{Qu}，按式 (5-40)计算名义极限切应力 τ_{bu}，除以适当安全系数，即得材料的许用切应力$[\tau]$

$$[\tau] = \frac{\tau_{bu}}{n} \tag{5-42}$$

材料的许用切应力$[\tau]$可从有关材料手册和设计规范中查到。

5.10.2　挤压实用计算

如图 5-36(a)所示的铆钉连接件中，铆钉与钢板相互接触的侧面上将发生彼此之间的局部承压现象，称为**挤压**，相互接触面称为**挤压面**，挤压面上承受的压力称为**挤压力**，用 $\boldsymbol{F}_{bs}$ 表示，挤压面上的应力称为**挤压应力**，用 $\boldsymbol{\sigma}_{bs}$ 表示。如果挤压应力过大，将使挤压面产生显著的塑性变形或压溃，发生**挤压破坏**，从而使连接件失效。挤压应力在挤压面上的分布也很复杂，工程实际中采用实用计算，名义挤压应力的定义为

$$\sigma_{bs} = \frac{F_{bs}}{A_{bs}} \tag{5-43}$$

式中，A_{bs} 为计算挤压面的面积。

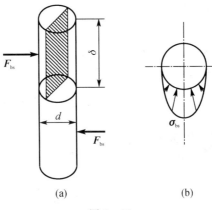

(a)　　　　　　(b)

图 5-36

当挤压面为圆柱面(如铆钉与板连接)时，由理论分析计算知，理论挤压应力沿圆柱面的变化规律如图 5-36(b)所示，最大理论挤压应力约等于挤压力除以 $d\delta$[见图 5-36(a)中阴影部分]，即

$$\sigma_{bsmax} \approx \frac{F_{bs}}{d\delta}$$

故按式(5-43)计算名义挤压应力时,计算挤压面的面积应取实际挤压面在直径平面上的投影面积。

当挤压面为平面(如键与轴连接)时,计算挤压面的面积取实际挤压面的面积。

挤压强度条件为

$$\sigma_{bs} = \frac{F_{bs}}{A_{bs}} \leqslant [\sigma_{bs}] \qquad (5-44)$$

式中,$[\sigma_{bs}]$为许用挤压应力,通过与确定许用切应力$[\tau]$相类似的方法来确定,其具体数值可从有关设计手册中查到。

例 5-11 图 5-37 所示的铆钉接头中,两块钢板用 6 个铆钉连接,钢板的厚度 $\delta = 8$ mm,宽度 $b = 160$ mm,铆钉的直径 $d = 16$ mm,承受 $F = 150$ kN 的荷载作用。已知铆钉材料的许用切应力$[\tau] = 140$ MPa,许用挤压应力$[\sigma_{bs}] = 330$ MPa,钢板的许用应力$[\sigma] = 170$ MPa。试校核接头的强度。

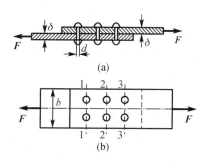

图 5-37

解 (1)铆钉的剪切强度校核。对铆钉群,当铆钉的材料与直径相同,外力作用线通过铆钉群剪切面的形心时,各铆钉剪切面上所受的剪力相同。因此,各铆钉剪切面上的剪力为

$$F_Q = \frac{F}{6}$$

名义切应力为

$$\tau = \frac{F_Q}{A_Q} = \frac{4F_Q}{\pi d^2} = \frac{4 \times 25 \times 10^3}{\pi \times 16^2 \times 10^{-6}} = 124.4 \times 10^6 \text{ Pa}$$

$$124.4 \text{ MPa} < [\tau] = 140 \text{ MPa}$$

(2)铆钉的挤压强度校核。由分析可知,铆钉所受的挤压力等于剪切面上的剪力,因此挤压应力为

$$\sigma_{bs} = \frac{F_{bs}}{A_{bs}} = \frac{\dfrac{F}{6}}{d\delta} = \frac{25 \times 10^3}{16 \times 8 \times 10^{-6}} = 195.3 \times 10^6 \text{ Pa} = 195.3 \text{ MPa} < [\sigma_{bs}] = 330 \text{ MPa}$$

(3)板的抗拉强度校核。取上面板作受力分析,受力图如图 5-38(a)所示,为了得到板的轴力图,将板的受力简化,如图 5-38(b)所示。利用截面法求各截面的轴力,轴力图如图 5-38(c)所示。由于 1-1、2-2、3-3 三个截面的削弱程度相同,而 3-3 截面的轴力最大,故只需校核 3-3 截面的抗拉强度。

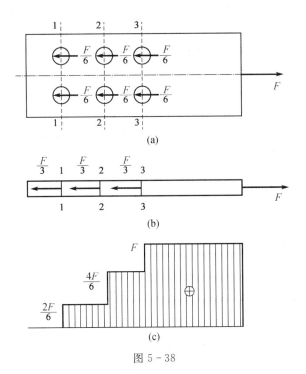

图 5 - 38

3 - 3 截面上的拉应力为

$$\sigma_{3\text{-}3} = \frac{F_{N3}}{A_3} = \frac{F}{b\delta - 2d\delta} = \frac{150 \times 10^3}{(160 - 2 \times 16) \times 8 \times 10^{-6}}$$

$$= 146.5 \times 10^6 \text{ Pa} = 146.5 \text{ MPa} < [\sigma] = 170 \text{ MPa}$$

由以上三方面的计算知,接头的强度满足要求。

例 5 - 12　图 5 - 39(a)表示齿轮用平键与轴连接(图中未画出齿轮,只画了轴与键)。已知轴的直径 $d = 70$ mm,键的尺寸为 $b \times h \times l = 20$ mm $\times 12$ mm $\times 100$ mm,键的许用切应力 $[\tau] = 60$ MPa,许用挤压应力 $[\sigma_{bs}] = 100$ MPa。试求轴所能承受的最大力偶矩 M_e。

解　(1)受力分析。假想将平键沿 n - n 截面分成两部分,截面以下的平键部分和轴看成一个整体[如图 5 - 39(b)所示],设 n - n 截面上的剪力为 F_Q,则由平衡条件得

$$F_Q \frac{d}{2} = M_e$$

即

$$F_Q = \frac{2M_e}{d}$$

(2)键的剪切强度分析。按剪切强度条件:

$$\tau = \frac{F_Q}{A_Q} = \frac{\dfrac{2M_e}{d}}{bl} = \frac{2M_e}{bdl} \leqslant [\tau]$$

得

$$M_e \leqslant \frac{bdl[\tau]}{2} = \frac{20 \times 70 \times 100 \times 10^{-9} \times 60 \times 10^6}{2} = 4200 \text{ N} \cdot \text{m} = 4.2 \text{ kN} \cdot \text{m}$$

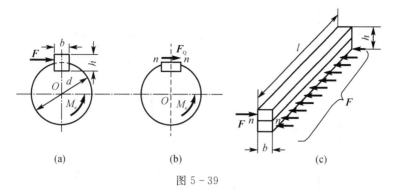

图 5 - 39

（4）键的挤压强度分析。由图 5 - 39(c)可以得挤压力为

$$F_{bs} = F_Q = \frac{2M_e}{d}$$

由挤压强度条件：

$$\sigma_{bs} = \frac{F_{bs}}{A_{bs}} = \frac{\dfrac{2M_e}{d}}{\dfrac{h}{2}l} = \frac{4M_e}{dhl} \leqslant [\sigma_{bs}]$$

得

$$M_e \leqslant \frac{dhl[\sigma_{bs}]}{4} = \frac{70 \times 12 \times 100 \times 10^{-9} \times 100 \times 10^6}{4} = 2100 \ \text{N} \cdot \text{m} = 2.1 \ \text{kN} \cdot \text{m}$$

综合以上分析结果，可得轴所能承受的最大力偶矩为

$$M_{emax} = 2.1 \ \text{kN} \cdot \text{m}$$

思 考 题

5.1 试叙述应力公式 $\sigma = \dfrac{N}{A}$ 的适用条件。应力超过弹性极限后还能否适用？

5.2 两个拉杆的长度、横截面面积及荷载均相等，仅材料不同，一个是钢质杆，一个是铝质杆。试说明两杆的应力和伸长是否相等；当荷载增加时，哪个杆首先破坏？

5.3 杆件受拉压时的最大切应力在45°斜截面上，铸铁压缩破坏和最大切应力有关，但其破坏断面却是45°～55°斜截面，这是为什么？

5.4 试证明：若正应力在杆的横截面上均匀分布，则与正应力对应的分布力系的合力必通过截面形心。

5.5 因为拉压杆件纵向截面（$\alpha = 90°$）上的正应力等于零，所以垂直于纵向截面方向的线应变也等于零。这样的说法对吗？

5.6 下列带有孔或裂缝的拉杆中，应力集中最严重的是哪个杆？注：(a)、(b)为穿透孔，(c)、(d)为穿透细裂缝。

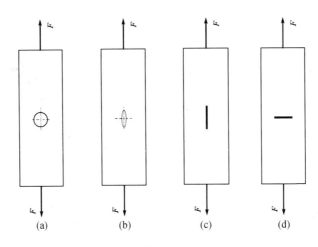

图 5 - 40

5.7　一个超静定结构的变形几何方程是否是唯一的？所谓物理方程就是胡克定律吗？

习　　题

5-1　求如题 5-1 图所示各杆 1-1 和 2-2 横截面上的轴力，并画出杆的轴力图。

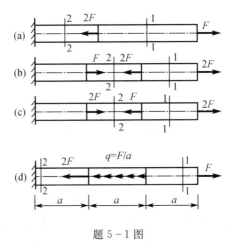

题 5 - 1 图

5-2　求如题 5-2 图所示等直杆横截面 1-1、2-2 和 3-3 上的轴力，并作轴力图。如果截面面积 $A=400\ \text{mm}^2$，求各横截面上的应力。

题 5 - 2 图

5-3　求如题 5-3 图所示的阶梯状直杆横截面 1-2、2-2 和 3-3 上的轴力,并作轴力图。如果横截面面积 $A_1 = 400\ \text{mm}^2$, $A_2 = 300\ \text{mm}^2$, $A_3 = 200\ \text{mm}^2$,求各横截面上的应力。

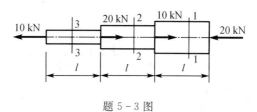

题 5-3 图

5-4　如题 5-4 图所示的拉杆承受轴向力 $F = 10\ \text{kN}$,杆的横截面面积 $A = 100\ \text{mm}^2$。若以 α 表示斜截面与横截面的夹角,试求当 $\alpha = 0°$、$45°$、$90°$时各斜截面上的正应力和切应力。

题 5-4 图

5-5　如题 5-5 图所示的杆件承受轴向荷载 F 作用。该杆由两根木杆黏接而成,若欲使黏接面上的正应力为其切应力的 2 倍,则黏接面的方向角 α 应为何值。

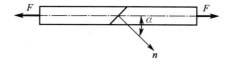

题 5-5 图

5-6　如题 5-6 图所示的硬铝试件,其中 $a = 2\ \text{mm}$,$b = 20\ \text{mm}$,$l = 70\ \text{mm}$。在轴向拉力 $F = 6\ \text{kN}$ 作用下,测得试验段伸长 $\Delta l = 0.15\ \text{mm}$,板宽缩短 $\Delta b = 0.014\ \text{mm}$。试计算硬铝试件的弹性模量 E 和泊松比 ν。

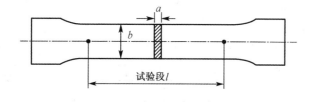

题 5-6 图

5-7　如题 5-7 图所示的杆件结构中杆 1、杆 2 为木制,杆 3、杆 4 为钢制。已知各杆的横截面面积和许用应力如下:杆 1 和杆 2 中 $A_1 = A_2 = 4\ 000\ \text{mm}^2$,$[\sigma_\text{w}] = 20\ \text{MPa}$,杆 3 和杆 4 中 $A_3 = A_4 = 800\ \text{mm}^2$,$[\sigma_\text{s}] = 120\ \text{MPa}$。试求结构的许用荷载 $[F]$。

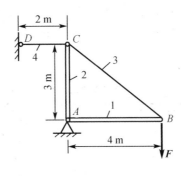

题 5 - 7 图

5 - 8　如题 5 - 8 图所示桁架，杆 1 为圆截面钢杆，杆 2 为正方形截面木杆，在节点 B 承受荷载 F 作用。试确定钢杆的直径 d 与木杆截面的边宽 b。已知荷载 $F = 50$ kN，钢的许用应力 $[\sigma_s] = 160$ MPa，木材的许用应力 $[\sigma_w] = 10$ MPa。

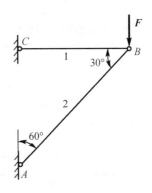

题 5 - 8 图

5 - 9　如题 5 - 9 图所示桁架，承受荷载 F 作用。已知杆的许用应力为 $[\sigma]$。若在节点 A 和 B 的位置保持不变的条件下，试确定使结构重量最轻的 α 值。

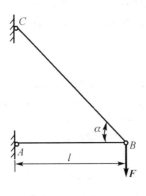

题 5 - 9 图

5 - 10　在题 5 - 10 图所示结构中，AB 为钢杆，横截面面积 $A_1 = 2$ cm^2，许用应力 $[\sigma_s] = 160$ MPa；AC 为铜杆，横截面面积 $A_2 = 3$ cm^2，许用应力 $[\sigma_c] = 100$ MPa。试求结构的许用荷载 $[F]$。

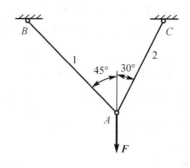

题 5-10 图

5-11　题图 5-11 所示 A、B 两点之间原有水平方向的一根直径 $d=1$ mm 的钢丝，在钢丝的中点 C 加一竖直荷载 F。已知钢丝产生的线应变为 $\varepsilon=0.0035$，其材料的弹性模量 $E=210$ GPa，钢丝的自重不计。试求：

（1）钢丝横截面上的应力（假设钢丝经过冷拉，在断裂前可认为符合胡克定律）。

（2）钢丝在 C 点下降的距离 Δ。

（3）荷载 F 的值。

5-12　如题 5-12 图所示变宽平板，承受轴向荷载 F 作用。已知板的厚度为 δ，长为 l，左、右端的宽度分别为 b_1 和 b_2，弹性模量为 E。试计算板的轴向变形。

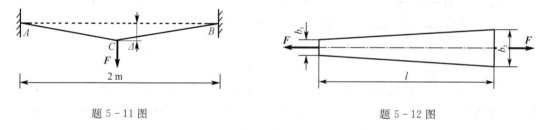

题 5-11 图　　　　　　　　　　　　　　　　　　　题 5-12 图

5-13　如题 5-13 图所示结构，构件 BC 为刚性杆，杆 1、杆 2 和杆 3 的材料相同，弹性模量 $E=200$ GPa。构件 BC 的中点 D 承受集中荷载 F 作用，试计算该点的水平与铅垂位移。已知 $l=1$ m，$A_1=A_2=100$ mm^2，$A_3=150$ mm^2，$F=20$ kN。

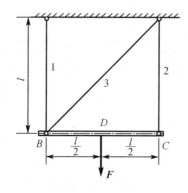

题 5-13 图

5-14　吊架结构的简图及其受力情况如题 5-14 图所示。CA 是钢杆，长 $l_1=2$ m，横

截面面积 $A_1 = 200\ mm^2$，弹性模量 $E_1 = 200\ GPa$；BD 是铜杆，长 $l_2 = 1\ m$，横截面面积 $A_2 = 800\ mm^2$，弹性模量 $E_2 = 10\ GPa$。设水平梁 AB 的刚度很大，其变形可忽略不计，试求：

(1) 使梁 AB 保持水平时，荷载 F 离 DB 杆的距离 x。

(2) 如果使梁保持水平且竖向位移不超过 2 mm，则最大的荷载 F 值应为多少？

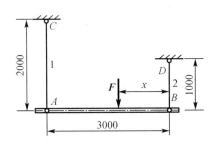

题 5-14 图

5-15 如题 5-15 图所示两端固定杆件，承受轴向荷载作用。试求支反力与杆内的最大轴力。

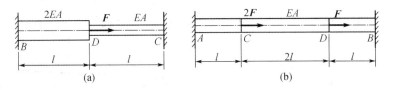

题 5-15 图

5-16 如题 5-16 图所示结构，杆 1 与杆 2 的拉(压)刚度均为 EA，梁 AB 为刚体，荷载 $F = 20\ kN$，许用拉应力 $[\sigma_t] = 30\ MPa$，许用压应力 $[\sigma_c] = 90\ MPa$。试确定各杆的横截面面积。

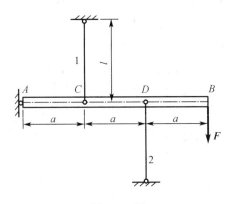

题 5-16 图

5-17 一钢管混凝土柱如题 5-17 图所示。柱长 $l = 3\ m$，钢管的壁厚为 $\delta = 5\ mm$，内部混凝土直径 $d = 100\ mm$，承受的压力为 F。已知钢管的许用应力 $[\sigma_s] = 160\ MPa$，弹性模量 $E_s = 200\ GPa$；混凝土的许用应力 $[\sigma_h] = 30\ MPa$，弹性模量 $E_h = 30\ GPa$。试求钢管混凝

土柱的许用荷载$[F]$。

5-18　如题5-18图所示的钢杆的弹性模量$E=200$ GPa，横截面面积$A_1=3000$ mm²，$A_2=2500$ mm²，轴向荷载$F=180$ kN。试确定在下列两种情况下杆端的支反力：

（1）间隙$\delta=0.6$ mm。

（2）间隙$\delta=0.4$ mm。

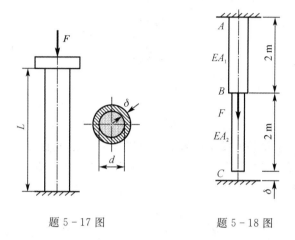

题5-17图　　　　题5-18图

5-19　如题5-19图所示的刚性梁由三根钢杆支承，钢杆材料的弹性模量$E_s=210$ GPa，横截面面积均为2 cm²，其中一杆的长度做短了$\delta=\dfrac{5}{10^4}l$。在按下述两种情况装配后，试求各杆横截面上的应力。

（1）短杆为2号杆，见题5-19图（a）。

（2）短杆为3号杆，见题5-19图（b）。

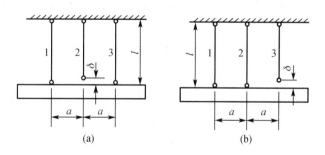

(a)　　　　(b)

题5-19图

5-20　铁路轨道上的钢轨是在温度13℃时焊接起来的。若由于太阳的暴晒，使钢轨温度升高到了43℃，问在轨道中将产生多大的温度应力。已知钢材的线膨胀系数$\alpha=12\times10^{-6}$/℃，弹性模量$E=200$ GPa。

5-21　如题5-21图所示的圆截面杆件承受轴向拉力F作用。设拉杆的直径为d，端部墩头的直径为D，高度为h，试从强度方面考虑，建立三者间的合理比值。已知材料的许用应力$[\sigma]=120$ MPa，许用切应力$[\tau]=90$ MPa，许用挤压应力$[\sigma_{bs}]=240$ MPa。

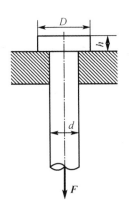

题 5-21 图

5-22 矩形截面木拉杆的接头如题 5-22 图所示。已知轴向拉力 $F=50$ kN，截面宽度 $b=250$ mm，木材的顺纹许用切应力$[\tau]=1$ MPa，许用挤压应力$[\sigma_{bs}]=10$ MPa。试求接头处所需的尺寸 l 和 a。

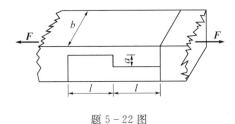

题 5-22 图

5-23 如题 5-23 图所示电瓶车挂钩用插销连接，已知 $t=8$ mm，插销材料的许用切应力$[\tau]=30$ MPa，许用挤压应力$[\sigma_{bs}]=100$ MPa，牵引力 $F=15$ kN。试选定插销的直径 d。

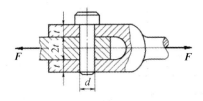

题 5-23 图

5-24 如题 5-24 图所示轴的直径 $d=80$ mm，键的尺寸 $b=24$ mm，$h=14$ mm，键的许用切应力$[\tau]=40$ MPa，许用挤压应力$[\sigma_{bs}]=90$ MPa。若轴传递的力偶矩 $M_e=$

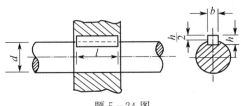

题 5-24 图

3.2 kN·m，求键的长度 l。

5 - 25　如题 5 - 25 图所示的铆钉接头受轴向荷载 F 作用，试校核其强度。已知 $F = 80$ kN，$b = 80$ mm，$\delta = 10$ mm，$d = 16$ mm，材料的许用应力 $[\sigma] = 160$ MPa，$[\tau] = 120$ MPa，$[\sigma_{bs}] = 320$ MPa。

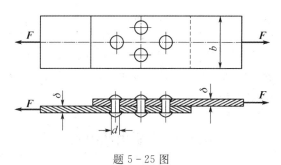

题 5 - 25 图

第6章　截面图形的几何性质

　　构件的强度、刚度和稳定性不仅与其长度、所受外力有关，还与构件横截面的形状和几何尺寸有关。这些反映截面图形形状和尺寸大小的几何量，称为截面图形的**几何性质**。本章将学习截面图形的静矩、形心、惯性矩、极惯性矩、惯性积、平行移轴公式、转轴公式、主惯性轴和主惯性矩等的定义和计算方法。

6.1　静矩和形心

6.1.1　静矩

　　设任意形状截面如图 6-1 所示，其面积为 A，建立图示 yOz 直角坐标系。在坐标 y、z 处取一微面积 $\mathrm{d}A$，则 $y\mathrm{d}A$ 和 $z\mathrm{d}A$ 分别定义为微面积 $\mathrm{d}A$ 对于 z 轴和 y 轴的静矩（若将 $\mathrm{d}A$ 看作微小的力，$y\mathrm{d}A$ 和 $z\mathrm{d}A$ 则相当于力矩，称其为微静矩）。遍及整个面积的 A 的积分为

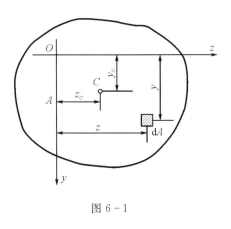

图 6-1

$$\begin{cases} S_z = \displaystyle\int_A y\,\mathrm{d}A \\[2mm] S_y = \displaystyle\int_A z\,\mathrm{d}A \end{cases} \qquad (6-1)$$

分别定义为截面对 z 轴与 y 轴的**静矩**。

　　从式(6-1)可以看出，截面的静矩是对某一坐标轴而言的，同一截面对不同的坐标轴，其静矩也不同。因此，静矩的数值可能为正，可能为负，也可能为零。静矩的量纲为[长度³]，常用单位为 m³ 或 mm³。

6.1.2　形心

　　静矩可用于确定平面图形的形心位置。按照静力学条件可知，各分力对某轴力矩之和等于合力对同一轴之矩。如前所述，此处的 $\mathrm{d}A$ 可视为微力，因此有

$$\begin{cases} \displaystyle\iint_A y\,\mathrm{d}A = y_C A \\[2mm] \displaystyle\iint_A z\,\mathrm{d}A = z_C A \end{cases} \qquad (6-2)$$

式中，y_C、z_C 分别为截面形心在 yOz 坐标系中的坐标（如图 6-1 所示）。代入式(6-1)，可得

$$\begin{cases} y_C = \dfrac{S_z}{A} \\ z_C = \dfrac{S_y}{A} \end{cases} \qquad (6-3)$$

或

$$\begin{cases} S_z = A \cdot y_C \\ S_y = A \cdot z_C \end{cases} \qquad (6-4)$$

我们把通过截面形心的坐标轴称为**形心轴**。由式(6-4)可知，对形心轴，由于 $y_C = 0$，或 $z_C = 0$，则 $S_y = 0$，或 $S_z = 0$，即截面对形心轴的静矩等于零；相反，若截面对某一轴的静矩等于零，则该轴必然为形心轴。

例 6-1 求图 6-2 所示半圆截面的静矩 S_y、S_z 及形心 C 的位置。已知圆的半径为 R。

解 （1）求静矩。

建立图 6-2 所示坐标系，由于 y 轴为对称轴，故有 $S_y = 0$。取平行于 z 轴的狭长条作为微面积 dA，则有 $dA = 2R\cos\theta dy$。由于 $y = R\sin\theta$，$dy = R\cos\theta d\theta$，因此 $dA = 2R^2\cos^2\theta d\theta$。将上式代入式(6-1)，得半圆截面对 z 轴的静矩为

$$S_z = \int_A y \, dA = \int_0^{\frac{\pi}{2}} R\sin\theta \cdot 2R^2\cos^2\theta d\theta = \frac{2}{3}R^3$$

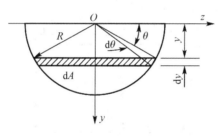

图 6-2

（2）求形心坐标。

由式(6-3)，得形心坐标为

$$y_C = \frac{S_z}{A} = \frac{\dfrac{2}{3}R^3}{\dfrac{1}{2}\pi R^2} = \frac{4R}{3\pi}, \quad z_C = 0$$

6.1.3 组合截面的静矩与形心

当一个截面看成是由若干个简单图形（例如矩形、圆形、三角形）组成时，称为**组合截面**。

根据静矩的定义可知，截面组成部分对某一轴的静矩的代数和等于整个截面对同一轴的静矩。设整个截面可划分为 n 个简单图形，则组合截面的静矩为

$$\begin{cases} S_z = \sum_{i=1}^{n} A_i y_{Ci} \\ S_y = \sum_{i=1}^{n} A_i z_{Ci} \end{cases} \qquad (6-5)$$

式中，A_i 和 y_{Ci}、z_{Ci} 分别表示任一组成部分的面积及其形心的坐标。将式(6-5)代入式(6-3)，便得到组合截面形心坐标的计算公式，即

$$y_C = \frac{S_z}{A} = \frac{\sum_{i=1}^{n} A_i y_{Ci}}{\sum_{i}^{n} A_i} \qquad (6-6a)$$

$$z_C = \frac{S_y}{A} = \frac{\sum_{i=1}^{n} A_i z_{Ci}}{\sum_{i}^{n} A_i} \qquad (6-6b)$$

例 6-2 试确定图 6-3 所示截面形心 C 的位置。

解 将截面看成由 I 和 II 两个矩形组成。由于截面左右对称，取 y 轴为对称轴，则截面形心必然在 y 轴上。为确定形心在 y 轴上的位置，建立如图 6-3 所示参考坐标系 yOz。

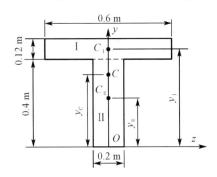

图 6-3

矩形 I 的面积与形心的纵坐标分别为

$$A_I = 0.6 \times 0.12 = 7.2 \times 10^{-2} \text{ m}^2, \ y_I = 0.46 \text{ m}$$

矩形 II 的面积与形心的纵坐标分别为

$$A_{II} = 0.2 \times 0.4 = 8 \times 10^{-2} \text{ m}^2, \ y_{II} = 0.2 \text{ m}$$

由式(6-6)得组合截面形心 C 的纵坐标为

$$y_C = \frac{S_z}{A} = \frac{7.2 \times 10^{-2} \times 0.46 + 8 \times 10^{-2} \times 0.2}{(7.2 + 8) \times 10^{-2}} = 0.32 \text{ m}$$

6.2 惯性矩、惯性积和惯性半径

在截面图形内的任意坐标 y、z 处取一微面积 dA，如图 6-4 所示，则 $z^2 dA$ 和 $y^2 dA$

分别定义为微面积 dA 对于 y 轴和 z 轴的**惯性矩**。整个图形对 y 轴和 z 轴的惯性矩分别为

$$\begin{cases} I_y = \int_A z^2 \mathrm{d}A \\ I_z = \int_A y^2 \mathrm{d}A \end{cases} \tag{6-7}$$

若微面积 dA 到坐标原点 O 的距离为 ρ，定义 $\rho^2 \mathrm{d}A$ 为微面积 dA 对 O 点的**极惯性矩**，整个图形对 O 点的极惯性矩为

$$I_\mathrm{p} = \int_A \rho^2 \mathrm{d}A \tag{6-8}$$

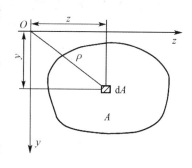

如图 6-4 可知，$\rho^2 = y^2 + z^2$，因此

$$I_\mathrm{p} = \int_A \rho^2 \mathrm{d}A = \int_A y^2 \mathrm{d}A + \int_A z^2 \mathrm{d}A = I_z + I_y \tag{6-9}$$

即图形对任意正交坐标轴的惯性矩之和恒等于它对两轴交点的极惯性矩。惯性矩和极惯性矩恒为正，其量纲为 [长度^4]，常用单位为 m^4 或 mm^4。

图 6-4

若将微面积 dA 与两坐标 y、z 的乘积 $yz\mathrm{d}A$ 定义为该微面积对此正交轴的**惯性积**，则整个图形对正交轴 y、z 的惯性积为

$$I_{yz} = \int_A yz \, \mathrm{d}A \tag{6-10}$$

惯性积的数值可能为正，可能为负，也可能等于零，其量纲为 [长度^4]，常用单位为 m^4 或 mm^4。当坐标轴中至少有一个是截面图形的对称轴时，则截面的惯性积恒为零。

在力学计算中，有时把惯性矩写成图形面积与某一长度平方的乘积，即

$$\begin{cases} I_y = A i_y^2 \\ I_z = A i_z^2 \end{cases} \tag{6-11}$$

式中，i_y 和 i_z 分别称为截面图形对 y 轴和 z 轴的**惯性半径**（或**回转半径**），其单位为 m 或 mm。上式还可改写为如下形式：

$$\begin{cases} i_y = \sqrt{\dfrac{I_y}{A}} \\ i_z = \sqrt{\dfrac{I_z}{A}} \end{cases} \tag{6-12}$$

当一个截面看成是由若干个简单图形组成时，根据惯性矩的定义，可先计算出每个简单图形对某轴的惯性矩，然后对其求和得到整个截面对同一轴的惯性矩。

例 6-3　求圆形截面对形心的极惯性矩和对形心轴的惯性矩。

解　（1）实心圆截面。

如图 6-5(a)所示，设有直径为 d 的圆截面，微面积取厚度为 $\mathrm{d}\rho$ 的圆环，则有

$$\mathrm{d}A = 2\pi\rho\mathrm{d}\rho$$

由式(6-8)得实心圆截面对形心的极惯性矩为

$$I_\mathrm{p} = \int_0^{\frac{d}{2}} \rho^2 2\pi\rho\mathrm{d}\rho = \frac{\pi d^4}{32}$$

由于圆截面对称的原因，则 $I_y = I_z$，由式(6-9)得

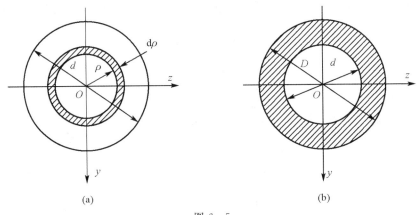

(a)   (b)

图 6 - 5

$$I_y = I_z = \frac{I_p}{2} = \frac{\pi d^4}{64}$$

（2）空心圆截面。

设有内径为 d、外径为 D 的空心圆截面，如图 6-5(b)所示，按实心圆的方法，得截面对其形心的极惯性矩为

$$I_p = \int_{\frac{d}{2}}^{\frac{D}{2}} \rho^2 \, 2\pi\rho \mathrm{d}\rho = \frac{\pi D^4}{32} - \frac{\pi d^4}{32} = \frac{\pi}{32}(D^4 - d^4) = \frac{\pi D^4}{32}(1 - \alpha^4)$$

同理，可得空心圆截面对 y 轴和 z 轴的惯性矩为

$$I_y = I_z = \frac{\pi D^4}{64} - \frac{\pi d^4}{64} = \frac{\pi}{64}(D^4 - d^4) = \frac{\pi D^4}{64}(1 - \alpha^4)$$

式中，$\alpha = \dfrac{d}{D}$ 代表内外径的比值。

例 6 - 4　求图 6-6 所示矩形截面对形心轴的惯性矩。

解　如图 6-6 所示，先计算截面对 y 轴的惯性矩 I_y。微面积取宽为 $\mathrm{d}z$、高为 h 且平行于 y 轴的狭长矩形，即 $\mathrm{d}A = h\mathrm{d}z$。

于是，由式（6-7）得矩形截面对 y 轴的惯性矩为

$$I_y = \int_A z^2 \mathrm{d}A = \int_{-\frac{b}{2}}^{\frac{b}{2}} z^2 h \mathrm{d}z = \frac{hb^3}{12}$$

同理，得矩形截面对 z 轴的惯性矩为

$$I_z = \frac{bh^3}{12}$$

例 6 - 5　试计算图 6-7(a)所示工字形截面对形心轴 z 的惯性矩。

解　图 6-7(a)所示工字形截面可视为边长为 $B \times H$ 的矩形截面减去如图 6-7(b)所示阴影部分两个矩形截面，即工字形截面对 z 轴的惯性矩 I_z 等于边长为 $B \times H$ 的矩形截面对形心轴 z 的惯性矩 I_{z1} 减去阴影部分矩形对 z 轴的惯性矩 I_{z2}：

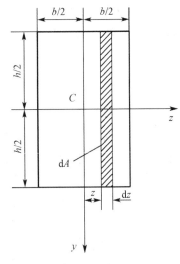

图 6 - 6

$$I_z = I_{z1} - I_{z2}$$

根据例 6 - 4 知

$$I_{z1} = \frac{BH^3}{12}, \ I_{z2} = 2 \times \frac{\dfrac{B-d}{2} h^3}{12} = \frac{(B-d)h^3}{12}$$

所以工字形截面对 z 轴的惯性矩为

$$I_z = \frac{BH^3}{12} - \frac{(B-d)h^3}{12}$$

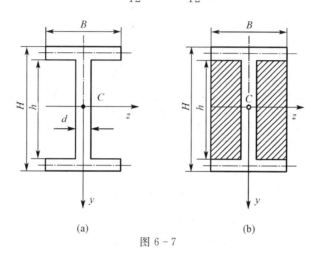

(a)　　　　　　　　　　　(b)

图 6 - 7

6.3　平行移轴公式　主轴和主惯性矩

6.3.1　平行移轴公式

如前所述，同一截面图形对不同坐标轴的惯性矩和惯性积并不相同，现在来研究图形对相互平行的两对坐标轴惯性矩及惯性积之间的关系。

如图 6 - 8 所示为任意截面图形，设 C 为截面的形心，y_C 和 z_C 是通过形心的坐标轴，截面对形心轴的惯性矩和惯性积分别为 I_{yC}、I_{zC} 和 I_{yCzC}。若建立坐标系 yOz，且 y 轴平行

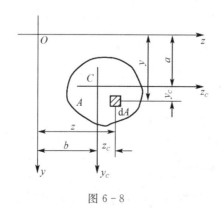

图 6 - 8

于 y_C，z 轴平行于 z_C，形心 C 在 yOz 坐标系的坐标为 (a, b)，则微面积 dA 在两个坐标系中的坐标关系为

$$z = z_C + b, \quad y = y_C + a$$

由式(6-7)、(6-10)可得

$$I_y = \int_A z^2 dA = \int_A (z_C + b)^2 dA = \int_A z_C^2 dA + 2b \int_A z_C dA + b^2 \int_A dA$$

$$I_z = \int_A y^2 dA = \int_A (y_C + a)^2 dA$$

$$= \int_A y_C^2 dA + 2a \int_A y_C dA + a^2 \int_A dA$$

$$I_{yz} = \int_A yz dA = \int_A (y_C + a)(z_C + b) dA$$

$$= \int_A y_C z_C dA + b \int_A y_C dA + a \int_A z_C dA + ab \int_A dA$$

在以上三式中，$\int_A z_C dA$ 和 $\int_A y_C dA$ 分别为截面对形心轴 y_C 和 z_C 的静矩，故其值为零。而 $\int_A dA = A$，因此上式可写为

$$\begin{cases} I_y = I_{y_C} + b^2 A \\ I_z = I_{z_C} + a^2 A \\ I_{yz} = I_{y_C z_C} + abA \end{cases} \quad (6-13)$$

式(6-13)称为惯性矩和惯性积的**平行移轴公式**。由式(6-13)可以看出，所有平行轴中，截面对形心轴的惯性矩最小。

例 6-6 求例 6-2 中 T 形截面对水平形心轴的惯性矩。

解 如图 6-3 所示，将截面分解为矩形 I 和矩形 II。设矩形 I 的水平形心轴为 z_1，则由平行移轴公式(6-13)知，矩形 I 对 z_C 轴的惯性矩为

$$I_{z_C}^{I} = I_{z1}^{I} + a_1^2 A_1 = \frac{0.6 \times 0.12^3}{12} + (0.46 - y_C)^2 \times 0.6 \times 0.12$$

$$= 8.64 \times 10^{-5} + (0.46 - 0.32)^2 \times 0.6 \times 0.12$$

$$= 1.50 \times 10^{-3} \text{ m}^4$$

设矩形 II 的水平形心轴为 z_2，则由平行移轴公式(6-13)知，矩形 II 对 z_C 轴的惯性矩为

$$I_{z_C}^{II} = I_{z1}^{II} + a_2^2 A_2 = \frac{0.2 \times 0.4^3}{12} + (y_C - 0.2)^2 \times 0.2 \times 0.4$$

$$= 1.07 \times 10^{-3} + (0.32 - 0.2)^2 \times 0.2 \times 0.4$$

$$= 2.22 \times 10^{-3} \text{ m}^4$$

于是得整个截面对 z_C 轴的惯性矩为

$$I_{z_C} = I_{z_C}^{I} + I_{z_C}^{II} = 1.50 \times 10^{-3} + 2.22 \times 10^{-3} = 3.72 \times 10^{-3} \text{ m}^4$$

6.3.2 主惯性轴、主惯性矩

由式(6-10)可知，同一图形对不同坐标轴的惯性积是不同的。若图形对某一对直角坐

标轴的惯性积为零，则该直角坐标轴称为**主惯性轴**，对主惯性轴的惯性矩称为**主惯性矩**。显然，当坐标轴之一为对称轴时，图形对这两个坐标轴的惯性矩都是主惯性矩。可以证明主惯性矩是图形对通过该原点各轴的惯性矩中的极值惯性矩。

通过形心的主惯性轴称为**形心主惯性轴**，对它们的主惯性矩称为**形心主惯性矩**。

对于具有对称轴的图形，如矩形、工字形、T 形等，其对称轴是形心轴，同时也是形心主轴，见图 6-9。

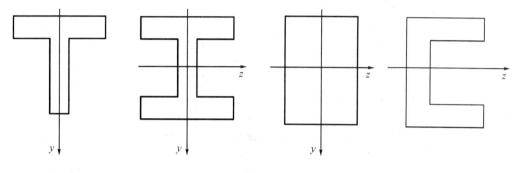

图 6-9

思　考　题

6.1　何为形心？对于均质等厚薄板，形心和重心的位置有什么特点？

6.2　为什么平面图形对形心轴的静矩为零？为什么平面图形对其对称轴的静矩为零？

6.3　已知图 6-10 所示三角形截面对 z 轴的惯性矩为 $bh^3/12$，用平行移轴公式求该截面对 z_1 轴的惯性矩为：$I_{z1} = I_z + h^2 A = \dfrac{lh^3}{12} + h^2 \times \dfrac{lh}{2} = \dfrac{7lh^3}{12}$。此结果是否正确？为什么？

6.4　图 6-11 所示 T 形截面，z 轴为形心主轴，z 轴将截面分为上下两部分 I 和 II，试分析两部分对 z 轴的静矩 S_{zI} 和 S_{zII} 的大小关系。

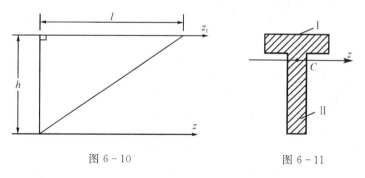

图 6-10　　　　　　　　　　图 6-11

6.5　若某平面图形有对称轴，再任意取一轴 z 和 y 轴垂直，为什么 $I_{yz}=0$？

6.6　什么是形心主轴？为什么对称图形的对称轴也是形心主轴？

习 题

6-1　试用积分法计算如题 6-1 图所示截面的形心位置。

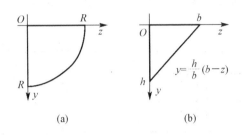

题 6-1 图

6-2　试求题 6-2 图所示平面阴影部分面积对 z 轴的静矩。

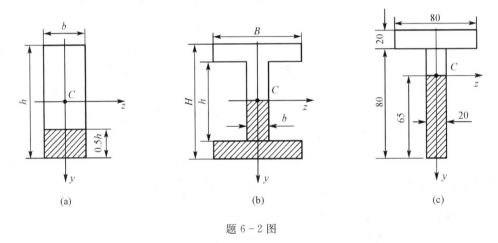

题 6-2 图

6-3　试确定题 6-3 图所示截面的形心位置。

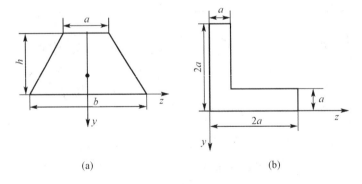

题 6-3 图

6-4　试计算题 6-4 图所示截面对 y 轴的惯性矩。

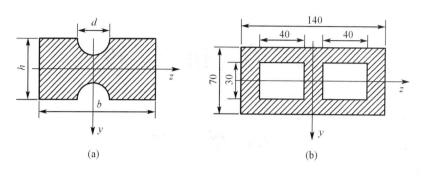

题6-4图

6-5　试计算如题6-5图所示截面对水平形心轴的惯性矩。

6-6　如题6-6图所示由两个20a(单位：mm)槽钢构成的组合截面，若要使 $I_y = I_z$，试求间距 a 应为多大。

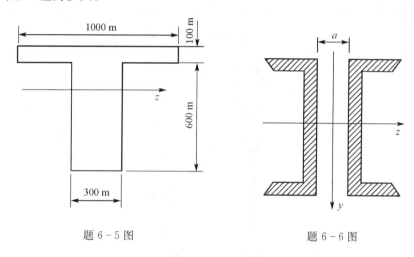

题6-5图　　　　　　　　　　　题6-6图

6-7　试求如题6-7图所示截面对形心轴的惯性矩。

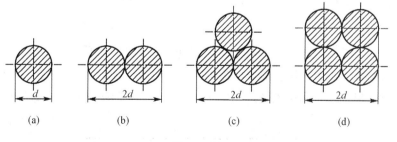

题6-7图

第7章　扭　　转

7.1　概　　述

7.1.1　扭转变形的特点

在工程实际和日常生活中经常会遇到扭转变形的杆件。如图 7 - 1(a)所示的螺丝刀,在丝杆下端受到一对大小相等、方向相反的切向力 F 构成的力偶作用,其力偶矩为 $M_e = Fd$,根据平衡条件可知,在手柄上必受到一反作用力偶,其力偶矩 $M'_e = M_e$,如图 7 - 1(b)所示。在力偶 M_e 和 M'_e 作用下,丝杆各横截面绕轴线作相对旋转的变形。

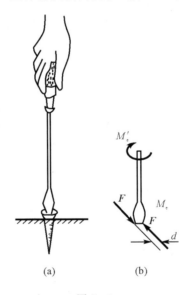

(a)　　　　　　　　(b)

图 7 - 1

常把以横截面绕轴线作用相对旋转为主要特征的变形形式称为**扭转**,其计算简图如图 7 - 2 所示。截面与截面之间绕轴线的相对转动的变形,称为**扭转角**,用 φ 表示。

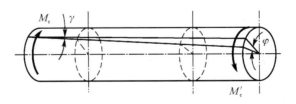

图 7 - 2

工程中把以扭转变形为主要变形的直杆称为**轴**。

本章主要研究圆截面直杆的扭转,这是工程中常见的情况,又是扭转中最简单的问题。对非圆截面杆的扭转,只作简单介绍。

7.1.2 外力偶的计算

通常作用在轴上的外力是垂直于杆件轴线的力偶 M_e,如图 7-2 所示,但在传动轴计算中,通常不是直接给出作用于轴上的外力偶的力偶矩 M_e,而是给出轴所传送的功率和轴的转速。如图 7-3 所示,由电动机的转速和功率,可求出传动轴 AB 的外力偶的力偶矩 M_e 为

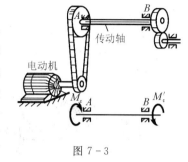

图 7-3

$$M_e = 9549 \frac{P}{n} \qquad (7-1)$$

式(7-1)中,P 为输入功率(kW,千瓦),n 为轴的转速(r/min)。

7.2 扭矩、扭矩图

轴在外力偶作用下,横截面上的内力可由截面法求出。

以图 7-4(a)所示圆轴为例,假设将圆轴沿 n-n 截面分成两部分,取部分 I 作为研究对象[如图 7-4(b)所示],由于整个轴是平衡的,所以部分 I 也必然处于平衡状态。根据平衡条件,外力为力偶,这就要求截面 n-n 上的分布内力必须合成一内力偶 T,由部分 I 的平衡方程 $\Sigma M_x = 0$,得

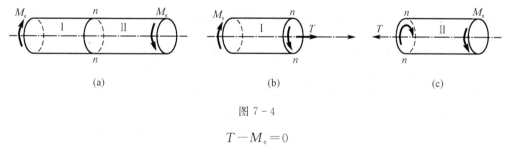

(a)   (b)   (c)

图 7-4

$$T - M_e = 0$$

即

$$T = M_e$$

式中,T 称为截面 n-n 上的**扭矩**,它是 I、II 两部分在 n-n 截面上相互作用的分布内力系的合力偶。

若取部分 II 为研究对象[如图 7-4(c)所示],仍然可以求得 $T = M_e$ 的结果,其方向则与用部分 I 求出的扭矩相反。

为了使无论用部分 I 或部分 II 求出的同一截面上的扭矩不但数值相等,而且符号相同,对扭矩 T 和符号规定为:若按右手螺旋法则把 T 表示为矢量,当矢量方向与截面的外法线方向一致时,T 为正;反之为负。根据这一法则,图 7-4 中,n-n 截面上扭矩无论用

部分Ⅰ分析或用部分Ⅱ分析均为正。

若轴的内部(不包括两端)作用有 N 个集中外力偶时,轴分成 N+1 段,各段横截面上的扭矩不尽相同。为了表示各截面扭矩沿轴线变化的情况,可画出扭矩图。扭矩图中横轴表示横截面的位置,纵轴表示相应截面上的扭矩值。下面通过例题说明扭矩的计算和扭矩图的绘制。

例 7-1　图 7-5(a)所示为一传动系统,A 为主动轮,B、C、D 为从动轮。各轮的功率分别为 $P_A=60$ kW,$P_B=25$ kW,$P_C=25$ kW,$P_D=10$ kW,轴的转速为 $n=300$ r/min。试画出轴的扭矩图。

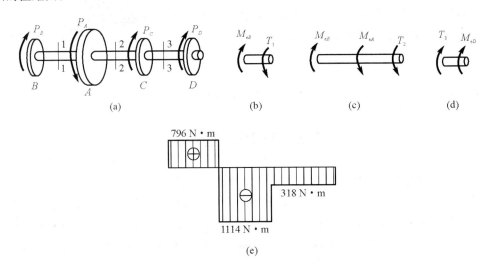

图 7-5

解　(1)求外力偶矩。按式(7-1)计算出各轮上的外力偶矩:

$$M_{eB}=M_{eC}=9549\,\frac{P_B}{n}=9549\times\frac{25}{300}=796\ \text{N}\cdot\text{m}$$

$$M_{eA}=9549\,\frac{P_A}{n}=9549\times\frac{60}{300}=1910\ \text{N}\cdot\text{m}$$

$$M_{eD}=9549\,\frac{P_D}{n}=9549\times\frac{10}{300}=318\ \text{N}\cdot\text{m}$$

(2)求各段轴上的扭矩。用截面法,根据平衡方程计算各段内的扭矩。

AB 段:取脱离体如图 7-5(b)所示,设截面 1-1 上的扭矩为 T_1,方向如图 7-5(b)所示。则由平衡方程:

$$T_1-M_{eB}=0$$

得

$$T_1=M_{eB}=796\ \text{N}\cdot\text{m}$$

BC 段:取脱离体如图 7-5(c)所示,设截面 2-2 上的扭矩为 T_2,方向如图 7-5(c)所示。由平衡方程:

$$T_2+M_{eA}-M_{eB}=0$$

得

$$T_2 = M_{eB} - M_{eA} = -1114 \text{ N} \cdot \text{m}$$

负号说明实际方向与假设方向相反。

AD 段：取脱离体如图 7-5(d) 所示，设截面 3-3 上的扭矩为 T_3，方向如图 7-5(d) 所示。则由平衡方程：

$$T_3 + M_{eD} = 0$$

得

$$T_3 = -M_{eD} = -318 \text{ N} \cdot \text{m}$$

（3）作扭矩图。根据所得数据，画出各截面上扭矩沿轴线变化的情况，即扭矩图，如图 7-5(e) 所示。从图中看出，最大扭矩发生于 AC 段内，且 $|T|_{\max} = 1114 \text{ N} \cdot \text{m}$。

（4）讨论。对同一根轴，若把主动轮 A 安置于轴的一端，例如图 7-6(a) 所示放在左端，则此时轴的扭矩图如图 7-6(b) 所示。这时，轴的最大扭矩为 $|T|_{\max} = 1910 \text{ N} \cdot \text{m}$。由此可知，在传动轴上，主动轮和从动轮安置的位置不同，轴所承受的最大扭矩也就不同。上述两种情况相比，显然图 7-5 所示布局比较合理。

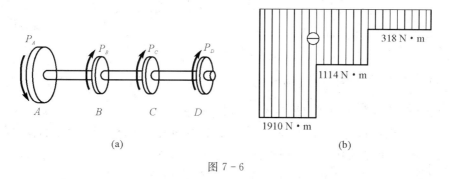

图 7-6

7.3　圆轴扭转时的应力及其强度计算

7.3.1　薄壁圆筒扭转时的切应力

图 7-7(a) 所示为一等厚薄壁圆筒，其厚度 δ 远小于其平均半径 $R(\delta \leqslant \dfrac{R}{10})$。为了得到横截面上的应力分布情况，做扭转试验：圆筒未受外荷载作用时，在圆筒的外表面上用一些纵向直线和横向圆周线画成方格（图 7-7 中的 $abcd$），然后在两端垂直于轴线的平面内作用大小相等而转向相反的外力偶。试验结果表明，圆筒发生扭转后，方格由矩形变成平行四边形[图 7-7(b) 中 $a'b'c'd'$]，但圆筒沿轴线及周线的长度都没有变化。这些现象表明，当薄壁圆筒扭转时，其横截面和包含轴线的纵向截面上都没有正应力，横截面上便只有切应力 τ，因为筒壁的厚度 δ 很小，可以认为沿筒壁厚度切应力不变。又因在同一圆周上各点情况完全相同，所以各点的切应力也就相同[图 7-7(c)]。而 T 为横截面上所有切应力 τ 组成力系的合力，用截面法可求得横截面上的扭矩 $T = M_e$，即

$$M_{e} = \int_{A} R\tau \mathrm{d}A = \int_{0}^{2\pi} R\tau R\delta \mathrm{d}\theta = 2\pi R^{2}\delta\tau$$

$$\tau = \frac{M_{e}}{2\pi R^{2}\delta} \tag{7-2}$$

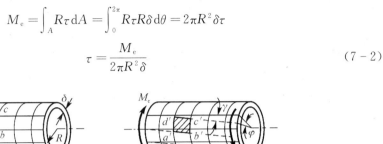

(a)　　　　　　　　　　　　(b)

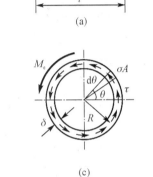　　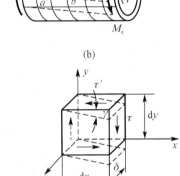

(c)　　　　　　　　　　　　(d)

图 7 - 7

7.3.2　切应力互等定理

　　用相邻的两个横截面和两个纵向面，从圆筒中取出边长分别为 $\mathrm{d}x$、$\mathrm{d}y$ 和 δ 的单元体，放大如图 7 - 7(d) 所示，单元体的左、右侧面是横截面的一部分，由前述分析知，左、右侧面上无正应力，只有切应力，大小按式(7 - 2)计算。由图 7 - 7(d) 知，单元体的左、右侧面上的切应力由于大小相等、方向相反，形成了一个力偶，其力偶矩为 $(\tau\delta\mathrm{d}y)\mathrm{d}x$。由于圆筒是平衡的，单元体必然平衡，为保持其平衡，单元体的上、下两个侧面上必须有切应力，并由 $\sum F_{x} = 0$ 知，上、下两个侧面上的切应力要大小相等、方向相反，所组成的力偶与左、右侧面上形成的力偶矩 $(\tau\delta\mathrm{d}y)\mathrm{d}x$ 相平衡。设上、下两个侧面上的切应力为 τ'，由 $\sum M_{z} = 0$ 得

$$(\tau\delta\mathrm{d}y)\mathrm{d}x = (\tau'\delta\mathrm{d}x)\mathrm{d}y$$

所以

$$\tau = \tau' \tag{7-3}$$

　　式(7 - 3)表明，在相互垂直的一对平面上，切应力同时存在，数值相等，且都垂直于两个平面的交线，方向共同指向或共同背离这一交线。这就是**切应力互等定理**，也称**切应力双生定理**。

7.3.3　剪切胡克定律

　　在图 7 - 7(d) 所示单元体上，上、下、左、右四个侧面上只有切应力而无正应力，这种单元体称为**纯剪切**。单元体相对的两侧面在切应力作用下发生微小的相对错动，使原来互相垂直的两个棱边的夹角改变了一个微量 γ，就是绪论中定义的**切应变**，见图 7 - 7(d)。

设 φ 为圆筒两端截面的相对扭转角，l 为圆筒的长度，由图 7-7(b)知，切应变 γ 为

$$\gamma = \frac{R\varphi}{l} \tag{7-4}$$

纯剪切试验结果表明，当切应力不超过材料的剪切比例极限时，切应变 γ 与切应力 τ 成正比，即

$$\tau = G\gamma \tag{7-5}$$

式(7-5)称为**剪切胡克定律**；G 为比例系数，称为材料的**切变模量**，为材料常数，单位为 Pa。

至此，已经介绍了三个材料弹性常数 E、ν、G，三者的关系为

$$G = \frac{E}{2(1+\nu)} \tag{7-6}$$

7.3.4 圆轴扭转时横截面上的切应力

用图乘法可得到圆轴扭转时横截面上的内力，由于内力分布规律不知，要得到圆轴扭转时横截面上的应力的计算式，必须综合考虑变形、物理关系和静力平衡三方面因素。

1. 变形方面

图 7-8(a)所示为一受扭圆轴，未施加外力偶时，在圆轴表面上画出圆周线和纵向线，在轴两端施加一对力偶矩相等、转向相反的外力偶，轴变形的情况为：圆周线的大小和形状均未改变，只是相邻两圆周线绕轴线转动了一个角度，纵向线由直线变成了斜线。根据这些现象，可对圆轴的变形作出假设：等直圆轴发生扭转变形后，其横截面仍保持为平面，其大小、形状和相邻横截面间的距离均保持不变，横截面如同刚性平面般绕轴线转动。此假设称为**圆轴扭转平面假设**。该假设已得到理论与试验的证实。

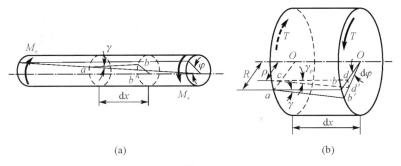

(a)   (b)

图 7-8

现从轴上取出长为 dx 的微段[如图 7-8(b)所示]进行分析。根据平面假设，右截面相对左截面绕轴线转动了一个角度 $d\varphi$，即右截面上的径向线 Ob 转动了一个角度 $d\varphi$，到 Ob'，纵向线 ab 倾斜了一个角度 γ，变成 ab'，由前述定义知，$d\varphi$ 为 dx 长两截面的相对扭转角，γ 为 a 点处的切应变。设距轴线为 ρ 的纵向线 cd 变形后变为 cd'，cd 的倾斜角为 γ_ρ，即 c 点的切应变为 γ_ρ。由图 7-8(b)可知

$$\overline{dd'} = \gamma_\rho dx = \rho d\varphi \tag{7-7}$$

由此得

$$\gamma_\rho = \rho \frac{\mathrm{d}\varphi}{\mathrm{d}x} \qquad\qquad (7-8)$$

式中，$\frac{\mathrm{d}\varphi}{\mathrm{d}x}$ 为相对扭转角 φ 沿轴长度的变化率，对给定的横截面，其数值是个常量。式(7-8)说明，等直圆轴受扭时，横截面上任一点处的切应变 γ_ρ 与到轴心的距离 ρ 成正比。

2. 物理关系方面

由剪切胡克定律知，在剪切比例极限内，切应力与切应变成正比，所以，横截面上 ρ 处的切应力为

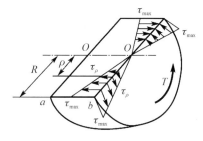

$$\tau_\rho = G\gamma_\rho = G\rho \frac{\mathrm{d}\varphi}{\mathrm{d}x} \qquad (7-9)$$

式(7-9)表明，扭转切应力 τ_ρ 沿截面半径线性变化，与该点到轴心的距离 ρ 成正比。由于 γ_ρ 发生在垂直于半径的平面内，所以 τ_ρ 的方向垂直于该点处的半径。根据切应力互等定理，在纵向截面和横向截面上，切应力分布情况如图 7-9 所示。

图 7-9

3. 静力平衡方面

如图 7-10 所示，在距圆心 ρ 处的微面积 $\mathrm{d}A$ 上，作用有微剪力 $\mathrm{d}F = \tau_\rho \mathrm{d}A$，它对圆心 O 的微力矩为 $\rho\tau_\rho \mathrm{d}A$。在整个横截面上，所有微力矩之和等于该横截面的扭矩 T，即

$$T = \int_A \rho\tau_\rho \mathrm{d}A$$

将式(7-9)代入上式得

$$T = G \frac{\mathrm{d}\varphi}{\mathrm{d}x} \int_A \rho^2 \mathrm{d}A$$

积分 $\int_A \rho^2 \mathrm{d}A$ 为横截面对轴心的极惯性矩 I_p，于是得

$$\frac{\mathrm{d}\varphi}{\mathrm{d}x} = \frac{T}{GI_p} \qquad\qquad (7-10)$$

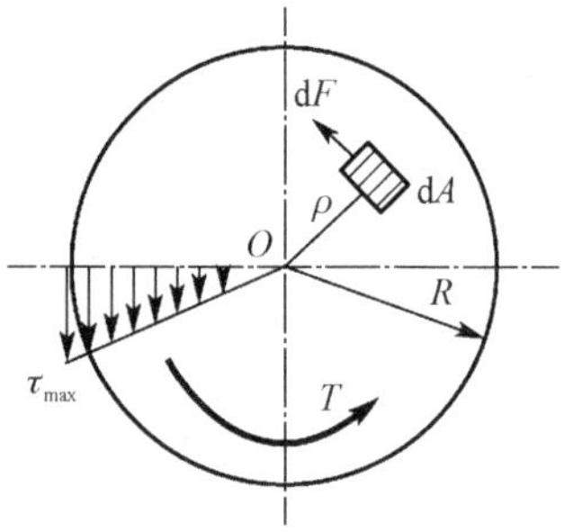

图 7-10

将式(7-10)代入式(7-8)得

$$\tau_\rho = \frac{T\rho}{I_p} \qquad\qquad (7-11)$$

此即圆轴扭转时横截面上的切应力计算式。

7.3.5 圆轴扭转时切应力强度条件

1. 最大扭转切应力

由式(7-11)知，当 $\rho = R$ 时，圆轴外表面上的各点切应力最大，其值为

$$\tau_{max} = \frac{TR}{I_p} = \frac{T}{\dfrac{I_p}{R}} \qquad\qquad (7-12)$$

式中，比值 $\dfrac{I_p}{R}$ 是一个与截面尺寸有关的量，称为**抗扭截面模量**，用 W_p 表示，即

$$W_p = \frac{I_p}{R} \qquad\qquad (7-13)$$

所以式(7-12)又可以写成

$$\tau_{max} = \frac{T}{W_p} \qquad\qquad (7-14)$$

式(7-14)表明，最大扭转切应力与扭矩成正比，与抗扭截面模量成反比。

2. 强度条件

通过轴的内力分析可作出扭矩图并求出最大扭矩 T_{max}，最大扭矩所在截面称为**危险截面**。对等截面轴，由式(7-14)知，轴上最大切应力 τ_{max} 在危险截面的外表面。由此得强度条件为

$$\tau_{max} = \frac{T}{W_p} \leqslant [\tau] \qquad\qquad (7-15)$$

式中，$[\tau]$ 为轴材料的许用切应力。不同材料的许用切应力 $[\tau]$ 各不相同，可通过扭转试验测得各种材料的扭转极限切应力 τ_u 除以适当的安全系数 n 得到，即

$$[\tau] = \frac{\tau_u}{n} \qquad\qquad (7-16)$$

例 7-2 某传动轴，承受 $M_e = 2.2$ kN·m 的外力偶作用，轴材料的许用切应力为 $[\tau] = 60$ MPa，试分别按(1)横截面为实心圆截面；(2)横截面为 $\alpha = 0.8$ 的空心圆截面，确定轴的截面尺寸，并比较其重量。

解 (1)横截面为实心圆截面。设轴的直径为 d，由式(7-15)得

$$W_p = \frac{\pi d^3}{16} \geqslant \frac{T}{[\tau]} = \frac{M_e}{[\tau]}$$

所以有

$$d \geqslant \sqrt[3]{\frac{16 M_e}{\pi [\tau]}} = \sqrt[3]{\frac{16 \times 2.2 \times 10^3}{\pi \times 80 \times 10^6}} = 51.9 \times 10^{-3} \text{ m} = 51.9 \text{ mm}$$

取 $d = 52$ mm。

(2)横截面为空心圆截面。设横截面的外径为 D，由式(7-15)得

$$W_p = \frac{\pi D^3}{16}(1 - \alpha^4) \geqslant \frac{M_e}{[\tau]}$$

所以有

$$D \geqslant \sqrt[3]{\frac{16 M_e}{\pi(1 - \alpha^4)[\tau]}} = \sqrt[3]{\frac{16 \times 2.2 \times 10^3}{\pi(1 - 0.8^4) \times 80 \times 10^6}} = 61.9 \times 10^{-3} \text{ m} = 61.9 \text{ mm}$$

取 $D = 62$ mm，$d_1 = 50$ mm。

(3)重量比较。由于两根轴的材料和长度相同，其重量之比就等于两者的横截面面积之比，利用以上计算结果得

$$重量比 = \frac{A_1}{A} = \frac{\frac{\pi}{4}(D^2 - d_1^2)}{\frac{\pi}{4}d^2} = \frac{62^2 - 50^2}{52^2} = 0.50$$

结果表明，在满足强度条件下，空心圆轴的重量是实心圆轴重量的一半。

7.4　圆轴扭转时的变形和刚度计算

7.4.1　圆轴扭转变形公式

轴的扭转变形，用横截面间绕轴线的相对位移即扭转角来表示。由式(7-10)知，长度为 $\mathrm{d}x$ 的相邻两个截面的相对扭转角为

$$\mathrm{d}\varphi = \frac{T\mathrm{d}x}{GI_\mathrm{p}}$$

所以，相距 l 的两截面间的扭转角为

$$\varphi = \int \mathrm{d}\varphi = \int \frac{T\mathrm{d}x}{GI_\mathrm{p}} \tag{7-17}$$

对等截面圆轴，若在长 l 的两截面间的扭矩 T 为常量，则由式(7-20)得两端截面间的扭转角为

$$\varphi = \frac{Tl}{GI_\mathrm{p}} \tag{7-18}$$

由式(7-18)可以看出，两截面间的相对扭转角 φ 与扭矩 T、轴长 l 成正比，与 GI_p 成反比。GI_p 称为圆轴截面的**扭转刚度**。

7.4.2　圆轴扭转刚度条件

在工程实际中，多数情况下不仅对受扭圆轴的强度有所要求，而且对变形也有要求，即要满足扭转刚度条件。由于实际中的轴长度不同，因此，通常将轴的扭转角变化率 $\frac{\mathrm{d}\varphi}{\mathrm{d}x}$ 或称**单位长度扭转角**作为扭转变形指标，要求它不超过规定的许用值 $[\theta]$。由式(7-10)知，扭转角的变化率为

$$\theta = \frac{\mathrm{d}\varphi}{\mathrm{d}x} = \frac{T}{GI_\mathrm{p}} (\mathrm{rad/m})$$

所以，圆轴扭转的刚度条件为

$$\theta_{\max} = \left(\frac{T}{GI_\mathrm{p}}\right)_{\max} \leqslant [\theta] (\mathrm{rad/m}) \tag{7-19}$$

对于等截面圆轴，有

$$\theta_{\max} = \frac{T_{\max}}{GI_\mathrm{p}} \leqslant [\theta] (\mathrm{rad/m}) \tag{7-20}$$

需要指出的是，扭转角变化率 $\frac{\mathrm{d}\varphi}{\mathrm{d}x}$ 的单位为 $\mathrm{rad/m}$，而在工程中，单位长度许用扭转角 $[\theta]$

的单位一般为(°)/m，因此，在应用式(7-19)与式(7-20)时，应注意单位的换算与统一。

例 7-3 如图 7-11 所示，某传动轴的转速 $n=500$ r/min，$P_A=380$ kW，$P_B=160$ kW，$P_C=220$ kW，已知$[\tau]=70$ MPa，$\theta=1$ °/m，$G=80$ GPa。试求：若轴为实心圆轴，确定 AB 段、BC 段轴的直径。

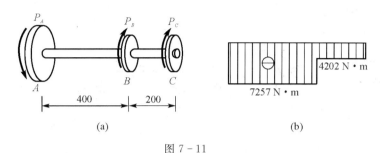

图 7-11

解 （1）计算外力偶矩：

$$M_{eA}=9549\times\frac{P_1}{n}=7257 \text{ N} \cdot \text{m}$$

$$M_{eB}=9549\times\frac{P_2}{n}=3055 \text{ N} \cdot \text{m}$$

$$M_{eC}=9549\times\frac{P_3}{n}=4202 \text{ N} \cdot \text{m}$$

作扭矩图如图 7-11(b)所示。

（2）计算直径。

AB 段：扭转强度条件为

$$\tau_{max}=\frac{T}{W_p}=\frac{16T}{\pi d_1^3}\leqslant[\tau]$$

所以

$$d_1\geqslant\sqrt[3]{\frac{16T}{\pi[\tau]}}=\sqrt[3]{\frac{16\times7257}{\pi\times70\times10^6}}=80.8 \text{ mm}$$

由扭转刚度条件有

$$\theta_{max}=\frac{T_{max}}{GI_p}=\frac{T}{G\frac{\pi d_1^4}{32}}\times\frac{180°}{\pi}\leqslant[\theta]$$

$$d_1\geqslant85.3 \text{ mm}$$

取 $d_1=85.3$ mm。

BC 段：同理，由扭转强度条件得 $d_2\geqslant67.4$ mm；由扭转刚度条件得 $d_2\geqslant74.4$ mm。取 $d_2=74.4$ mm。

7.5 圆轴扭转超静定问题

在第 5 章中介绍了轴向拉压杆件超静定问题的概念以及内力的求解方法。本节将分析扭转超静定问题。与拉压杆超静定问题的求解方法类似，扭转超静定问题的求解仍然需从静力学方面、几何方面(变形协调条件)、物理方面三个方面进行分析。用下面的例题来进行说明。

例 7 - 4　图 7 - 12(a)所示等截面圆轴 AB，两端固定，在 C 和 D 截面处承受外力偶矩 M_e 作用，试绘该轴的扭矩图。

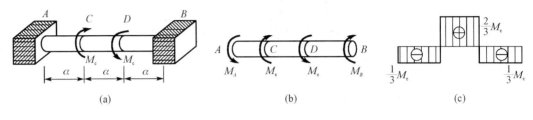

图 7 - 12

解　设 A 端与 B 端的支反力偶矩分别为 M_A 和 M_B〔如图 7 - 12(b) 所示〕。由静力平衡方程 $\sum M_x = 0$，得

$$M_A - M_e + M_e - M_B = 0$$

有

$$M_A = M_B \tag{a}$$

在式(a)中，包括两个未知力偶矩，故为一次超静定问题，需要建立一个补充方程。

根据轴两端的约束条件可知，横截面 A 和 B 为固定端，A 和 B 间的相对扭转角 φ_{AB} 应为零，所以，轴的变形协调条件为

$$\varphi_{AB} = \varphi_{AC} + \varphi_{CD} + \varphi_{DB} = 0 \tag{b}$$

由图 7 - 12(b)可知，AC、CD 和 DB 段的扭矩分别为

$$T_1 = -M_A$$
$$T_2 = M_e - M_A \tag{c}$$
$$T_3 = -M_B$$

所以，AC、CD 和 DB 段的扭转角分别为

$$\varphi_{AC} = \frac{T_1 a}{GI_p} = -\frac{M_A a}{GI_p}$$

$$\varphi_{CD} = \frac{T_2 a}{GI_p} = \frac{(M_e - M_A)a}{GI_p} \tag{d}$$

$$\varphi_{db} = \frac{T_3 a}{GI_p} = -\frac{M_B a}{GI_p}$$

将式(d)代入式(b)，得补充方程为

$$-\frac{M_A a}{GI_p} + \frac{(M_e - M_A)a}{GI_p} - \frac{M_B a}{GI_p} = 0$$

即

$$-2M_A + M_e - M_B = 0 \tag{e}$$

联立式(a)与式(e)，得

$$M_B = \frac{M_e}{3} \tag{f}$$

所以

$$M_A = M_B = \frac{M_e}{3}$$

按绘制扭矩图的方法绘制扭矩图如图 7 - 12(c)所示。

思 考 题

7.1 在圆轴和薄壁圆管扭转剪应力公式的推导过程中，所作的假定有何区别？两者所得的切应力计算公式之间有什么关系？

7.2 试绘出下图所示横截面上的切应力分布图，其中 T 为横截面上的扭矩。

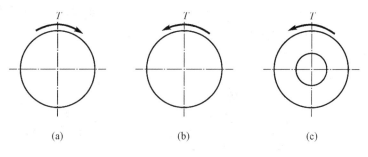

图 7 - 13

7.3 圆轴扭转切应力公式的应用条件是什么？

7.4 从强度和刚度方面考虑，为什么空心圆截面轴比实心圆截面轴合理？

习 题

7-1 试求如题 7-1 图所示各轴各段的扭矩，并指出其最大值。

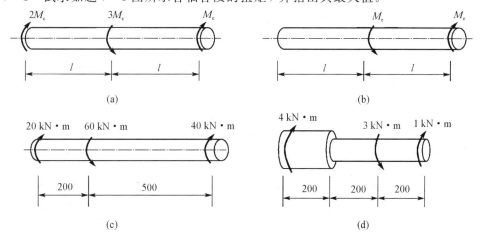

题 7 - 1 图

7-2　如题7-2图所示传动轴，转速 $n=500$ r/min，轮 A 为主动轮，输入功率 $P_A=70$ kW，轮 B、轮 C 与轮 D 为从动轮，输出功率分别为 $P_B=10$ kW，$P_C=P_D=30$ kW。

（1）试求轴内的最大扭矩。

（2）若将轮 A 与轮 C 的位置对调，试分析对轴的受力是否有利。

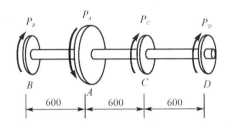

题 7-2 图

7-3　如题7-3图所示传动轴做 300 r/min 的匀速转动，轴上装有五个轮子，主动轮 A 输入的功率为 70 kW，从动轮 B、C、D、E 依次输出的功率为 20 kW、10 kW、25 kW 和 15 kW，试作出该轴的扭矩图。

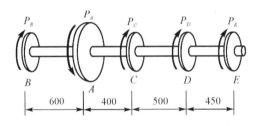

题 7-3 图

7-4　如题7-4图所示实心圆轴与空心圆轴通过牙嵌离合器相连接。已知轴的转速 $n=200$ r/min，传递功率 $P=20$ kW，轴材料的许用切应力 $[\tau]=80$ MPa，$d_1/D_1=0.5$。试确定实心轴的直径 d，空心轴的内、外径 d_1 和 D_1。

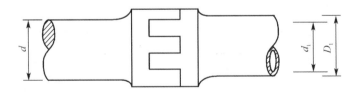

题 7-4 图

7-5　如题7-5图所示为一阶梯形圆轴，其中 AE 段为空心圆截面，外径 $D=140$ mm，内径 $d=80$ mm；BC 段为实心圆截面，直径 $d_1=100$ mm。受力如图所示，外力偶矩分别为 $M_{eA}=20$ kN·m，$M_{eB}=36$ kN·m，$M_{eC}=16$ kN·m。已知轴的许用切应力 $[\tau]=80$ MPa，$G=80$ GPa，$[\theta]=1.2$ °/m。试校核轴的强度和刚度。

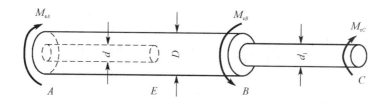

题 7-5 图

7-6 一圆截面试样，直径 $d=20$ mm，两端承受外力偶矩 $M_e=150$ N·m 作用。设由试验测得标距 $l_0=100$ mm，内轴的扭转角 $\varphi=0.012$ rad。试确定切变模量 G。

7-7 设有一圆截面传动轴，轴的转速 $n=300$ r/min，传递功率 $P=80$ kW，轴材料的许用切应力 $[\tau]=80$ MPa，单位长度许用扭转角 $[\theta]=1.0$ °/m，切变模量 $G=80$ GPa。试设计轴的直径。

7-8 如题 7-8 图所示两端固定的圆截面轴，承受外力偶矩作用。试求反力偶矩。设轴的扭转刚度 GI_p 为已知常量。

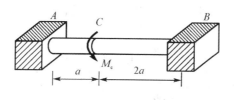

题 7-8 图

7-9 如题 7-9 图所示直径 $d=60$ mm 的圆截面轴，两端固定，承受外力偶矩 M_e 作用。已知轴材料的许用切应力 $[\tau]=50$ MPa，单位长度的许用扭转角 $[\theta]=0.35$ °/m，切变模量 $G=80$ GPa。试求许用外力偶矩 $[M_e]$，并作轴的扭矩图。

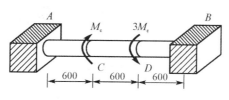

题 7-9 图

第8章　梁 的 弯 曲

8.1　概　　述

　　在实际工程和日常生活中，常遇到这样一类直杆，它们所承受的外力是作用线垂直于杆轴线的外力(即横向力)或力偶，在这些外力作用下，杆件的任意两个横截面绕垂直于杆轴线发生相对转动，形成相对角位移，同时杆的轴线也将变成曲线，这种变形称为弯曲。凡以弯曲为主要变形的构件，通常称为梁。

　　梁是工程上常见的构件，如房屋建筑中的大梁(见图 8-1)、桥梁(见图 8-2)、汽轮机叶片(见图 8-3)、火车轮轴(见图 8-4)等都是受弯构件。

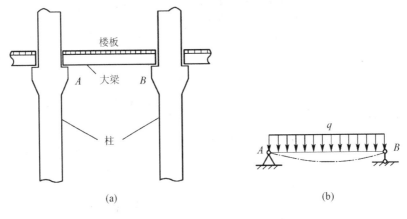

　　　　　(a)　　　　　　　　　　　　　　　　(b)

图 8-1

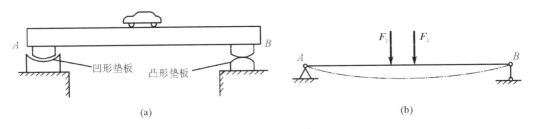

　　　　　(a)　　　　　　　　　　　　　　　　(b)

图 8-2

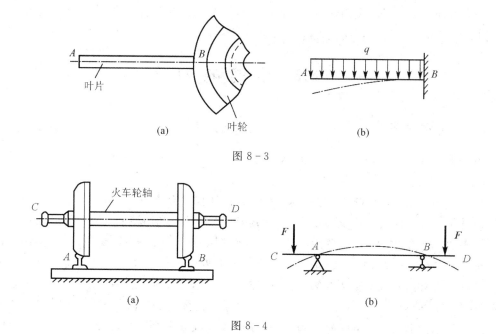

图 8 - 3

图 8 - 4

工程实际中，绝大部分梁的横截面都有一根对称轴，例如矩形、工字形、T 形、槽形及圆形截面梁等，如图 8 - 5 所示，因而整个梁有一个包含轴线的纵向对称。若梁上所有外力（包括外力偶）都作用在梁的纵向对称面内，梁变形后的轴线必定是一条与外力位于同一平面内的平面曲线，如图 8 - 6 所示，称这种弯曲后的轴线为一平面曲线，且该曲线所在平面与外力作用面重合的变形为**平面弯曲**。

图 8 - 5

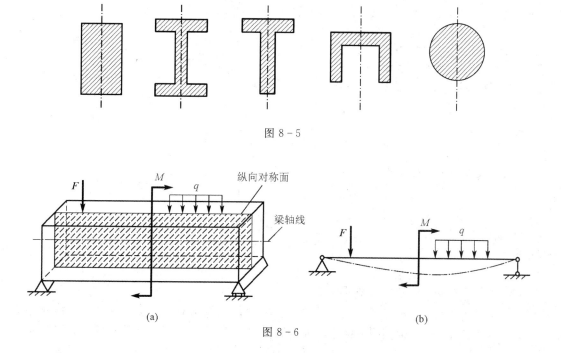

图 8 - 6

平面弯曲是梁弯曲问题中最常见和最基本的情况。本章讨论平面弯曲横截面上的内力，后面两章将分别讨论弯曲应力和弯曲变形。

8.2　梁 的 内 力

8.2.1　剪力和弯矩

当梁上所有外力(荷载及支反力)确定后，就可以用截面法来确定梁任意横截面上的内力。

现以图 8-7(a)所示的悬臂梁为例。在其自由端作用有集中力 F，在计算内力之前，由平衡条件可以求出固定端的支座反力 $F_B=F$ 和 $M_B=Fl$。利用截面法，为了得到距左端距离为 x 的截面处的内力，用一假想的截面 $m-m$ 把梁截开分成两部分，取左段为研究对象。由于梁的整体处于平衡状态，因此其各个部分也应处于平衡状态，所以，截面 $m-m$ 上的内力与外力在梁的左段构成平衡力系。列左段竖向平衡方程，在横截面 $m-m$ 上必定有维持左段梁平衡的内力 F_Q 以及内力偶 M。内力 F_Q 是横截面上切向分布内力的合力，称为横截面 $m-m$ 上的**剪力**，其单位为 N 或 kN；内力偶 M 是横截面上法向分布内力的合力偶矩，称为横截面 $m-m$ 上的**弯矩**，其单位为 N·m 或 kN·m。

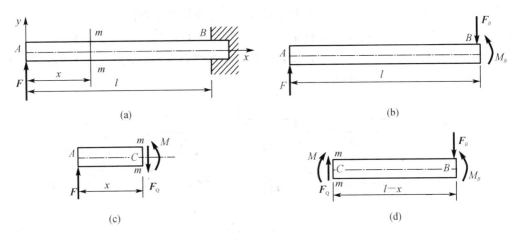

图 8-7

取左段梁，列出其平衡方程：

$$\sum F_y = 0 \Rightarrow F - F_Q = 0$$

得
$$F_Q = F$$

$$\sum M_C = 0 \Rightarrow M - F \cdot x = 0$$

得
$$M = Fx$$

其中，矩心 C 是 $m-m$ 横截面的形心。

左段梁横截面 $m-m$ 上的剪力和弯矩，实际上是右段梁对左段梁的作用。根据作用力与反作用力定理，右段梁在同一横截面 $m-m$ 上必有数值上分别与上式相等，而指向和转向相反的剪力和弯矩，如图 8-7(d)所示。

　　为使左、右两段梁计算得到的同一横截面处的剪力和弯矩不仅数值相等而且符号也一致，应该联系变形现象来规定它们的符号。规定如下：如图 8-8(a)所示的变形情况下，即横截面 $m-m$ 的左段相对右段向上错动时，$m-m$ 上的剪力 F_Q 为正，或 $m-m$ 截面上的剪力及绕截开部分顺时针转动时为正，反之为负，见图 8-8(b)；在图 8-8(c)所示变形情况下，即在截面 $m-m$ 处弯曲变形向下凸(或梁的下表面纤维受拉)时，此横截面 $m-m$ 上的弯矩 M 为正，反之为负，见图 8-8(d)。

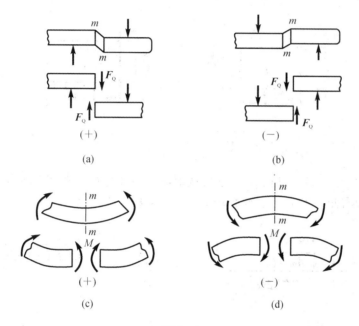

图 8-8

　　根据剪力、弯矩的符号规定以及截面法，可以直接由脱离体上的外荷载来计算截面上的弯曲内力，具体求法为：

　　(1) 横截面上的剪力 F_Q 在数值上等于截面脱离体上所有横向外力的代数和，即

$$F_Q = \sum \pm F_{yi(-\text{侧})} \tag{8-1}$$

　　左半段脱离体向上的横向力或右半段脱离体向下的横向力在等式右边为正，反之为负，如图 8-9 所示。

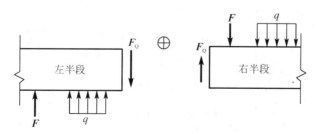

图 8-9

（2）横截面上的弯矩 M 在数值上等于截面左半段脱离体或右半段脱离体上所有外力对该截面形心的力矩的代数和，即

$$M_Q = \sum \pm M_{eCi(一侧)} \tag{8-2}$$

对于向上的横向外力，不论在截面的左半段脱离体上还是在截面的右半段脱离体上，所产生的力矩均取正值；反之，取负值。作用在左半段脱离体上的外力偶矩，顺时针转向的产生正值弯矩，反之，产生负值弯矩；作用在右半段脱离体上的外力偶矩，逆时针转向的产生正值弯矩，反之，产生负值弯矩，如图 8-10 所示。

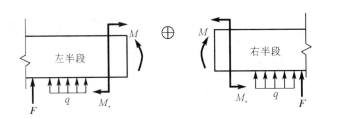

图 8-10

例 8-1 如图 8-11(a)所示，求梁各截面的剪力和弯矩。截面分别为 $A_右$（A 右侧截面，即在 A 截面右侧离 A 很近的截面），$D_右$，$D_左$，$B_右$，$B_左$，$C_左$。

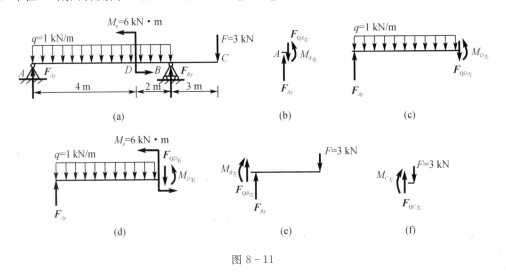

图 8-11

解 （1）求支反力。

$$\sum M_B = 0 \Rightarrow F_{Ay} \cdot 6 = 1 \times 6 \times 3 + 6 - 3 \times 3$$

得

$$F_{Ay} = 2.5 \text{ kN}$$

$$\sum M_A = 0 \Rightarrow F_{By} \cdot 6 = 1 \times 6 \times 3 - 6 + 3 \times 9$$

得

$$F_{By} = 6.5 \text{ kN}$$

利用 $\sum F_y = 0$ 验证，确保 F_{Ay}、F_{By} 求解正确。

（2）求各截面的剪力、弯矩。

取左半段脱离体：

① 如图 8-11(b) 所示，由于 $A_右$ 截面无限靠近 A 截面，向下作用的力的合力近似为零，可忽略不计，其外荷载只有一个向上的支座反力 F_{Ay}。故有

$$F_{QA右} = 2.5 \text{ kN}$$
$$M_{A右} = 0$$

② 如图 8-11(c) 所示，$D_左$ 截面，其外荷载有向上的支座反力 F_{Ay} 和向下的均布荷载 q。故有

$$F_{QD左} = 2.5 - 4 \times 1 = -1.5 \text{ kN}$$
$$M_{D左} = 2.5 \times 4 - 1 \times 4 \times 2 = 2 \text{ kN·m}$$

③ $D_右$ 截面与 $D_左$ 截面比较，其外荷载中增加了一个逆时针转的集中力偶矩。故有

$$F_{QD右} = 2.5 - 4 \times 1 = -1.5 \text{ kN}$$
$$M_{D右} = 2.5 \times 4 - 1 \times 4 \times 2 - 6 = -4 \text{ kN·m}$$

取右半段脱离体：

④ $B_左$ 截面，其外荷载有向下的集中力 F 和向上的支座反力 F_{By}。故有

$$F_{QB左} = 3 - 6.5 = -3.5 \text{ kN}$$
$$M_{B左} = -3 \times 3 = -9 \text{ kN·m}$$

⑤ $B_右$ 截面，其外荷载有向下的集中力 F。故有

$$F_{QB右} = 3 \text{ kN}$$
$$M_{B右} = -3 \times 3 = -9 \text{ kN·m}$$

⑥ $C_左$ 截面，其外荷载有向下的集中力 F。故有

$$F_{QC左} = 3 \text{ kN}$$
$$M_{C左} = 0$$

可见，集中外力偶将引起左右截面弯矩的突变，突变差量等于集中外力偶的大小。集中外力（包括荷载和支座反力）会引起左右截面剪力的突变，突变差量等于集中力的大小。

在计算梁的内力之前，即在截开面之前，不允许将梁上的荷载用其静力等效力系来代换，否则将会改变梁的受力性质，但在截开面之后可以将所取截面一侧的荷载用与其静力等效的力系来代替（如用集中力代替与其静力等效的分布力系），然后再计算梁的内力。

8.2.2　剪力方程和弯矩方程　剪力图和弯矩图

一般情况下，在梁的不同横截面或不同梁段上，剪力与弯矩均不相同，即剪力与弯矩沿梁轴线变化。若沿梁轴线取 x 轴，坐标 x 表示横截面在梁轴线上的位置，则各横截面上的剪力和弯矩可以表示为 x 的函数，即

$$F_Q = F_Q(x) \qquad (8-3)$$
$$M = M(x) \qquad (8-4)$$

上述函数表达式称为梁的**剪力方程**和**弯矩方程**。

在集中力、集中力偶和分布荷载的起止点处，剪力方程和弯矩方程可能发生变化，所

以这些点均为剪力方程和弯矩方程的分段点。若梁内部(不包括两个端部)有 n 个分段点，则梁需分为 $n+1$ 段列剪力、弯矩方程。和轴向拉(压)及扭转问题相似，在进行梁的强度设计时，需要确定梁的危险截面及危险截面上的内力，为此，必须了解内力沿梁轴线变化的情况，将剪力和弯矩沿梁轴线的变化情况用图形表示出来，这种图形分别称为**剪力图和弯矩图**。

梁的剪力图与轴力图及扭矩图的作法相似，但较之复杂。若已经分别列出梁的剪力方程与弯矩方程，可根据方程所表示的曲线性质，判断画出这一曲线所需的控制点，再按内力方程确定相应控制点的坐标后，描点连线，分别作出各自的函数图形，即得梁的剪力图和弯矩图。

需要说明，梁的剪力图与轴力图及扭矩图的作法相似，即作剪力图时，在 $F_Q - x$ 坐标系中，纵坐标轴 F_Q 取向上为正向，即将正值剪力所对应的点画在 F_Q 轴的上方，负值剪力所对应的点画在 F_Q 轴的下方。但画梁的弯矩图时要特别注意，若按土建类专业的习惯，是将弯矩画在梁的受拉侧，纵坐标轴 M 取向下为正向；若按机械类专业的习惯则恰好相反。本书所采用的是土建类专业的习惯画法，作弯矩图时，在 $M - x$ 坐标系中，正值弯矩所对应的点画在 x 轴的下方，负值弯矩所对应的点画在 x 轴的上方。

例 8 - 2　简支梁 AB 受集度为 q 的均布荷载作用，如图 $8-12(a)$ 所示，列出剪力方程和弯矩方程，并作该梁的剪力图和弯矩图。

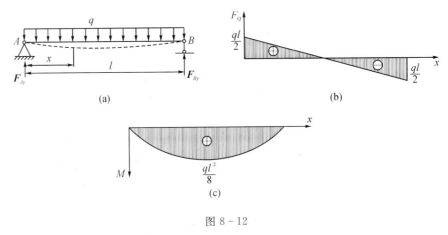

图 8 - 12

解　(1) 求支座反力。

由于荷载及支座反力都是对称的，故

$$F_{Ay} = F_{By} = \frac{ql}{2}$$

(2) 列剪力方程和弯矩方程。

以梁左端 A 点为坐标原点，因为梁内部无分段点，所以取一整段梁来列剪力方程和弯矩方程。

以距左端为 x 的任意横截面将梁截开，取左半段梁来研究。根据截面左侧梁上的外力，分别得梁的剪力方程和弯矩方程为

$$F_Q(x) = R_A - qx = \frac{ql}{2} - qx \quad (0 < x < l) \tag{a}$$

$$M(x) = R_A x - qx \cdot \frac{x}{2} = \frac{ql}{2}x - \frac{qx^2}{2} \quad (0 \leqslant x \leqslant l) \tag{b}$$

(3) 作剪力图和弯矩图。

由式(a)知，剪力方程是 x 的一次函数，故剪力图是一条倾斜的直线，需确定其上两个截面的剪力值，于是，应选择 $A_右$ 和 $B_左$ 为特定截面，计算其剪力值就可以绘出此梁的剪力图，如图 8-12(b)所示。

由式(b)知，弯矩方程是 x 的二次函数，弯矩图为一条抛物线。为了画出此抛物线，至少须确定其上三、四个点，如 $x=0$ 处，$M=0$；$x=\frac{l}{4}$ 处，$M=\frac{3}{32}ql^2$；$x=\frac{l}{2}$ 处，$M=\frac{ql^2}{8}$；$x=l$ 处，$M=0$。通过这几个点可得梁的弯矩图如图 8-12(c)所示。

由剪力图和弯矩图可以看出，弯矩极值所在处为跨度中点横截面，$M_{max} = \frac{ql^2}{8}$，而在此截面上剪力 $F_Q = 0$。在两个支座内侧横截面上剪力最大，其值为 $|F_Q|_{max} = \frac{ql}{2}$。

由本例可以看出，在均布荷载连续作用的梁上，梁的剪力和弯矩均是横截面位置坐标 x 的连续函数。

例 8-3　如图 8-13(a)所示简支梁受集中力 F 作用，试作出梁的剪力图和弯矩图。

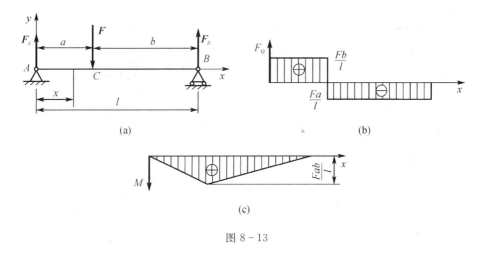

图 8-13

解　(1) 求支座反力。

取梁整体为研究对象，由静力平衡方程：

$$\sum M_B = 0 \Rightarrow -F_A l + Fb = 0$$

$$\sum M_A = 0 \Rightarrow F_B l - Fa = 0$$

解得

$$F_A = \frac{Fb}{l}, \ F_B = \frac{Fa}{l}$$

（2）列剪力方程和弯矩方程。

梁在 C 截面处有集中力作用，故 AC 段和 CB 段的内力方程不同，需要分段列出。

AC 段：
$$F_Q(x_1)=F_A=\frac{Fb}{l} \quad (0<x_1<a)$$

$$M(x_1)=F_Ax_1=\frac{Fb}{l}x_1 \quad (0\leqslant x_1\leqslant a)$$

CB 段：
$$F_Q(x_2)=-F_B=-\frac{Fa}{l} \quad (a<x_2<l)$$

$$M(x_2)=F_B(l-x_2)=\frac{Fa}{l}(l-x_2) \quad (a\leqslant x_2\leqslant l)$$

（3）作梁的内力图。

由 AC 段和 CB 段的剪力方程可知，AC 段梁的剪力图是一条在 x 轴上方的水平直线，CB 段梁的剪力图是一条在 x 轴下方的水平直线，梁的剪力图如图 8-13(b)所示。

由 AC 段和 CB 段的弯矩方程可知，两段梁的弯矩图均为斜直线。每段分别计算出两端截面的弯矩值后可画出弯矩图，如图 8-13(c)所示。

结论：在集中力作用处，剪力图发生突变，其突变值等于集中力的大小，弯矩图出现"尖角"，即弯矩图在此处的斜率发生改变。

例 8-4　如图 8-14(a)所示简支梁受集中力偶 M 作用，试作出梁的剪力图和弯矩图。

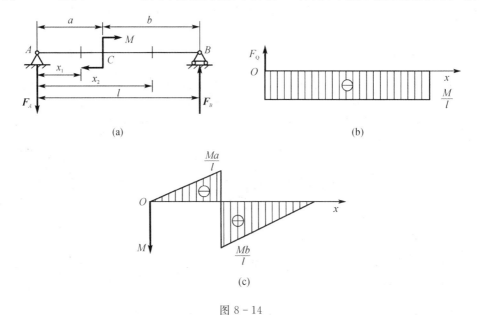

(a)　　　　　　　　　　　　　　　(b)

(c)

图 8-14

解　（1）求支座反力。

取梁整体为研究对象，由静力平衡方程：

$$\sum M_B=0 \Rightarrow F_Al-M=0$$

$$\sum M_A=0 \Rightarrow F_Bl-M=0$$

解得

$$F_A = \frac{M}{l}, \; F_B = \frac{M}{l}$$

（2）列剪力方程和弯矩方程。

梁在 C 截面处有集中力偶作用，故需要分段列出内力方程。

AC 段：
$$F_Q(x_1) = -F_A = -\frac{M}{l} \quad (0 < x_1 \leqslant a)$$

$$M(x_1) = -F_A x_1 = -\frac{M}{l} x_1 \quad (0 \leqslant x_1 < a)$$

CB 段：
$$F_Q(x_2) = -F_A = -\frac{M}{l} \quad (a \leqslant x_2 < l)$$

$$M(x_2) = -F_A x_2 + M = \frac{M}{l}(l - x_2) \quad (a < x_2 \leqslant l)$$

（3）作梁的内力图。

由于 AC 段、CB 段的剪力等于常数，其值均为 $\dfrac{M}{l}$，因此剪力图在全梁上为一条水平直线，如图 8-14(b)所示。

由于 AC 段、CB 段的 M 均为 x 的一次函数，可知两段梁的 M 图均为斜直线，求出各段梁两端截面的弯矩值，连以直线，即为梁的弯矩图，如图 8-14(c)所示。

结论：在集中力偶作用处，剪力图无变化，弯矩图出现突变，突变值等于集中力偶矩的大小。

8.2.3　荷载、剪力和弯矩的关系

考察图 8-15(a)所示承受任意荷载的梁。从梁上受分布荷载的段内截取 $\mathrm{d}x$ 微段，其受力如图 8-15(b)所示。作用在微段上的分布荷载可以认为是均布的，并设向上为正。微段两侧截面上的内力均设为正方向。若 x 截面上的内力为 $\boldsymbol{F}_Q(x)$、$M(x)$，则 $x+\mathrm{d}x$ 截面上的内力为 $\boldsymbol{F}_Q(x)+\mathrm{d}\boldsymbol{F}_Q(x)$、$M(x)+\mathrm{d}M(x)$。因为梁整体是平衡的，所以 $\mathrm{d}x$ 微段也应处于平衡。根据平衡条件 $\sum F_y = 0$ 和 $\sum M_C = 0$，得到

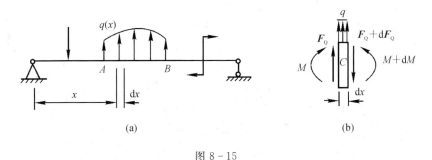

(a)　　　　　　　　(b)

图 8-15

$$F_Q(x) + q(x)\mathrm{d}x - \lfloor F_Q(x) + \mathrm{d}F_Q(x) \rfloor = 0$$

$$M(x) + \mathrm{d}M(x) - M(x) - F_Q(x)\mathrm{d}x - q(x)\frac{(\mathrm{d}x)^2}{2} = 0$$

略去其中的高阶微量后得到

$$\frac{\mathrm{d}F_Q(x)}{\mathrm{d}x} = q(x) \qquad\qquad (8-5)$$

$$\frac{\mathrm{d}M(x)}{\mathrm{d}x} = F_Q(x) \qquad\qquad (8-6)$$

利用式(8-5)和式(8-6)可进一步得出

$$\frac{\mathrm{d}^2 M(x)}{\mathrm{d}x^2} = q(x) \qquad\qquad (8-7)$$

式(8-5)、式(8-6)和式(8-7)是剪力、弯矩和分布荷载集度 q 之间的平衡微分关系。由导数的几何意义可知,剪力图上某点处的切线斜率等于梁上相应截面处的荷载集度;弯矩图上某点处的切线斜率等于梁上相应截面的剪力。

根据上述微分关系,由梁上荷载的变化即可推知剪力图和弯矩图的形状。例如:

(1) 若某段梁上无分布荷载,即 $q(x)=0$,则该段梁的剪力 $F_Q(x)=C$(C 为常量),剪力图为平行于 x 轴的直线;而弯矩 $M(x)$ 为 x 的一次函数,弯矩图为斜直线。当剪力为正值时,在本书规定的坐标中(剪力轴向上为正,弯矩轴向下为正),弯矩图从左到右斜向下,反之亦然。

(2) 若某段梁上的分布荷载 $q(x)=q$(q 为常量),则该段梁的剪力 $F_Q(x)$ 为 x 的一次函数,剪力图为斜直线;而弯矩 $M(x)$ 为 x 的二次函数,弯矩图为抛物线。当 $q<0$(q 向下)时,剪力图从左到右斜向下,弯矩图为向下凸的抛物线,反之亦然。

(3) 在集中力作用处,剪力图有跳跃(突变),且从左至右跳跃的方向与外力的指向一致,跳跃值等于集中力的大小;而弯矩值在该处连续,且弯矩图在此处有尖角。

(4) 在集中力偶作用处,剪力图无突变,弯矩图在该处有跳跃(突变),当集中力偶为顺时针转动时,弯矩图从左到右向下跳跃,跳跃值等于集中力偶的大小,反之亦然。

(5) 最大弯矩可能发生在集中力、集中力偶或剪力为零的截面上。

将上述弯矩、剪力和分布荷载集度的关系汇总为表8-1。

表 8-1 在几种荷载作用下剪力、弯矩图的特征

一段梁上的外力情况	向下的均布荷载	无荷载	集中力	集中力偶
剪力图的特征	从左至右向下倾斜的直线	水平直线或与基线重合	在集中力处,左、右截面上剪力有突变,从左向右剪力突变的方向与集中力指向一致	在集中力偶处,左、右截面上的剪力无变化

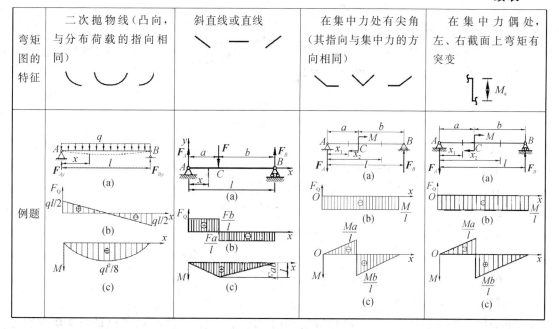

| 弯矩图的特征 | 二次抛物线（凸向，与分布荷载的指向相同） | 斜直线或直线 | 在集中力处有尖角（其指向与集中力的方向相同） | 在集中力偶处，左、右截面上弯矩有突变 |

利用以上关系，除可以校核已作出的剪力图和弯矩图是否正确外，还可以利用微分关系绘制剪力图和弯矩图，而不必再建立剪力方程和弯矩方程，其步骤如下：

（1）求支座反力。

（2）考察分段点，给梁分段。

（3）根据微分关系确定各段剪力图和弯矩图的大致形状。

（4）求特定截面的剪力、弯矩，绘剪力图和弯矩图。

（5）用微分关系对剪力图和弯矩图进行校核。

例 8 - 5 如图 8 - 16(a)所示的外伸梁上，受均布荷载集度 $q = 3 \text{ kN/m}$，集中力偶矩 $M_e = 3 \text{ kN/m}$ 作用，试作剪力图和弯矩图。

解 （1）求支座反力。

由平衡方程得

$$F_{Ay} = 14.5 \text{ kN}, \ F_{By} = 3.5 \text{ kN}$$

（2）考察分段点，给梁分段。

A、D 为分段点，将梁分为 CA、AD、DB 三段。

（3）画剪力图和弯矩图。

剪力图大致形状：CA、AD 段梁上有向下的均布荷载，故 CA、AD 的剪力图分别为两段斜直线，且从左至右斜向下，由于两段梁上作用的均布荷载的分布集度相同，故两条斜直线的斜率相同，但在 A 截面有向上作用的集中力，剪力在该截面发生突变，剪力图从左至右向上跳跃；DB 段梁上无荷载，剪力图为一水平直线。

计算特定截面剪力值分别为

$$F_{QA左} = -3 \times 2 = -6 \text{ kN}$$

$$F_{QA右} = -6 + 14.5 = 8.5 \text{ kN}$$

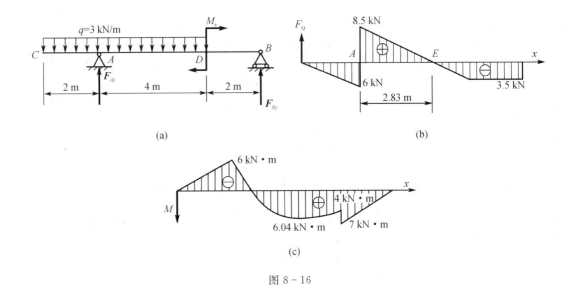

图 8 - 16

$$F_{QD} = 14.5 - 3 \times 6 = -3.5 \text{ kN}$$

按以上分析和计算结果绘剪力图，如图 8 - 16(b)所示。

弯矩图的大致形状：CA、AD 段梁上有向下的均布荷载，故 CA、AD 的弯矩图分别为两段向下凸的抛物线；DB 段梁上无荷载，弯矩图为一条斜直线，其倾斜方向要根据该段梁剪力的正负号来判定。此外，D 截面有顺时针转的集中力偶，弯矩在该截面发生突变，且弯矩图从左至右向上跳跃。剪力在 A 截面突变，弯矩图在该截面连续，但有尖角。

计算特定截面弯矩值分别为

$$M_A = -3 \times 2 \times 1 = -6 \text{ kN} \cdot \text{m}$$

$$M_{D左} = 14.5 \times 4 - \frac{1}{2} \times 3 \times 6^2 = 4 \text{ kN} \cdot \text{m}$$

$$M_{D右} = 3.5 \times 2 = 7 \text{ kN} \cdot \text{m}$$

根据剪力图可以看出，E 点剪力等于零，弯矩出现极值。先计算 E 到 A 的距离为 $\dfrac{8.5}{3} =$ 2.83 m，再按 $M_E = 14.5 \times 2.83 - \dfrac{1}{2} \times 3 \times (2+2.83)^2 = 6.04 \text{ kN} \cdot \text{m}$ 求出 E 截面上的弯矩极值。

按以上分析和计算结果绘弯矩图，如图 8 - 16(c)所示。由剪力图、弯矩图可知：$F_{Qmax} = 8.5 \text{ kN}$。

8.3　梁的应力和强度条件

8.3.1　梁的正应力及其强度条件

1. 纯弯曲与横力弯曲

为了解决梁的强度计算问题，在求解内力的基础上，还必须进一步研究横截面上的应力。如果直梁发生平面弯曲时,横截面上同时存在剪力和弯矩,这种弯曲称为**横力弯曲**。由于剪力是横截面切向分布内力的合力,弯矩是横截面法向分布内力的合力偶矩,因此,横力弯曲时,梁横截面上同时存在切应力 τ 和正应力 σ。当横截面上只有弯矩而无剪力时,这种弯曲称为**纯弯曲**。实践和理论都证明,弯矩是影响梁的强度和变形的主要因素。因此,我们先讨论 F_Q 等于零、M 为常数的纯弯曲问题。如图 8 - 17 所示,梁的 CD 段为纯弯曲,其余部分则为横力弯曲。

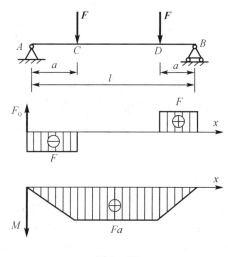

图 8 - 17

2. 纯弯曲时横截面上的正应力

与圆轴扭转相似,分析纯弯曲梁横截面上的正应力,同样需要综合考虑变形、物理和静力学三方面的关系。

1) 变形几何关系

考察等截面直梁。加载前在梁表面画上与轴线垂直的横线和与轴线平行的纵线,如图 8 - 18(a)所示,然后在梁的两端纵向对称面内施加一对力偶,使梁发生弯曲变形,如图 8 - 18(b)所示,可以发现梁表面变形具有如下特征:

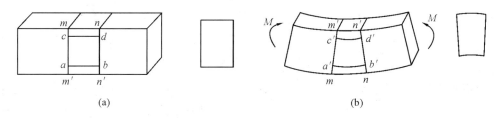

(a)　　　　　　　　　　　　　　　(b)

图 8 - 18

(1) 梁表面的横向线变形后仍为直线,只是转动了一个小角度。

(2) 梁表面的纵向线变形后均成为曲线,但仍与转动后的横向线保持垂直,且靠近凹边的纵向线缩短,而靠近凸边的纵向线伸长。

依据梁表面的上述变形现象,考虑到材料的连续性、均匀性,以及从梁的表面到其内部并无使其变形突变的作用因素，可以由表及里对梁的变形做如下假设：

（1）平面假设：即变形前为平面的横截面，变形后仍为平面，且仍与弯曲后的纵向线保持垂直，只是绕横截面内某根轴转过了一个角度。

（2）单向受力假设：即将梁设想成由众多平行于梁轴线的纵向纤维组成，在梁内，各纵向纤维之间无挤压，仅承受拉应力或压应力。

根据上述假设，梁弯曲时，一部分纤维伸长，另一部分纤维缩短，其间必存在一个既不伸长也不缩短的过渡层，称为中性层。中性层与横截面的交线称为中性轴，如图 8-19 所示。联系到前述关于梁变形的平面假设可知，梁弯曲时，横截面即绕其中性轴转动。

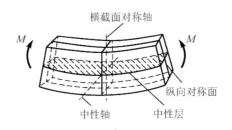

图 8-19

上面对梁的变形做了定性分析。为了取得弯曲正应力的计算公式，还需对与弯曲正应力有关的纵向线应变做定量分析。为此，沿横截面的法线方向取 x 轴，如图 8-20(a)所示，用相距 dx 的左、右两个横截面 $m-m$ 与 $n-n$ 从梁中取出一微段，并在微段梁的横截面上取荷载作用面与横截面的交线为 y 轴（横截面的对称轴），取中性轴为 z 轴，由于中性轴垂直于荷载作用面，故 z 轴垂直于 y 轴，如图 8-20(b)所示。

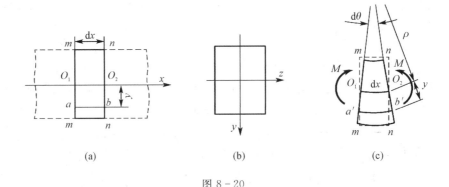

$$(a) \qquad\qquad (b) \qquad\qquad (c)$$

图 8-20

根据平面假设，微段梁变形后，其左、右横截面 $m-m$ 与 $n-n$ 仍保持平面，只是相对转动了一个角度 dθ，如图 8-20(c)所示。设微段梁变形后中性层 O_1O_2 的曲率半径为 ρ，由单向受力假设可知，平行于中性层的同一层上各纵向纤维伸长或缩短量相同。故距中性层 O_1O_2 为 y 的各点处的纵向线应变皆相等，并且可以用纵向线 ab 的纵向线应变来度量，即

$$\varepsilon = \frac{\widehat{ab} - \overline{ab}}{\overline{ab}} = \frac{(\rho + y)\mathrm{d}\theta - \rho\mathrm{d}\theta}{\rho\mathrm{d}\theta} = \frac{y}{\rho} \tag{8-8}$$

对任一指定横截面，ρ 为常量，因此，式(8-8)表明，横截面上任一点处的纵向线应变 ε 与该点到中性轴的距离 y 成正比，中性轴上各点处的线应变为零。

2）物理关系

根据单向受力假设，梁上各点处于单向应力状态。在应力不超过材料的比例极限即材料为线弹性，以及材料在拉(压)时弹性模量相同的条件下，由胡克定律，得

$$\sigma = E\varepsilon = E\,\frac{y}{\rho} \qquad\qquad (8-9)$$

对于指定的横截面，$\dfrac{E}{\rho}$ 为常量，因此式(8-9)表明横截面上一点处的正应力与该点到中性轴的距离成正比，即弯曲正应力沿横截面高度线性分布，中性轴上各点处的弯曲正应力为零，梁横截面的正应力分布规律如图 8-21 所示。

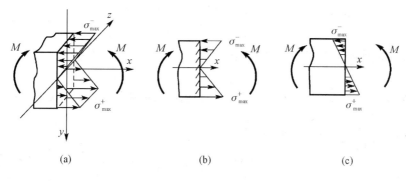

图 8-21

3）静力学方面

从弯曲段中取出一横截面，以中性轴为 z 轴，建立坐标系如图 8-22 所示，在横截面上，曲微面积 $\mathrm{d}A$ 上的正应力合力为 $\sigma\mathrm{d}A$。各处的 $\sigma\mathrm{d}A$ 形成一个与横截面垂直的空间平行力系，其简化结果应该与截面上的内力相等，即

$$\int_A \sigma\,\mathrm{d}A = 0 \qquad\qquad (8-10)$$

$$\int_A \sigma z\,\mathrm{d}A = 0 \qquad\qquad (8-11)$$

$$\int_A \sigma y\,\mathrm{d}A = M \qquad\qquad (8-12)$$

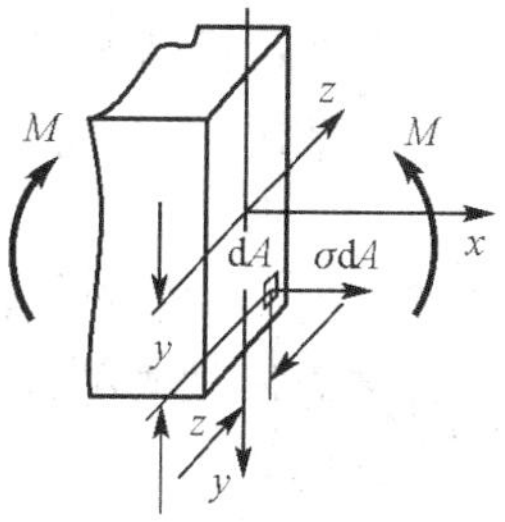

将式(8-9)代入式(8-10)得

$$\int_A E\,\frac{y}{\rho}\mathrm{d}A = \frac{E}{\rho}\int_A y\,\mathrm{d}A = \frac{E}{\rho}S_z = 0$$

图 8-22

式中，$S_z = \displaystyle\int_A y\,\mathrm{d}A$ 为截面 A 的静矩。由于 $\dfrac{E}{\rho}$ 不等于 0，故必须有

$$S_z = 0 \qquad\qquad (8-13)$$

这表明中性轴为截面的形心轴。

将式(8-9)代入式(8-11)得

$$\int_A E \frac{y}{\rho} z \, \mathrm{d}A = \frac{E}{\rho} \int_A yz \, \mathrm{d}A = \frac{E}{\rho} I_{yz} = 0$$

式中，$I_{yz} = \int_A yz \, \mathrm{d}A$ 为截面 A 对 y、z 轴的惯性积。所以有

$$I_{yz} = 0 \tag{8-14}$$

这表明，y、z 轴为横截面上一对相互垂直的主轴。由于 y 轴为横截面的对称轴，对称轴必为主轴，而 z 轴又通过横截面形心，所以 y、z 轴为形心主轴。

将式(8-9)代入(8-12)得

$$\int_A E \frac{y^2}{\rho} \mathrm{d}A = \frac{E}{\rho} \int_A y^2 \, \mathrm{d}A = \frac{E}{\rho} I_z = M$$

式中，$I_z = \int_A y^2 \, \mathrm{d}A$ 为截面 A 对 y、z 轴的惯性矩。所以有

$$\frac{1}{\rho} = \frac{M}{EI_z} \tag{8-15}$$

这是用曲率 $\dfrac{1}{\rho}$ 表示的梁弯曲变形的计算公式。它表示梁弯曲时，弯矩对其变形的影响，且梁的 EI_z 越大，曲率 $\dfrac{1}{\rho}$ 越小，故将乘积 EI_z 称为梁的弯曲刚度，它反映了梁抵抗弯曲变形的能力。

将式(8-15)代入式(8-9)得

$$\sigma = \frac{My}{I_z} \tag{8-16}$$

式(8-16)就是梁纯弯曲时弯曲正应力的计算公式。式(8-16)表明横截面上任意一点处的正应力与该截面的弯矩成正比，与截面对中心轴的惯性矩成反比，与点到中性轴的距离成正比，即沿截面高度线性分布，中性轴上各点处的正应力为零，如图 8-21 所示。

4) 纯弯曲公式的推广以及横力弯曲时横截面上的正应力

纯弯曲的情况只有在不考虑梁自重的影响时才有可能发生。工程中的梁大都属于横力弯曲的情况。对于横力弯曲的梁，由于剪力及切应力的存在，梁的横截面将不再保持平面而产生翘曲。此外，由于横向力的作用，在梁的纵向截面上还将产生挤压应力。但精确的理论分析表明，对于一般的细长梁(梁的跨度 l 与横截面高度 h 之比大于 5)，横截面上的正应力分布规律与纯弯曲时几乎相同[例如，对均布荷载作用下的矩形截面简支梁，当其跨度与截面高度之比大于 5 时，按式(8-16)所得的最大弯曲正应力的误差不超过 1%]，即切应力和挤压应力对正应力的影响很小，可以忽略不计。所以，纯弯曲的公式(8-15)、式(8-16)可以推广应用于横力弯曲时的细长梁。

例 8-6　工字形截面梁的尺寸及荷载情况如图 8-23(a)、(b)所示，试求截面 B 及截面 C 上 a、b 两点处的正应力；(2)作出截面 B、C 上正应力沿高度的分布规律图；(3)求梁的最大拉应力和最大压应力。

解　(1)求截面 B、截面 C 上 a、b 两点处的正应力。

① 求梁截面 B、截面 C 上的弯矩。作梁的弯矩图，如图 8-23(c)所示，可见，截面 C 为最大负弯矩所在截面，其弯矩(绝对值)为

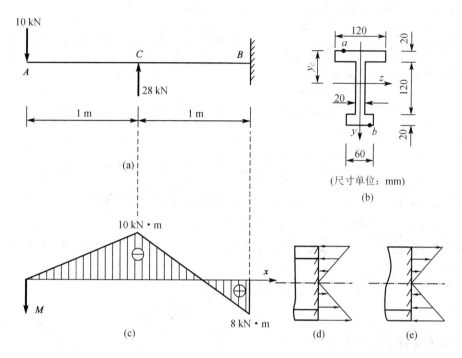

图 8 - 23

$$M_C = 10 \text{ kN} \cdot \text{m}$$

B 截面即为最大正弯矩所在截面，其弯矩为

$$M_B = 8 \text{ kN} \cdot \text{m}$$

② 确定中性轴的位置并计算截面对中性轴的惯性矩。按梁平面弯曲理论，中性轴为横截面上垂直于荷载作用面（即梁纵向对称面）的形心主轴。故要确定中性轴的位置，必须确定横截面形心的位置。由于该工字形截面关于 y 轴对称，如图 8 - 23(b)所示，故截面形心必位于 y 轴上。将该截面划分为上、中、下三个矩形，利用组合图形的形心位置计算方法可得该截面的形心到截面上边缘的距离为

$$y_C = \frac{\sum A_i y_i}{\sum A_i} = \frac{120 \times 20 \times 10 + 120 \times 20 \times 80 + 60 \times 20 \times 150}{120 \times 20 + 120 \times 20 + 60 \times 20} = 66 \text{ mm}$$

根据组合图形惯性矩的计算方法，利用惯性矩的平行移轴公式，可得该截面对中性轴的惯性矩为

$$I_z = \frac{120 \times 20^3}{12} + 120 \times 20 \times 56^2 + \frac{20 \times 120^3}{12} + 20 \times 120 \times 14^2 + \frac{60 \times 20^3}{12} + 60 \times 20 \times 84^2$$

$$= 19.46 \times 10^6 \text{ mm}^4 = 19.46 \times 10^{-6} \text{ m}^4$$

③ 计算截面 C、截面 B 上 a、b 两点处的正应力。

截面 C 上 a 点处的正应力为

$$\sigma_{Ca} = \frac{M_C y_a}{I_z} = \frac{10 \times 10^3 \times 66 \times 10^{-3}}{19.46 \times 10^{-6}} = 33.9 \times 10^6 \text{ Pa} = 33.9 \text{ MPa （拉应力）}$$

截面 C 上 b 点处的正应力为

$$\sigma_{Cb} = \frac{M_C y_b}{I_z} = \frac{10 \times 10^3 \times 94 \times 10^{-3}}{19.46 \times 10^{-6}} = 48.3 \times 10^6 \text{ Pa} = 48.3 \text{ MPa （压应力）}$$

截面 B 上 a 点处的正应力为

$$\sigma_{Ba} = \frac{M_B y_a}{I_z} = \frac{8 \times 10^3 \times 66 \times 10^{-3}}{19.46 \times 10^{-6}} = 27.13 \times 10^6 \text{ Pa} = 27.13 \text{ MPa （压应力）}$$

截面 B 上 b 点处的正应力为

$$\sigma_{Bb} = \frac{M_B y_b}{I_z} = \frac{8 \times 10^3 \times 94 \times 10^{-3}}{19.46 \times 10^{-6}} = 38.6 \times 10^6 \text{ Pa} = 38.6 \text{ MPa （拉应力）}$$

（2）绘制截面 B、截面 C 上正应力沿高度的分布规律图，如图 8 - 23(d)、(e)所示。

（3）确定最大正应力。

由③可知梁的最大拉应力发生在截面 B 的下边缘处，梁的最大压应力发生在截面 C 的下边缘处，其值分别为

$$\sigma_{\max}^+ = \sigma_{Bb} = 38.6 \text{ MPa}$$

$$\sigma_{\max}^- = \sigma_{Cb} = 48.3 \text{ MPa}$$

3. 梁的弯曲正应力强度条件

1）最大正应力

由式(8 - 16)可知，等直梁的最大弯曲正应力发生在最大弯矩所在的截面上距中性轴最远点各处（称为危险点），即

$$\sigma_{\max} = \frac{M_{\max} y_{\max}}{I_z} \tag{8-17}$$

令 $W_z = I_z / y_{\max}$，则式(8 - 17)可写为

$$\sigma_{\max} = \frac{M_{\max}}{W_z} \tag{8-18}$$

式中，W_z 仅与截面形状、尺寸有关，称为抗弯截面系数，其量纲为[长度]^3。

对于高为 h、宽为 b 的矩形截面，如图 8 - 24(a)所示，有

$$I_z = \frac{bh^3}{12}, \quad y_{\max} = \frac{h}{2}, \quad W_z = \frac{bh^2}{6}$$

对于直径为 d 的圆形截面，如图 8 - 24(b)所示，有

$$I_z = \frac{\pi d^4}{64}, \quad y_{\max} = \frac{d}{2}, \quad W_z = \frac{\pi d^3}{32}$$

对于外径为 D、内径为 d 的空心圆截面，如图 8 - 24(c)所示，有

$$I_z = \frac{\pi}{64}(D^4 - d^4), \quad y_{\max} = \frac{D}{2}, \quad W_z = \frac{\pi D^3}{32}\left[1 - \left(\frac{d}{D}\right)^4\right]$$

对于各种型钢截面，其抗弯截面系数可从型钢规格表中查到。

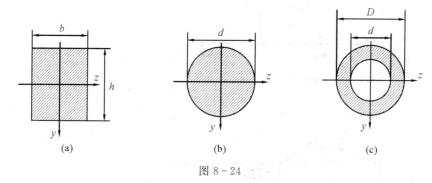

图 8 - 24

2）正应力强度条件

对于工程中常见的细长梁，强度的主要控制因素是弯曲正应力。为了保证梁的安全，必须控制梁内最大弯曲正应力 σ_{max} 不超过材料的弯曲许用应力 $[\sigma]$，即等直梁的弯曲正应力强度条件为

$$\sigma_{max} = \frac{M_{max}}{W_z} \leqslant [\sigma] \tag{8-19}$$

对于由脆性材料制成的梁，因其抗拉强度与抗压强度差别很大，因此，按弯曲正应力强度条件要求，梁上最大拉应力 σ_{max}^+ 和最大压应力 σ_{max}^- 不得超过材料各自的弯曲许用应力 $[\sigma^+]$ 和 $[\sigma^-]$，即

$$\sigma_{max}^+ = \frac{M_{max} y_{max}^+}{I_z} \leqslant [\sigma^+] \tag{8-20}$$

$$\sigma_{max}^- = \frac{M_{max} y_{max}^-}{I_z} \leqslant [\sigma^-] \tag{8-21}$$

式中，y_{max}^+ 与 y_{max}^- 分别代表最大拉应力 σ_{max}^+ 与最大压应力 σ_{max}^- 所在点距中性轴的距离。

危险界面并非一定发生在弯矩最大的截面处，因此，需要对正负弯矩最大的两个截面进行校核。

例 8 - 7 如图 8 - 25 所示⊥形截面铸铁梁。已如 $a = 2$ m，梁横截面形心至上边缘、下边缘的距离分别为 $y_1 = 120$ mm，$y_2 = 80$ mm，截面对中性轴的惯性矩为 $I_z = 52 \times 10^6$ mm⁴，铸铁材料的许用拉应力 $[\sigma^+] = 30$ MPa，许用压应力 $[\sigma^-] = 70$ MPa。试求此梁的许用荷载 $[F]$。

解 （1）求梁的最大弯矩。

作梁的弯矩图如图 8 - 25(b)所示，可见，最大负弯矩位于截面 A 上，最大正弯矩位于截面 D 上，其弯矩绝对值分别为

$$M_A = \frac{Fa}{2}, \quad M_D = \frac{Fa}{4}$$

（2）求梁的许可荷载 $[F]$。

对于截面 A，有

$$\sigma_{max}^+ = \frac{M_A y_{max}^+}{I_z} = \frac{M_A y_1}{I_z} = \frac{\dfrac{F}{2} \times 2 \times 120 \times 10^{-3}}{52 \times 10^6 \times 10^{-12}} \leqslant [\sigma^+] = 30 \times 10^6$$

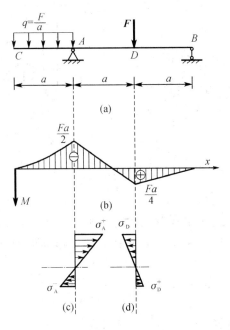

图 8-25

可得

$$F \leqslant 13 \times 10^3 \text{ N} = 13 \text{ kN}$$

$$\sigma_{max}^- = \frac{M_A y_{max}^-}{I_z} = \frac{M_A y_2}{I_z} = \frac{\dfrac{F}{2} \times 2 \times 80 \times 10^{-3}}{52 \times 10^6 \times 10^{-12}} \leqslant [\sigma^+] = 70 \times 10^6$$

可得

$$F \leqslant 45.5 \times 10^3 \text{ N} = 45.5 \text{ kN}$$

对于截面 D，有

$$\sigma_{max}^+ = \frac{M_D y_{max}^+}{I_z} = \frac{M_D y_2}{I_z} = \frac{\dfrac{F}{4} \times 2 \times 80 \times 10^{-3}}{52 \times 10^6 \times 10^{-12}} \leqslant [\sigma^+] = 30 \times 10^6$$

可得

$$F \leqslant 39 \times 10^3 \text{ N} = 39 \text{ kN}$$

$$\sigma_{max}^- = \frac{M_D y_{max}^-}{I_z} = \frac{M_D y_1}{I_z} = \frac{\dfrac{F}{4} \times 2 \times 120 \times 10^{-3}}{52 \times 10^6 \times 10^{-12}} \leqslant [\sigma^+] = 70 \times 10^6$$

可得

$$F \leqslant 60.7 \times 10^3 \text{ N} = 60.7 \text{ kN}$$

实际上，由于 $|M_A| > |M_B|$，$y_1 > y_2$，因此，可直接判断出最大拉应力发生在截面 A 上边缘处，最大压应力发生在截面 A 下边缘还是截面 D 上边缘，则需要计算后才能够确定。

8.3.2 梁的切应力及其强度条件

1. 矩形截面梁的弯曲切应力

如图 8-26 所示的矩形截面梁，当截面的高度 h 大于宽度 b 时，可作如下假设：
（1）横截面上各点的切应力皆平行于剪力 $\boldsymbol{F}_Q$ 或截面侧边，如图 8-26(c) 所示。
（2）切应力沿截面宽度均匀分布，即离中性轴等远的各点处的切应力相等。

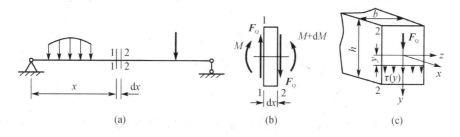

图 8-26

现用相距 dx 的两个横截面 $1-1$ 与 $2-2$ 从梁[见图 8-26(a)]中截取一微段并放大，如图 8-26(b) 所示。由于微段梁上无荷载，故在横截面 $1-1$ 与 $2-2$ 上，剪力大小相等，均为 F_Q，而弯矩不等，分别为 M 和 $M+dM$。因此，在微段梁左、右横截面 $1-1$ 与 $2-2$ 上距中性轴等远的对应点处，切应力大小相等，以 $\tau(y)$ 表示，而正应力不等，可分别用 σ_1 与 σ_2 表示，如图 8-27(a) 所示。为了得到横截面上距中性轴为 y 的各点处的切应力 $\tau(y)$，再用一个距中性层为 y 的纵向截面 $m-n$ 将此微段梁截开，取其下部的微块[见图 8-27(b)]作为研究对象。设微块横截面 m_1 与横截面 n_2 的面积为 A^*，则在横截面 m_1 上作用着由法向微内力 $\sigma_1 dA$[见图 8-27(c)]所组成的合力 $\boldsymbol{F}_1^*$（其方向平行于 x 轴），其值为

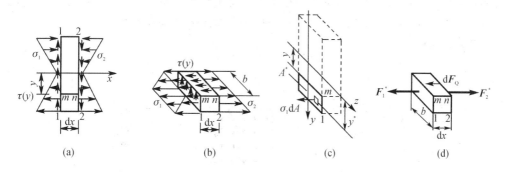

图 8-27

$$F_1^* = \int_{A^*} \sigma_1 dA = \int_{A^*} \frac{My^*}{I_z} dA = \frac{M}{I_z} \int_{A^*} y^* dA = \frac{M}{I_z} S_z^* \qquad (8-22)$$

式中，$S_z^* = \int_{A^*} y^* dA$ 为微块横截面 A^* 对中性轴的静矩。

同理，在微块的横截面 n_2 上也作用着由微内力 $\sigma_2 dA$ 所组成的合力 $\boldsymbol{F}_2^*$，其值为

$$F_2^* = \frac{M + \mathrm{d}M}{I_z} S_z^* \qquad\qquad (8-23)$$

此外，根据切应力互等定理，并结合上述两个假设，以及微段梁上无荷载因而任一横截面上剪力相同的情况可知，在微块的纵向截面 $m-n$ 上作用着均匀分布且与 $\tau(y)$ 大小相等的切应力 τ'，如图 $8-27(b)$ 所示，故该截面上切向内力系的合力为

$$\mathrm{d}F_Q = \tau(y) b \,\mathrm{d}x \qquad\qquad (8-24)$$

F_1^*，F_2^* 及 $\mathrm{d}F_Q$ 的方向都平行于 x 轴，如图 $8-27(d)$ 所示，应满足平衡条件 $\sum F_x = 0$，即

$$F_2^* - F_1^* - \mathrm{d}F_Q = 0 \qquad\qquad (8-25)$$

将式 $(8-22)$、式 $(8-23)$、式 $(8-24)$ 代入式 $(8-25)$ 中，并利用式 $(8-6)$ 可得

$$\tau(y) = \frac{F_Q S_z^*}{I_z b} \qquad\qquad (8-26)$$

式 $(8-26)$ 即为矩形截面上任一点的弯曲切应力的计算公式。式中，F_Q 为横截面上的剪力；b 为所求点处截面宽度；I_z 为整个横截面对中性轴的惯性矩；S_z^* 为所求点坐标 y 处截面宽度一侧的部分截面对中性轴的静矩。

对于矩形截面，由图 $8-28(a)$，有

$$S_z^* = A^* y_C^* = b\left(\frac{h}{2} - y\right) \times \frac{1}{2}\left(\frac{h}{2} + y\right) = \frac{b}{2}\left(\frac{h^2}{4} - y^2\right) \qquad (8-27)$$

其值随所求点距中性轴的距离 y 的不同而改变。

将式 $(8-27)$ 及 $I_z = \dfrac{bh^3}{12}$ 代入式 $(8-26)$，得

$$\tau(y) = \frac{3F_Q}{2bh}\left(1 - \frac{4y^2}{h^2}\right) \qquad\qquad (8-28)$$

这表明，在矩形截面上，弯曲切应力沿高度按二次抛物线分布，如图 $8-28(c)$ 所示。在横截面上下边缘各点处，弯曲切用力为零，在中性轴处各点弯曲切应力最大，其值为

$$\tau_{\max} = \frac{3F_Q}{2bh} = \frac{3F_Q}{2A} \qquad\qquad (8-29)$$

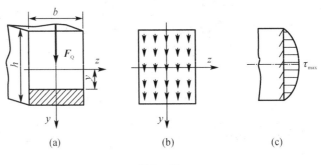

(a)　　　　　　　　(b)　　　　　　　　(c)

图 $8-28$

2. 其他常见截面梁的弯曲切应力

1）工字形截面

工字形截面由腹板和上、下翼缘构成，腹板上的切应力方向与剪力相同，和矩形截面梁的切应力公式推导相似，其切应力公式为

$$\tau = \frac{F_Q S_z^*}{d I_z} \tag{8-30}$$

式中，d 为腹板厚度，S_z^* 为所求切应力点水平线以下部分，即图 8-29(a)中阴影部分对中性轴的静距。

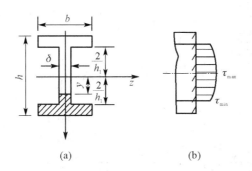

图 8-29

工字形截面腹板上的应力按二次抛物线形分布，如图 8-29(b)所示，可见腹板上的牵引力变化不大。计算结果表明，横截面上的剪力 F_Q 几乎全部为腹板所承担，所以，也可用腹板面积除剪力来近似计算腹板的切应力，即

$$\tau = \frac{F_Q}{h_1 \delta} \tag{8-31}$$

2）圆形和薄壁圆环形截面

对于这一类截面，不能照搬矩形截面梁对牵引力所做的假设，但研究表明，这类截面的最大切应力仍然发生在中性轴上，因此可以认为在中性轴上各点切应力大小相等，方向平行于剪力 F_Q，其最大值分别为

$$\tau_{\max} = \frac{4F_Q}{3A} \quad （圆形截面） \tag{8-32}$$

$$\tau_{\max} = \frac{2F_Q}{A} \quad （薄壁圆环形截面） \tag{8-33}$$

3. 弯曲切应力强度条件

一般情况下，等直梁在横力弯曲时，最大弯曲切应力 $\tau_{\max}$ 发生在剪力最大 $F_{Q\max}$ 所在的截面（称为危险截面）的中心轴各点（称为危险点）处，其计算公式为

$$\tau_{\max} = \frac{F_{Q\max} S_{z\max}^*}{I_z b} \leqslant [\tau] \tag{8-34}$$

式中，$F_{Q\max}$ 为全梁的最大剪力；I_z 为整个截面对中性轴 z 的惯性矩；b 为横截面在中性轴处的宽度；$S_{z\max}^*$ 为中性轴一侧的横截面面积对中性轴的静距（对于轧制型钢，式中 $I_z / S_{z\max}^*$ 可以从型钢规格表中查到）。

例 8 - 8　简支梁 AB 如图 8 - 30(a)所示，$l=2$ m，$a=0.2$ m。梁上的荷载 $q=10$ kN/m，$F=200$ kN。材料的许用应力为$[\sigma]=160$ MPa，$[\tau]=100$ MPa。试选择适用的工字钢型号。

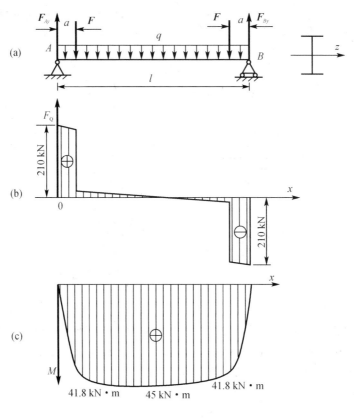

图 8 - 30

解　(1) 计算支反力，得内力图，如图 8 - 30(a)所示。

(2) 画剪力图和弯矩图，如图 8 - 30(b)和 8 - 30(c)所示。

(3) 根据最大弯矩选择工字钢型号。$M_{\max}=45$ kN · m，由正应力强度条件，得

$$W_z=\frac{M_{\max}}{[\sigma]}=\frac{45\times10^3}{160\times10^6}=281\times10^{-6}\ \text{m}^3=281\ \text{cm}^3$$

查型钢表，选用 22a 工字钢，其 $W_z=309$ cm³。

(4) 校核梁的切应力。

由表中查出，$\dfrac{I_z}{S_z^*}=18.9$ cm，腹板厚度 $d=0.75$ cm。由剪力图知 $F_{Q\max}=210$ kN。代入切应力强度条件，有

$$\tau_{\max}=\frac{F_{Q\max}S_{z\max}^*}{I_z d}=\frac{210\times10^3}{18.9\times10^{-2}\times0.75\times10^{-2}}=148\ \text{MPa}>[\tau]=100\ \text{MPa}$$

由于 $\tau_{\max}$ 超过$[\tau]$很多，应重新选择更大的截面。现以 25b 工字钢进行试算。由表查出，$\dfrac{I_z}{S_z^*}=21.3$ cm，$d=1$ cm。再次进行切应力校核，有

$$\tau_{max} = \frac{210 \times 10^3}{21.3 \times 10^{-2} \times 10^{-2}} = 98.6 \text{ MPa} < [\tau]$$

因此，要同时满足正应力和切应力强度条件，应选用型号为 25b 的工字钢。

8.3.3　提高梁弯曲强度的措施

由于弯曲正应力是影响弯曲强度的主要因素，因此，根据弯曲正应力的强度条件：

$$\sigma_{max} = \frac{M_{max}}{W_z} \leqslant [\sigma]$$

可以看出，提高弯曲强度的措施主要是从三方面考虑：减小最大弯矩、合理设计梁的截面和采用等强度梁。

1. 减小最大弯矩

1）改变加载的位置或加载方式

可以通过改变加载位置或加载方式达到减小最大弯矩的目的。如当集中力作用在简支梁跨度中间时，如图 8-31(a)所示，其最大弯矩为 $\frac{1}{4}Fl$；当荷载的作用点移到梁的一侧，如距左侧 $\frac{1}{6}l$ 处，如图 8-31(b)所示，则最大弯矩变为 $\frac{5}{36}Fl$，是原最大弯矩的 0.56 倍。当荷载的位置不能改变时，可以把集中力分散成较小的力，或者改变成分布荷载，从而减小最大弯矩。例如，利用副梁把作用于跨中的集中力分散为两个集中力，如图 8-31(c)所示，而使最大弯矩降低为 $\frac{1}{8}Fl$。利用副梁来分散荷载、减小最大弯矩，是工程中经常采用的方法。

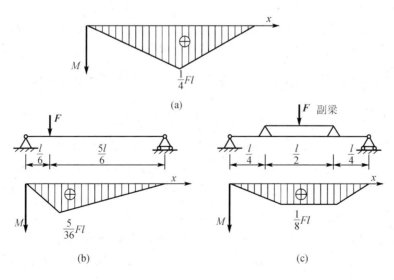

图 8-31

2）改变支座的位置

可以通过改变支座的位置来减小最大弯矩。例如，图 8-32(a)所示受均布荷载的简支梁，$M_{\max}=\dfrac{1}{8}ql^2=0.125ql^2$。若将两端支座各向里移动 $0.2l$，如图 $8-32(\mathrm{b})$ 所示，则最大弯

矩减小为 $M_{\max}=\dfrac{1}{40}ql^2=0.025ql^2$，只及前者的 $\dfrac{1}{5}$。

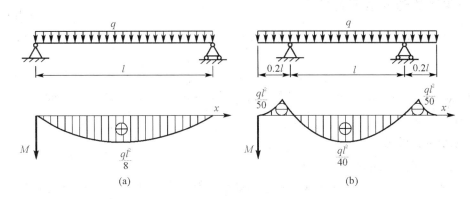

图 $8-32$

2. 合理设计梁的截面

梁承受的 $M_{\max}$ 与抗弯截面系数 W_z 成正比，W_z 越大越有利。例如，高度 h 大于宽度 b 的矩形截面梁，当其截面竖放时，$W_{z1}=\dfrac{bh^2}{6}$；当其截面平放时，$W_{z2}=\dfrac{hb^2}{6}$。二者之比为

$$\frac{W_{z1}}{W_{z2}}=\frac{h}{b}>1$$

所以，竖放比横放有较高的抗弯强度，更为合理。因此，房屋和桥梁等建筑物中的矩形截面梁一般都是竖放的。

另一方面，使用材料的多少和自重的大小与截面面积 A 成正比，面积越小，用的材料就越少，越轻巧。因而合理的截面形状应该是截面面积 A 较小，而抗弯截面系数 W_z 较大。所以用比值 $\dfrac{W_z}{A}$ 来衡量截面形状的合理性和经济性。比值 $\dfrac{W_z}{A}$ 较大，则截面的形状就较为经济合理。而增加 $\dfrac{W_z}{A}$ 比值的途径有两种：① 变实体截面为空体；② 增加截面高度。这是因为弯曲时梁截面上离中性轴越远处，正应力越大。为了充分利用材料，尽可能地把材料放置到离中性轴较远处。当面积相同时，对比材料布置的特点可知，工字形最为合理，矩形次之，圆形最差。因此，工程上广泛采用工字形、槽形、环形、箱形等截面形状的抗弯构件。

3. 采用等强度梁

对于等截面梁，除 $M_{\max}$ 所在截面的最大正应力达到材料的许用应力外，其余截面的应力均小于甚至远小于许用应力。因此，为了节省材料，减轻结构的重量，可采用截面尺寸沿梁轴线变化的变截面梁。

若使变截面梁每个截面上的最大正应力都等于材料的许用应力，则这种梁称为 **等强度梁**。按等强度梁的要求，应有

$$W(x) = \frac{M(x)}{[\sigma]} \tag{8-35}$$

因此，可根据弯矩变化规律来确定等强度梁的截面变化规律。

考虑到加工的经济性及其他工艺要求，工程实际中只能做成近似的等强度梁。例如，机械设备中的阶梯轴[见图 8-33(a)]、工业厂房中的鱼腹梁[见图 8-33(b)]及摇臂钻床的摇臂[见图 8-33(c)]等。

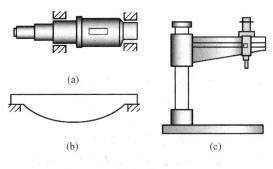

图 8-33

8.4　梁的变形和刚度条件

8.4.1　梁的位移

根据对梁所作的平面假设，梁横截面仍垂直于变形后的轴线，即垂直于挠曲线。这样，每个横截面将同时发生线位移和角位移。用横截面形心的位移来度量其线位移，如图 8-34 所示，梁轴线上任一点 C（即横截面形心）变形后移到了 C'。由于梁的变形很小，则可略去 C 点沿 x 方向的线位移，从而认为线位移 CC' 垂直于变形前梁的轴线。把梁横截面的形心在垂直于变形前轴线方向的线位移称为该截面的**挠度**，用 w 表示。挠度 w 是截面位置 x 的函数，故挠曲线的方程式可以表示为

$$w = f(x) \tag{8-36}$$

在图 8-34 所示的坐标系下，向下的挠度为正，反之为负。

横截面在产生线位移的同时，还绕中性轴转动了一个角度，梁的横截面相对于原来位置转过的角度称为该截面的**转角**，用 θ 表示。

由于在工程实际中，梁的变形很小，θ 是极小的角度，因此 $\tan\theta \approx \theta$，转角与挠度之间的关系为

$$\theta \approx \tan\theta = \frac{\mathrm{d}w}{\mathrm{d}x} = w'(x) \tag{8-37}$$

式(8-37)称为**转角方程**。

在图 8-34 所示的坐标系下，规定自 x 轴顺时针转至切线方向（即横截面绕中性轴顺时针转动）为正，反之为负。求得挠曲线方程后，就能确定梁任一横截面的挠度及转角的大小和方向。因此，研究梁的挠度和转角的关键是确定梁的挠曲线方程。

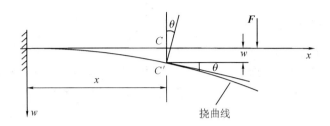

图 8 - 34

8.4.2　梁的挠曲线近似微分方程

在前面,已经建立了梁在纯弯曲时的曲率表达式(8-15),即

$$\frac{1}{\rho} = \frac{M}{EI_z}$$

横力弯曲时,对于细长梁,由剪力引起的挠度很小,可以忽略不计。则上式也可推广应用于横力弯曲,只是弯矩和曲率都随梁截面位置而变化,都是坐标 x 的函数,于是,不失一般性地省去 I_z 的下标 z。因此,应将上式改写为

$$\frac{1}{\rho(x)} = \frac{M(x)}{EI}$$

而由高等数学微分几何学可知,平面曲线的曲率为

$$\frac{1}{\rho(x)} = \pm \frac{\dfrac{\mathrm{d}^2 w}{\mathrm{d}x^2}}{\left[1 + \left(\dfrac{\mathrm{d}w}{\mathrm{d}x}\right)^2\right]^{\frac{3}{2}}} \tag{8-38}$$

式中,正负号与坐标系的选择及弯矩的正负号规定有关。若采用图 8-35 所示的坐标系,并根据弯矩 M 的正负号规定,可以看出弯矩 M 与 w'' 的符号总是相反的,所以式(8-38)应取负号,即

$$\frac{\dfrac{\mathrm{d}^2 w}{\mathrm{d}x^2}}{\left[1 + \left(\dfrac{\mathrm{d}w}{\mathrm{d}x}\right)^2\right]^{3/2}} = -\frac{M(x)}{EI} \tag{8-39}$$

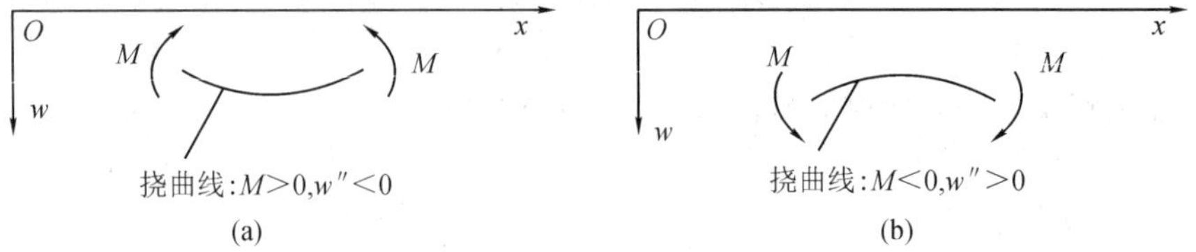

挠曲线:$M>0, w''<0$　　　　挠曲线:$M<0, w''>0$

(a)　　　　　　　　　　　　　(b)

图 8 - 35

在小变形的条件下,w'' 可以忽略不计,式(8-39)可近似为

$$\frac{\mathrm{d}^2 w}{\mathrm{d}x^2} = -\frac{M(x)}{EI} \tag{8-40}$$

式(8-40)称为**梁挠曲线近似微分方程**，适用于理想线弹性材料制成的细长梁的小变形问题。

8.4.3 用积分法求梁的位移

对于等截面直梁，EI 为常量，将式(8-40)两边积分一次得转角方程为

$$\theta = w' = -\int \frac{M(x)}{EI} dx + C \tag{8-41}$$

将(8-41)两边积分一次得挠曲线方程为

$$w = -\int \left[\int \frac{M(x)}{EI} dx \right] dx + Cx + D \tag{8-42}$$

求解时，按弯矩方程分段列挠曲线近似微分方程。对于阶梯梁，也应在截面突变处分段计算。

在式(8-41)、式(8-42)中，C、D 为积分常数。

积分常数可通过梁的位移边界条件来确定。

1) 约束条件

在图 8-36(a)中，简支梁左、右两铰支座处的挠度为零，即

$$x=0, \quad w_A=0; \quad x=l, \quad w_B=0$$

在图 8-36(b)中，悬臂梁固定端处的挠度和转角皆为零，即

$$x=0, \quad w_A=0; \quad x=0, \theta_A=0$$

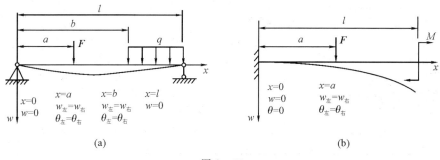

图 8-36

2) 位移连续条件

挠曲线是一条光滑而连续的曲线，因此，在挠曲线的任一点上，有唯一确定的挠度和转角。对于梁内距坐标原点为 a 的某一截面，由该截面以左梁段和右梁段求得的挠度和转角值是相等的，知

$$x=a, \quad w_左 = w_右, \quad \theta_左 = \theta_右$$

对于荷载无突变的情形，梁上的弯矩可以用一个函数来描述，则式(8-41)、式(8-42)中将仅有两个积分常数，它们由梁的边界条件确定。

对于荷载有突变(集中力、集中力偶、分布荷载始末端)的情况，弯矩方程需要分段描述，对式(8-41)、式(8-42)必须分段积分，每增加一段就多出两个积分常数。确定积分常数时，除了要利用位移边界条件，还需要利用位移连续条件。

此外，如果截面突变，抗弯刚度不同，也应分段求解。

例 8-9　如图 8-37 所示，简支梁在 C 点作用一集中力 F，试讨论这一简支梁的弯曲变形。

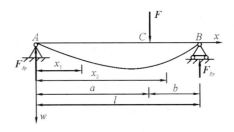

图 8-37

解　（1）求支反力，有

$$F_{Ay}=\frac{Fb}{l}, \quad F_{By}=\frac{Fa}{l}$$

（2）列出弯矩方程。

AC 段：$M(x_1)=\frac{Fb}{l}x_1 \quad (0\leqslant x_1\leqslant a)$

BC 段：$M(x_2)=\frac{Fb}{l}x_2-F(x_2-a) \quad (a\leqslant x_2\leqslant l)$

（3）分段列出挠曲线近似微分方程并积分。

AC 段$(0\leqslant x_1\leqslant a)$	CB 段$(a\leqslant x_2\leqslant l)$
$EIw_1''=-M(x_1)=-\dfrac{Fb}{l}x_1$	$EIw_2''=-M(x_2)=-\dfrac{Fb}{l}x_2+F(x_1-a)$
$EIw_1'=-\dfrac{Fbx_1^2}{l\,2}+C_1$ 　　(a)	$EIw_2'=-\dfrac{Fbx_2^2}{l\,2}+F\dfrac{(x_2-a)^2}{2}+C_2$ 　(c)
$EIw_1=-\dfrac{Fbx_1^3}{l\,6}+C_1x_1+D_1$ 　(b)	$EIw_2=-\dfrac{Fbx_2^3}{l\,6}+F\dfrac{(x_2-a)^2}{6}+C_2x_2+D_2$ 　(d)

（4）确定积分常数。

两段梁积分后共有四个积分常数，须利用位移边界条件和连续条件来确定。

首先，截面 C 处的位移连续条件为

$$\begin{cases}当 x_1=x_2=a 时，w_1'=w_2' \\ 当 x_1=x_2=a 时，w_1=w_2\end{cases}$$

代入(a)、(b)、(c)、(d)，得

$$C_1=C_2, \quad D_1=D_2$$

另外，支座 A、B 截面的位移边界条件为

$$\begin{cases}当 x_1=0 时，w_1=0 \\ 当 x_2=l 时，w_2=0\end{cases}$$

代入式(b)、(d)，得

$$C_1 = C_2 = \frac{Fb}{6l}(l^2 - b^2)$$

$$D_1 = D_2 = 0$$

（5）求梁的转角方程和挠曲线方程。

AC 段$(0 \leqslant x_1 \leqslant a)$	CB 段$(a \leqslant x_2 \leqslant l)$
$EI\theta_1 = EIw_1' = \dfrac{Fb}{6l}(l^2 - b^2 - 3x_1^2)$ 　(e)	$EI\theta_2 = EIw_2' = \dfrac{Fb}{6l}(l^2 - b^2 - 3x_2^2) + \dfrac{F(x_2 - a)^3}{2}$ 　(g)
$EIw_1 = \dfrac{Fbx_1}{6l}(l^2 - b^2 - x_1^2)$ 　(f)	$EIw_2 = \dfrac{Fbx_2}{6l}(l^2 - b^2 - x_2^2) + \dfrac{F(x_2 - a)^3}{6}$ 　(h)

8.4.4　用叠加法求梁的位移

积分法是计算梁变形和位移的基本方法。但当荷载不连续时，需要分段写出弯矩方程。分段越多，待求的积分常数越多。有时为了求出积分常数，还需要解联立方程，计算繁琐，还容易出错，所以工程上较少采用此法。

注意到在材料服从胡克定律的线弹性范围内和小变形的条件下，由小挠度曲线微分方程得到的挠度和转角均与荷载呈线性关系。因此，当梁承受复杂荷载时，可将其分解成几种简单荷载，利用梁在简单荷载作用下的位移计算结果，叠加后得到梁在复杂荷载作用下的挠度和转角。为此，将梁在某些简单荷载作用下用积分法求得的转角和挠度公式及最大值列入表 8 - 2 中，以便直接查用。使用叠加法并利用表 8 - 2，可以比较方便地求解梁上指定截面的转角和挠度。

表 8 - 2　简单荷载作用下梁的挠度和转角

序号	支座和荷载情况	梁端截面转角	挠曲线方程	最大挠度
1		$\theta_B = \dfrac{Fl^2}{2EI}$	$w = \dfrac{Fx^2}{6EI}(3l - x)$	$w_{\max} = w_B = \dfrac{Fl^3}{3EI}$
2		$\theta_B = \dfrac{Fc^2}{2EI}$	$w = \dfrac{Fx^2}{6EI}(3c - x)$ $(0 \leqslant x \leqslant c)$ $w = \dfrac{Fc^2}{6EI}(3x - c)$ $(c \leqslant x \leqslant l)$	$w_{\max} = w_B = \dfrac{Fc^2}{6EI}(3l - c)$
3		$\theta_B = \dfrac{ql^3}{6EI}$	$w = \dfrac{qx^2}{24EI}(x^2 + 6l^2 - 4lx)$	$w_{\max} = w_B = \dfrac{ql^4}{8EI}$

序号	支座和荷载情况	梁端截面转角	挠曲线方程	最大挠度
4		$\theta_B = \dfrac{q_0 l^3}{24EI}$	$w = \dfrac{q_0 x^2}{120EIl}(10l^3 - 10l^2 x + 5lx^2 - x^2)$	$w_{max} = w_B = \dfrac{q_0 l^4}{30EI}$
5		$\theta_B = \dfrac{M_0 l}{EI}$	$w = \dfrac{M_0 x^2}{2EI}$	$w_{max} = w_B = \dfrac{M_0 l^2}{2EI}$
6		$\theta_A = -\theta_B = \dfrac{Fl^2}{16EI}$	$w = \dfrac{Fx}{48EI}(3l^2 - 4x^2)$ $\left(0 \leqslant x \leqslant \dfrac{l}{2}\right)$	$w_{max} = w_C = \dfrac{Fl^3}{48EI}$
7		$\theta_A = \dfrac{Fab(l+b)}{6lEI}$ $\theta_B = -\dfrac{Fab(l+a)}{6lEI}$	$w = \dfrac{Fbx}{6lEI}(l^2 - x^2 - b^2)$ $(0 \leqslant x \leqslant a)$ $w = \dfrac{Fa(l-x)}{6lEI}(2lx - x^2 - a^2)$ $(a \leqslant x \leqslant l)$	当 $a>b$，在 $x = \sqrt{\dfrac{l^2 - b^2}{3}}$ 处 $w_{max} = \dfrac{\sqrt{3}Fb}{27EIl}(l^2 - b^2)^{\frac{3}{2}}$ 在 $x = \dfrac{l}{2}$ 处 $w_{max} = \dfrac{Fb}{48EI}(3l^2 - 4b^2)$
8		$\theta_A = -\theta_B = \dfrac{ql^3}{24EI}$	$w = \dfrac{qx}{24EI}(l^3 - 2lx^2 + x^3)$	$w_{max} = w_C = \dfrac{5ql^4}{384EI}$
9		$\theta_A = \dfrac{M_0 l}{6EI}$ $\theta_B = -\dfrac{M_0 l}{3EI}$	$w = \dfrac{M_0 x}{6EIl}(l^2 - x^2)$	在 $x = \dfrac{l}{\sqrt{3}}$ 处 $w_{max} = \dfrac{M_0 l^2}{9\sqrt{3}EI}$
10		$\theta_A = -\dfrac{M_0}{6EIl}(l^2 - 3b^2)$ $\theta_B = -\dfrac{M_0}{6EIl}(l^2 - 3a^2)$	$w = \dfrac{M_0 x}{6EIl}(l^2 - 3b^2 - x^2)$ $(0 \leqslant x \leqslant a)$ $w = \dfrac{M_0(l-x)}{6EIl}[l^2 - 3a^2 - (1-x)^2]$ $(a \leqslant x \leqslant l)$	$x = \sqrt{\dfrac{l^2 - 3b^2}{3}}$ 时， $w = -\dfrac{M_0(l^2 - 3b^2)^{\frac{3}{2}}}{9\sqrt{3}EIl}$ $x = \sqrt{\dfrac{l^2 - 3a^2}{3}}$ 时， $w = -\dfrac{M_0(l^2 - 3a^2)^{\frac{3}{2}}}{9\sqrt{3}EIl}$

例 8-10 简支梁受均布荷载和集中力偶作用，如图 8-38(a)所示。梁的 EI 为已知，试用叠加法求梁跨中截面的挠度 w_C 和支座截面的转角 θ_A 及 θ_B。

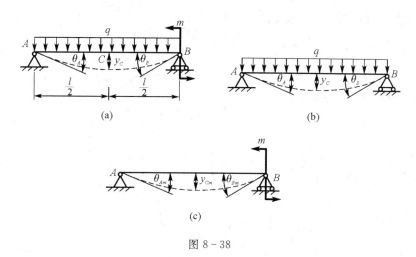

图 8-38

解 将梁上的荷载分解为 q 和 m 两种简单荷载，如图 8-38(b)、(c)所示。从表 8-2 中查出它们单独作用时梁的位移，然后求出相应位移的代数和，即得所要求的位移。即

$$w_C = w_{Cq} + w_{Cm} = \frac{5ql^4}{384EI} + \frac{ml^2}{16EI}$$

$$\theta_A = \theta_{Aq} + \theta_{Am} = \frac{ql^3}{24EI} + \frac{ml}{6EI}$$

$$\theta_B = \theta_{Bq} + \theta_{Bm} = -\frac{ql^3}{24EI} - \frac{ml}{3EI}$$

例 8-11 求如图 8-39 所示的外伸梁的最大挠度。已知梁的抗弯刚度 EI 为常数。

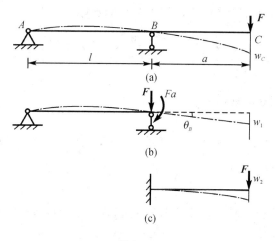

图 8-39

解 (1)判断梁的最大挠度所在截面位置，根据弯矩图和支座情况，画梁的挠曲线大致形状如图 8-39(a)所示，可见，该梁的最大挠度就发生在外伸端截面 C 处。

(2)计算最大挠度。此梁的荷载虽为简单荷载，但无现成表格可查。考虑到该外伸梁可

以看作是由基础部分的简支梁 AB 与固结于其 B 截面的附属部分悬臂梁 BC 所组成。因此，对梁进行分解，如图 8−39(b)和图 8−39(c)所示。

对如图 8−39(b)所示梁，由表 8−2 查得 B 截面的转角为

$$\theta_B = \frac{(Fa)l}{3EI} = \frac{Fal}{3EI} \quad (\curvearrowleft)$$

由图 8−39(b)可知，基础部分的简支梁 AB 的截面 B 的上述位移，必牵连依附于它的附属部分悬臂梁 BC 做刚体转动，故在图 8−39(b)中，截面 C 的挠度为

$$w_{C1} = \theta_B a = \frac{Fa^2 l}{3EI} \quad (\downarrow)$$

对于图 8−39(c)所示梁，由表 8−2 查得 C 截面的挠度为

$$w_{C2} = \frac{Fa^3}{3EI} \quad (\downarrow)$$

因此，C 截面的挠度为

$$w_C = w_{C1} + w_{C2} = \frac{Fa^2}{3EI}(l+a) \quad (\downarrow)$$

8.4.5　梁的刚度条件及提高弯曲刚度的措施

1. 梁的刚度条件

在实际的工程结构中，设计某些受弯杆件时，除了要满足强度需要，往往还有刚度方面的要求，使其变形不至于过大，否则将带来一些不良后果。例如，桥梁如果挠度过大，车辆通过时将发生很大的震动；车床主轴若变形过大，将影响步轮的啮合和轴承的配合，造成磨损不均匀，产生噪音，降低寿命，还会影响加工精度，等等。因此，在土建结构中，通常对梁的挠度加以限制；在机械制造中，对挠度和转角都有一定的限制，即在按强度选择了截面尺寸以后，还须进行刚度校核。梁的刚度条件表达式为

$$|w|_{max} \leqslant [w] \quad \text{或} \quad \left|\frac{w_{max}}{l}\right| \leqslant \frac{[w]}{l} \tag{8−43}$$

$$|\theta|_{max} \leqslant [\theta] \tag{8−44}$$

式中，$\dfrac{[w]}{l}$ 为许用挠度与梁跨长的比值。在土建工程中，$\dfrac{[w]}{l}$ 的值常限制在 $\dfrac{1}{200} \sim \dfrac{1}{900}$ 范围内；在机械制造方面，对主要的轴，$\dfrac{[w]}{l}$ 的值限制在 $\dfrac{1}{5000} \sim \dfrac{1}{10000}$ 范围内，对传动轴在支座处的许可转角 $[\theta]$ 一般限制在 $0.001 \sim 0.005$ rad 范围内。详细数值可查有关规范与设计手册。

与强度设计一样，利用刚度条件可以对梁进行刚度计算，即校核刚度，设计截面，确定许可荷载。

例 8−12　如图 8−40(a)所示，桥式起重机的最大荷载 $F = 20$ kN，跨长 $l = 9$ m，试按强度条件及刚度条件为起重机大梁选择一个工字钢的型号。已知钢材的弹性模量 $E = 210$ GPa，许用应力 $[\sigma] = 170$ MPa，许用挠度 $[w] = \dfrac{l}{500}$。

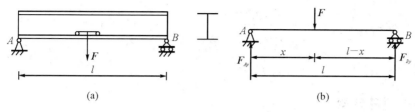

图 8 - 40

解　（1）按强度条件选择截面。

① 计算最大弯矩。

设荷载 F 距 A 支座的距离为 x 时，梁的弯矩值最大，则 A、B 支座的约束反力为

$$F_{Ay} = \frac{F(l-x)}{l}, \ F_{By} = \frac{Fx}{l}$$

最大弯矩表达式为

$$M_{\max} = \frac{F(l-x)}{l} \cdot x$$

弯矩要取极值，则

$$\frac{\mathrm{d}M_{\max}}{\mathrm{d}x} = 0$$

得

$$\frac{F(l-2x)}{l} = 0$$

即当 $x = \dfrac{l}{2}$ 时，$M_{\max} = \dfrac{Fl}{4} = \dfrac{20 \times 9}{4} = 45$ kN · m

② 选择截面。

所需的抗弯截面系数为

$$W \geqslant \frac{M_{\max}}{[\sigma]} = \frac{45 \times 10^3}{170 \times 10^6} = 0.265 \times 10^{-3} \ \mathrm{m}^3 = 265 \ \mathrm{cm}^3$$

故选用 22a 工字钢，其 $W = 309$ cm^3，$I = 3400$ cm^4。

（2）进行刚度校核。

当荷载移至跨中时，挠度出现最大值。即

$$|w|_{\max} = \frac{Fl^3}{48EI} = \frac{20 \times 10^3 \times 9^3}{48 \times 210 \times 10^9 \times 3400 \times 10^{-8}} = 0.0425 \ \mathrm{m} = 42.4 \ \mathrm{m}$$

但许用挠度：

$$[w] = \frac{l}{500} = \frac{9}{500} = 0.018 \ \mathrm{m} = 18 \ \mathrm{mm}$$

由于 $[w]_{\max} > [w]$，故不能满足刚度条件。

（3）按刚度条件重新选择截面。

由刚度条件 $|w|_{\max} = \dfrac{Fl^3}{48EI} \leqslant [w]$ 可知，要求

$$I \geqslant \frac{Fl^3}{48E[w]} = \frac{20 \times 10^3 \times 9^3}{48 \times 210 \times 10^9 \times \dfrac{9}{500}} = 80.36 \times 10^{-6} \ \text{m}^4 = 8036 \ \text{cm}^4$$

故选用 32a 工字钢，其 $I = 11100 \ \text{cm}^4$，$W = 692 \ \text{cm}^3$。

8.4.6　简单超静定梁

1. 超静定梁的概念

前面讨论的梁皆为静定梁。在工程实际中，有时为了提高梁的强度和刚度，或由于构造的需要，往往在静定梁上添加支座。于是，梁的支反力数目超过了有效静力平衡方程的数目而成为超静定梁。

在超静定梁中，凡是多于维持梁静力平衡所必需的约束称为多余约束，与其相应的支反力称为多余支反力。对超静定梁，其超静定次数等于多余约束数或多余支反力的数目。

2. 静不定梁的解法

与求解一般静不定问题的方法相似，求解静不定梁，需要综合考虑几何条件、物理关系及静力平衡条件。下面以图 8 - 41(a)所示的梁为例，说明静不定梁的一般解法。

显然，该梁为一次静不定梁，若以铰支座 B 为多余约束，假想将其解除，所得悬臂梁称为该静不定梁结构的静定基。然后，在静定基上加上原有荷载，在去掉多余约束处加上相应的多余支反力 F_{By}，于是原静不定梁即成为在荷载 F 和多余支反力 F_{By} 共同作用下的静定梁，如图 8 - 41(b)所示，称其为原静不定梁的相当系统。

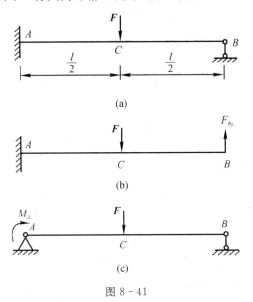

图 8 - 41

相当系统在荷载 F 与多余支反力 F_{By} 共同作用下发生变形。要使其受力、变形及位移情况与原超静定梁完全相同，在多余约束 B 处的位移必须符合原超静定梁在该处的约束条件，即

$$w_B = 0 \qquad\qquad (8 - 45)$$

此为原超静定梁的变形协调条件。利用叠加法和表 8 - 2，计算得到相当系统在 B 截面的挠度为

$$w_B = -\frac{F_{By}l^3}{3EI} + \frac{5Fl^3}{48EI} \tag{8-46}$$

此即外力与位移间的物理关系。将式(8 - 46)代入式(8 - 45)，得补充方程为

$$\frac{F_{By}l^3}{3EI} + \frac{5Fl^3}{48EI} = 0$$

由此得

$$F_{By} = \frac{5F}{16}$$

所得结果为正，表明所设支反力 $\boldsymbol{F}_{By}$ 的方向为实际方向，即假设方向是正确的。

求出多余反力 $\boldsymbol{F}_{By}$ 后，即可通过相当系统按静力平衡条件计算原超静定梁的其余支反力，进而求得梁的内力、应力以及位移等。这与前述静定梁的计算相同。

应当指出，对某些超静定梁，多余约束的选择不是唯一的，但所解除的约束必须是多余约束，即保证所取得的相当系统是静定的。例如图 8 - 41(a)所示的超静定梁，也可将其固定端 A 处的转动约束作为多余约束予以解除，并代之以相应的多余支反力偶 M_A，于是，原超静定梁的相当系统如图 8 - 41(c)所示，即为简支梁，相应的变形协调条件为 $\theta_A = 0$，由此解出多余支反力偶，进而求得其余支座反力。

以上分析表明，求解超静定梁的关键是确定多余支反力，求解的主要步骤如下：

(1)判定梁的超静定次数。

(2)选取多余约束及其相当系统。

(3)根据梁的变形协调条件、物理关系列补充方程，并由此解得多余支反力。

多余支反力确定后，作用在相当系统上的所有荷载均为已知，由此即可按照分析静定梁的方法，计算其内力、应力和位移等。

综上所述，对超静定梁，可以通过比较相当系统与原超静定梁在多余约束处的位移得出几何关系，并利用物理关系建立补充方程解出多余支反力，进而利用平衡关系求出其余支反力，称这种方法为变形比较法。

思 考 题

8.1　在集中力、集中力偶作用面两侧，剪力和弯矩有何变化？

8.2　如何确定最大弯矩？最大弯矩是否一定发生在剪力为零的横截面上？

8.3　弯曲正应力公式的适用条件是什么？

8.4　什么是等强度梁？

8.5　梁的挠曲线近似微分方程的适用条件是什么？

习 题

8-1　试计算如题 8-1 图所示各梁横截面 A、B 及横截面 C、D 的剪力和弯矩。

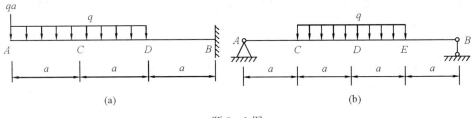

(a)

(b)

题 8-1 图

8-2 试计算如题 8-2 图所示各梁横截面 $C_左$、$C_右$、$D_右$ 及端截面 A、B 的剪力和弯矩。

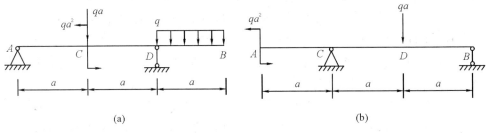

(a)

(b)

题 8-2 图

8-3 试列题 8-3 图所示各梁的剪力方程和弯矩方程，并作剪力图和弯矩图。

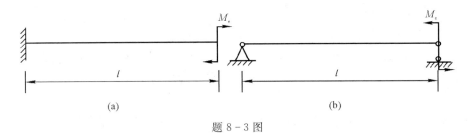

(a)

(b)

题 8-3 图

8-4 试列题 8-4 图所示各梁的剪力方程和弯矩方程，并作剪力图和弯矩图。

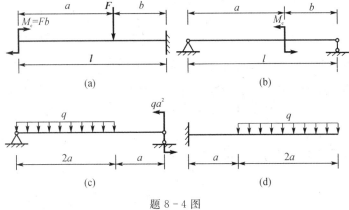

(a)

(b)

(c)

(d)

题 8-4 图

8-5 试用荷载、剪力和弯矩之间的关系作题8-5图所示各梁的剪力图和弯矩图。

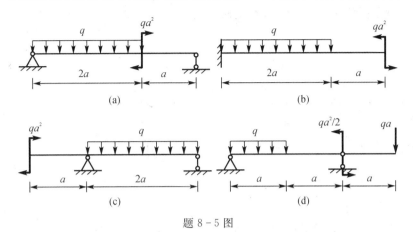

题8-5图

8-6 试用荷载、剪力和弯矩之间的关系作题8-6图所示各梁的剪力图和弯矩图。

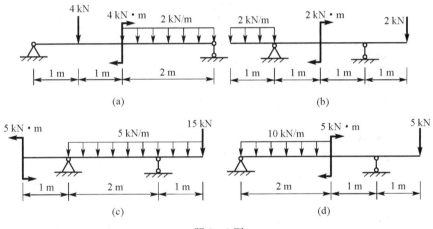

题8-6图

8-7 如题8-7图所示为一矩形截面简支梁。试求:(1)截面竖放时梁的最大弯矩所在的截面上 a、b、c、d 各点的正应力;(2)截面平放时梁的最大弯矩所在的截面上 a、b、c、d 各点的正应力。

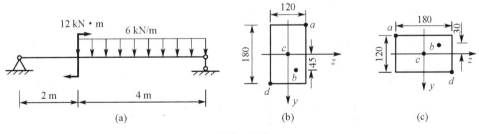

题8-7图

8-8　T形截面外伸梁的荷载情况及截面尺寸如题 8-8(a)、(b)图所示。试求：(1) 梁的最大拉应力和最大压应力；(2) 若将截面倒置，如题 8-8(c)图，梁的最大拉应力和最大压应力。

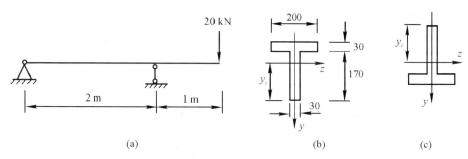

题 8-8 图

8-9　铸铁梁的荷载及横截面尺寸如题 8-9 图所示，许用拉应力 $[\sigma^+]=30$ MPa，许用压应力 $[\sigma^-]=90$ MPa。试按正应力强度条件校核梁的强度。

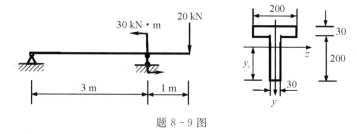

题 8-9 图

8-10　上下翼缘宽度不等的工字形截面铸铁悬臂梁的尺寸及荷载如题 8-10 图所示。已知横截面对形心轴 z 的惯性矩 $I_z=235\times10^6$ mm^4，$y_1=119$ mm，$y_2=181$ mm，材料的许用拉应力 $[\sigma^+]=40$ MPa，许用压应力 $[\sigma^-]=120$ MPa。试求该梁的许用均布荷载 $[q]$。

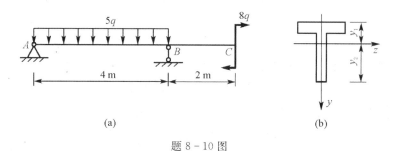

题 8-10 图

8-11　如题 8-11 图所示矩形截面钢梁，已知 $q=20$ kN/m，$F=20$ kN，$M=$

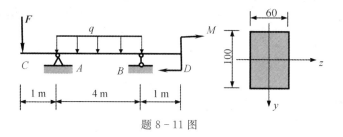

题 8-11 图

20 kN·m，$[\sigma]=200$ MPa，$[\tau]=60$ MPa。试校核梁的强度。

8-12　写出题 8-12 图所示各梁的边界条件。已知图(b)中 BC 杆的横截面面积为 A，图(c)中支座 B 的弹簧刚度为 $C(\text{N/m})$。

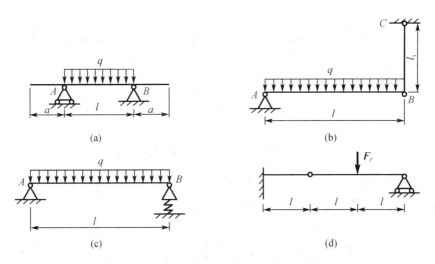

题 8-12 图

8-13　用积分法求题 8-13 图所示各梁的挠曲线方程及自由端的挠度和转角。设 EI 为常数。

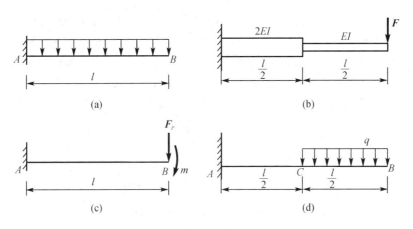

题 8-13 图

8-14　如题 8-14 图所示，各梁的弯曲刚度 EI 均为常数。试用叠加法计算梁的最大

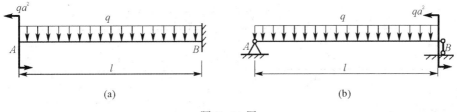

题 8-14 图

转角和最大挠度。

8-15　如题 8-15 图所示，各梁的弯曲刚度 EI 均为常数。试用叠加法计算截面 B 的转角和截面 C 的挠度。

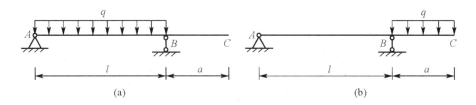

题 8-15 图

8-16　如题 8-16 图所示矩形截面梁，若均布荷载集度 $q=10$ kN/m，梁长 $l=3$ m，弹性模量 $E=200$ GPa，许用应力 $[\sigma]=120$ MPa，试用单位长度上的最大挠度值 $\left[\dfrac{w_{max}}{l}\right]=\dfrac{1}{250}$，且已知截面高度 h 与宽度 b 之比为 2，求截面尺寸。

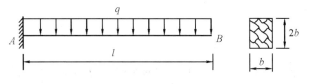

题 8-16 图

8-17　如题 8-17 图所示为某车床主轴的计算简图。已知主轴的外径 $D=80$ mm，内径 $d=40$ mm，$l=400$ mm，$a=200$ mm；弹性模量 $E=200$ GPa，通过工件车刀切削传递给主轴的力为 $F_1=2$ kN，齿轮啮合传递给主轴的力为 $F_2=1$ kN。为保证车床主轴的正常工作，要求主轴在卡盘 C 处的许用挠度 $[w]=0.0001l$，轴承 B 处的许用转角 $[\theta]=0.001$ rad。试校核主轴的刚度。

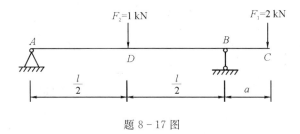

题 8-17 图

8-18　试求题 8-18 图所示梁的支反力。设弯曲刚度 EI 为常数。

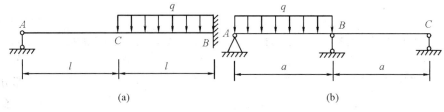

题 8-18 图

第 9 章　应力状态与强度理论

9.1　应力状态概述

9.1.1　应力状态的概念

　　由前面章节中分析拉(压)杆件斜截面上的应力可知,杆内同一点在不同方位截面上的应力各不相同。从杆件扭转或弯曲时的应力分析中,同样可以得到类似的结论。构件通过一点处的各个不同方位截面上的应力的集合,称为该点的**应力状态**。试验表明:低碳钢圆轴扭转破坏时沿横截面断裂,铸铁圆轴扭转破坏时沿与轴线成45°的螺旋面断裂,如图 9 - 1 (a)、(b)所示;混凝土试块压缩破坏时沿着竖向往四周张裂,如图 9 - 2 所示。要解释这些破坏现象,必须了解构件破坏点处横截面上的应力,还要知道破坏点处各个方位截面上的应力情况,即对一点的应力状态进行分析。

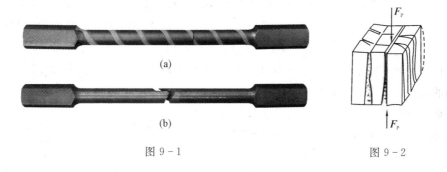

图 9 - 1　　　　　　　　　　　　　　　　　　图 9 - 2

9.1.2　单元体

　　一点的应力状态通常用该点处的**单元体**来描述,即围绕这一点,用三组相互垂直的平行平面切出一个正六面体,并让其边长趋于零,六面体趋于一点,则为**该点处的单元体**。一般情况下,应力在截面上是连续变化的,但由于单元体的边长趋于无限小,因此每个面上的应力可以视为均匀分布,同时每对平行截面的应力大小相等、方向相反,且具有相同的符号,这样三对平行截面的应力就代表该点的应力。

　　通常用应力已知的截面来截取单元体。如图 9 - 3(a)所示悬臂梁,横截面上 4、1、2、3 点的应力可由弯曲应力公式确定,可知点 1 和点 4 只有正应力,点 3 只有切应力,点 2 既有正应力又有切应力。围绕这 4 个点分别截取单元体,如图 9 - 3(b)~(e)所示,单元体前后两面为平行于轴线的纵向截面,这些截面上没有应力,左右截面为横截面的一部分,根据切应力互等定理,点 2 和点 3 的单元体上下两面有与横截面数值相等的切应力。至此,单元体各个面上的应力均已确定。

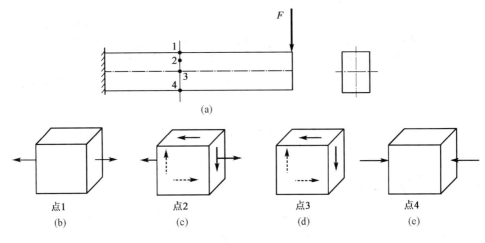

图 9 - 3

9.1.3　主平面和主应力

通过受力构件内的任意一点可以做无数多个截面,其中切应力为零的截面具有特殊意义,称为**主平面**;主平面上的正应力称为这一点的**主应力**。

研究表明:一般情况下,过构件内任意一点,总可以找到三个相互垂直的**主平面**;由主平面围成的单元体称为**主单元体**;主平面上的正应力称为**主应力**,按照代数值的大小顺序分别记为 σ_1、σ_2、σ_3,即 $\sigma_1 \geqslant \sigma_2 \geqslant \sigma_3$。

工程中通常用一点处的三个主应力来描述一点的应力状态。按照不为零的主应力的数目,一点处的应力状态分为三类:

(1) 单向应力状态:只有一个主应力不为零。

(2) 二向应力状态:有两个主应力不为零。

(3) 三向应力状态:三个主应力都不为零。

单向和二向应力状态常称为**平面应力状态**,三向应力状态称为**空间应力状态**;有时,单向应力状态称为**简单应力状态**,二向应力状态和三向应力状态合称为**复杂应力状态**。

9.2　二向应力状态分析

工程中经常遇到二向应力状态的问题,分析二向应力状态常用的研究方法有两种:精确解析法和近似应力圆图解法。精确解析法是分析单元体斜截面上应力的基本方法,本节将对该方法进行详细说明。

9.2.1　二向应力状态的斜截面应力

如图 9 - 4(a)所示单元体为二向应力状态的一般情况。在单元体上与 x 轴垂直的平面称为 x **截面**;x 截面上作用的正应力记为 σ_{xx}(第一个角标为应力所在平面,第二个角标为应力方向),简化为 σ_x,同理切应力记为 τ_{xy}。与 y 轴垂直的平面称为 y **截面**,y 截面上作

用的正应力记为 σ_y，切应力记为 τ_{yx}；与 z 轴垂直的平面称为 z **截面**，z 截面上作用的应力为零，该平面为主平面。该单元体可以从前向后投影为平面图，用图 9 - 4(b)平面单元体表示。

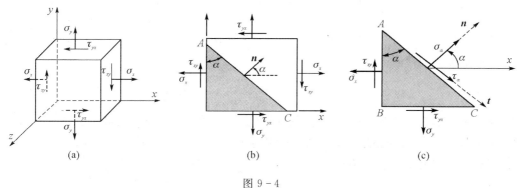

图 9 - 4

利用截面法可以求出与 z 截面垂直的任意斜截面 AC 上的应力，如图 9 - 4(b)所示。设斜截面 AC 的外法线 $\bm{n}$ 与 x 轴的夹角为 α，α 的符号规定为：水平向右为 x 轴正向，从 x 轴逆时针转至 α 截面外法线 $\bm{n}$ 为正，反之为负。斜截面 AC 称为 α **截面**。沿 α 截面假想地将单元体切开，取单元体的左下部分楔形体 ABC 为研究对象，α 截面上的正应力和切应力分别用 σ_α 和 τ_α 表示，如图 9 - 4(c)所示。

设 α 截面面积为 $\mathrm{d}A$，AB、BC 的面积分别为 $\mathrm{d}A\cos\alpha$ 和 $\mathrm{d}A\sin\alpha$。由于楔形体 ABC 处于平衡状态，沿法线方向 $\bm{n}$ 和切线方向 $\bm{t}$ 列平衡方程为

$$\sum F_n = 0 \Rightarrow \sigma_\alpha \mathrm{d}A - (\sigma_x \mathrm{d}A\cos\alpha)\cos\alpha + (\tau_{xy}\mathrm{d}A\cos\alpha)\sin\alpha$$
$$- (\sigma_y \mathrm{d}A\sin\alpha)\sin\alpha + (\tau_{yx}\mathrm{d}A\sin\alpha)\cos\alpha = 0$$

$$\sum F_t = 0 \Rightarrow \tau_\alpha \mathrm{d}A - (\sigma_x \mathrm{d}A\cos\alpha)\sin\alpha - (\tau_{xy}\mathrm{d}A\cos\alpha)\cos\alpha$$
$$+ (\sigma_y \mathrm{d}A\sin\alpha)\cos\alpha + (\tau_{yx}\mathrm{d}A\sin\alpha)\sin\alpha = 0$$

式中，根据切应力互等定理，τ_{xy} 和 τ_{yx} 数值相等，并利用三角公式，上两式化简得

$$\sigma_\alpha = \frac{\sigma_x + \sigma_y}{2} + \frac{\sigma_x - \sigma_y}{2}\cos 2\alpha - \tau_{xy}\sin 2\alpha \qquad (9-1)$$

$$\tau_\alpha = \frac{\sigma_x - \sigma_y}{2}\sin 2\alpha + \tau_{xy}\cos 2\alpha \qquad (9-2)$$

式(9 - 1)和式(9 - 2)是二向应力状态下任意斜截面上正应力和切应力的计算公式。

9.2.2　主平面和主应力

式(9 - 1)表明，斜截面上的正应力 σ_α 和切应力 τ_α 随角度 α 的变化而改变，极值正应力作用的平面可由式(9 - 1)的导数 $\mathrm{d}\sigma_\alpha/\mathrm{d}\alpha = 0$ 来确定，令其在 $\alpha = \alpha_0$ 时取零值，如下式：

$$\frac{\mathrm{d}\sigma_\alpha}{\mathrm{d}\alpha}\bigg|_{\alpha = \alpha_0} = -2\left[\frac{\sigma_x - \sigma_y}{2}\sin 2\alpha_0 + \tau_{xy}\cos 2\alpha_0\right] = 0 \qquad (9-3)$$

即

$$\frac{\sigma_x - \sigma_y}{2}\sin2\alpha_0 + \tau_{xy}\cos2\alpha_0 = 0 \qquad (9-4)$$

对比式(9-2)和式(9-4)可以发现，极值正应力作用的截面上切应力为零，即该平面为主平面，也就是说主平面上的正应力是所有截面上正应力的极值。由式(9-4)得

$$\tan2\alpha_0 = -\frac{2\tau_{xy}}{\sigma_x - \sigma_y} \qquad (9-5)$$

则正应力取极值的截面方位为

$$\alpha_0 = \frac{1}{2}\arctan\left(-\frac{2\tau_{xy}}{\sigma_x - \sigma_y}\right), \ \alpha_0 \pm 90° \qquad (9-6)$$

式(9-6)确定了两个互相垂直的主应力平面，分别作用正应力的最大值和最小值。根据三角函数关系式，将 $\sin2\alpha_0$ 和 $\cos2\alpha_0$ 分别用式(9-5)中的 $\tan2\alpha_0$ 表示，再代入式(9-1)可以得到平面应力状态下的最大正应力和最小正应力。即

$$\left.\begin{matrix}\sigma_{max}\\\sigma_{min}\end{matrix}\right\} = \frac{\sigma_x + \sigma_y}{2} \pm \sqrt{\left(\frac{\sigma_x - \sigma_y}{2}\right)^2 + \tau_{xy}^2} \qquad (9-7)$$

式(9-7)给出两个主应力，和 z 平面上的主应力 0 一起，是构件内单元体所在点处的三个主应力，最后按照代数值的大小分别记为 σ_1、σ_2、σ_3，其中 $\sigma_1 \geqslant \sigma_2 \geqslant \sigma_3$。若将式(9-7)中的最大、最小正应力相加，可得

$$\sigma_{max} + \sigma_{min} = \sigma_x + \sigma_y \qquad (9-8)$$

上式表明过受力构件内部某点两个正交方向上的正应力之和不变。

9.2.3　极值切应力

与确定极值正应力类似，极值切应力作用平面可由式(9-2)的导数 $d\tau_a/d\alpha = 0$ 来确定，令其在 $\alpha = \alpha_1$ 时取零值，则有

$$(\sigma_x - \sigma_y)\cos2\alpha_1 - 2\tau_{xy}\sin2\alpha_1 = 0 \qquad (9-9)$$

计算可得到切应力取极值的截面方位：

$$\tan2\alpha_1 = \frac{\sigma_x - \sigma_y}{2\tau_{xy}} \qquad (9-10)$$

即

$$\alpha_1 = \frac{1}{2}\arctan\left(\frac{\sigma_x - \sigma_y}{2\tau_{xy}}\right), \ \alpha_1 \pm 90° \qquad (9-11)$$

式(9-11)确定了两个互相垂直的截面，分别作用切应力的最大值和最小值。利用三角函数的关系式，将 $\sin2\alpha_1$ 和 $\cos2\alpha_1$ 利用式(9-10)中的 $\tan2\alpha_1$ 表示，可以得到平面应力状态下的最大切应力和最小切应力。即

$$\left.\begin{matrix}\tau_{max}\\\tau_{min}\end{matrix}\right\} = \pm\sqrt{\left(\frac{\sigma_x - \sigma_y}{2}\right)^2 + \tau_{xy}^2} \qquad (9-12)$$

对比式(9-5)和式(9-10)，可以发现

$$\tan2\alpha_0 \cdot \tan2\alpha_1 = -1 \qquad (9-13)$$

即

$$\alpha_1 = \alpha_0 + 45° \tag{9-14}$$

说明主平面和切应力取极值的平面成45°夹角，如图9-5所示。

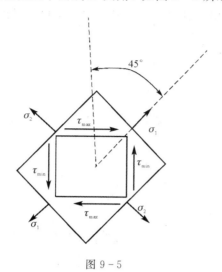

图 9-5

例 9-1　一点处的应力状态如图9-6所示（应力单位为MPa）。试求：(1) $\alpha = 60°$斜截面上的正应力和切应力；(2) 主应力的数值和主平面的方位。

解　由图9-6可知，$\sigma_x = -40$ MPa，$\sigma_y = 60$ MPa，$\tau_{xy} = -50$ MPa，$\alpha = 60°$。

(1) 计算斜截面上的应力。

$$\sigma_{60°} = \frac{60-40}{2} - \frac{40+60}{2}\cos(2\times60°) + 50\sin(2\times60°) = 78.3 \text{ MPa}$$

$$\tau_{60°} = -\frac{40+60}{2}\sin(2\times60°) + (-50)\cos(2\times60°) = -18.3 \text{ MPa}$$

(2) 计算主应力数值和主平面方位。

$$\left.\begin{array}{r}\sigma_{\max} \\ \sigma_{\min}\end{array}\right\} = \frac{\sigma_x+\sigma_y}{2} \pm \sqrt{\left(\frac{\sigma_x-\sigma_y}{2}\right)^2 + \tau_{xy}^2} = \left\{\begin{array}{l} 80.7 \text{ MPa} \\ -60.7 \text{ MPa}\end{array}\right.$$

$$\tan 2\alpha_0 = -\frac{2\tau_{xy}}{\sigma_x-\sigma_y} = -1$$

即

$$\alpha_0 = 67.5° \pm 90°$$

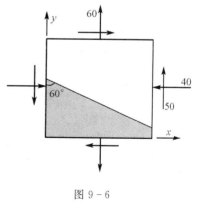

图 9-6

考虑到单元体处于平面应力状态，则三个主应力为
$\sigma_1 = 80.7$ MPa，$\sigma_2 = 0$，$\sigma_3 = -60.7$ MPa。

9.2.4　应力圆法

由解析法可知，处于平面应力状态的单元体，已知
σ_x、τ_{xy}、σ_y、τ_{yx}，任意斜截面上的应力分量 σ_α 和 τ_α 为 α 的函数，将式(9-1)和式(9-2)改写为

$$\sigma_\alpha - \frac{\sigma_x+\sigma_y}{2} = \frac{\sigma_x-\sigma_y}{2}\cos2\alpha - \tau_{xy}\tan2\alpha \tag{9-15}$$

$$\tau_a = \frac{\sigma_x - \sigma_y}{2}\sin2\alpha + \tau_{xy}\cos2\alpha \tag{9-16}$$

以上两式平方后进行相加运算，可以消除参数 α，得到只包含应力分量的表达式：

$$\left(\sigma_a - \frac{\sigma_x + \sigma_y}{2}\right)^2 + \tau_a^2 = \left(\frac{\sigma_x - \sigma_y}{2}\right)^2 + \tau_{xy}^2 \tag{9-17}$$

上式的轨迹是在应力坐标系 σ-τ 中，以 $\left(\dfrac{\sigma_x + \sigma_y}{2}, 0\right)$ 为圆心，$\sqrt{\left(\dfrac{\sigma_x - \sigma_y}{2}\right)^2 + \tau_{xy}^2}$ 为半径的圆，如图 9-7 所示，称之为**应力圆**，由于应力圆最初由工程师莫尔引入，因此也称为莫尔圆。

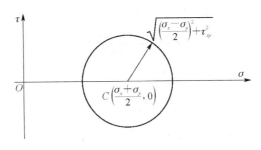

图 9-7

利用应力圆法求解平面应力状态，需要正确绘制相应的应力圆，下面给出绘制应力圆的具体方法。在平面应力状态下，如图 9-8 所示的单元体 σ_x、τ_{xy}、σ_y、τ_{yx}，绘制其应力圆的的具体步骤为：

(1) 建立应力参考坐标系 σ-τ，同时选取合适的比例尺。

(2) 在坐标系中，按照比例尺确定两点 $D_x(\sigma_x, 0)$ 和 $D_y(\sigma_y, 0)$，并利用画圆弧的方法确定 D_xD_y 段的中点 C，则 C 为应力圆的圆心。

(3) 过点 $D_x(\sigma_x, 0)$ 沿垂直于 σ 轴的方向取 τ_{xy}，得到点 $E_x(\sigma_x, \tau_{xy})$，连接 C、E_x，则 CE_x 为应力圆的半径。

(4) 以点 C 为圆心、CE_x 为半径作圆，即可得到应力圆，如图 9-9 所示。

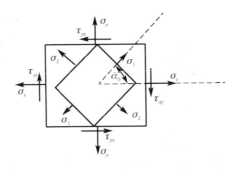

图 9-8

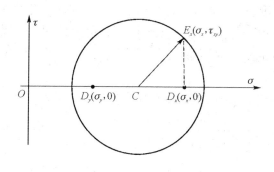

图 9 - 9

应力圆方程是以单元体的解析解为基础推导得到的，因此单元体和应力圆之间存在以下对应关系：

（1）点面对应：应力圆上一点的坐标值与单元体一个截面上的应力分量相对应。

（2）转向对应：应力圆半径的旋转方向与单元体截面的外法线旋转方向相对应。

（3）二倍角对应：应力圆半径旋转过的角度是单元体截面外法线旋转角度的二倍。

例 9 - 2　讨论图 9 - 10(a)所示圆轴扭转时的应力状态，并分析铸铁试件受扭时的破坏现象。

解　圆轴扭转时，在横截面的边缘处切应力最大，其数值为 $\tau = \dfrac{T}{W_\mathrm{p}}$。

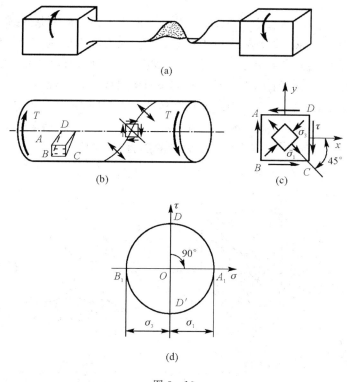

图 9 - 10

在圆轴的外表面，围绕一点取单元体如图 9 - 10(b) 所示，建立如图 9 - 10(c) 所示 x、y 轴参考坐标系，则 $\sigma_x = \sigma_y = 0$，$\tau_{xy} = \tau$。该单元体的两个主应力分别为

$$\left.\begin{array}{r}\sigma_{\max} \\ \sigma_{\min}\end{array}\right\} = \frac{\sigma_x + \sigma_y}{2} \pm \sqrt{\left(\frac{\sigma_x - \sigma_y}{2}\right)^2 + \tau_{xy}^2} = \pm \tau$$

考虑到该点为平面应力状态，其三个主应力排序为

$$\sigma_1 = \tau, \sigma_2 = 0, \sigma_3 = -\tau$$

由主平面方位角计算公式，可得

$$\tan 2\alpha_0 = -\frac{2\tau_{xy}}{\sigma_x - \sigma_y} \rightarrow -\infty$$

$$2\alpha_0 = -90° \text{或} -270°$$

则

$$\alpha_0 = -45° \text{或} -135°$$

应力圆如图 9 - 10(d) 所示，从 D 顺时针转 $90°$ 转到 A_1，相应地在单元体上，从 x 轴顺时针方向转 $45°$ 所确定的主平面是第一主应力 σ_1 所在平面。

圆截面铸铁试件扭转时，表面各点最大拉应力 $\sigma_{\max}$ 所在的主平面连成倾角为 $45°$ 的螺旋面。由于铸铁抗拉强度较低，试件将沿这一螺旋面因拉应力达到极限而发生断裂破坏。

9.3 三向应力状态的最大应力

前面分析了平面应力状态中一点处的应力，如果受力构件内部某点沿三个正交方向上的主应力均不为零，则该点处于三向应力状态。三向应力状态的应力分析较为复杂，为得到单元体上的最大应力，取主单元体进行分析，如图 9 - 11(a) 所示。用平行于 σ_3 的任意斜截面将单元体截开，该截面上的应力不受 σ_3 的影响，只取决于 σ_1 和 σ_2，类似于二向应力状态分析，在 $\sigma - \tau$ 坐标系内，该截面对应的点必然位于 σ_1 和 σ_2 所确定的应力圆上。同理，分别平行于 σ_1 和 σ_2 的截面，其对应的点分别在 σ_2 与 σ_3 和 σ_3 与 σ_1 确定的应力圆上，于是主应力就确定了两两相切的三个应力圆，称为**三向应力圆**，如图 9 - 11(b) 所示。可以证明，与三个主应力都不平行的任意斜截面上的应力，可用三个应力圆所围成的阴影区域内某一

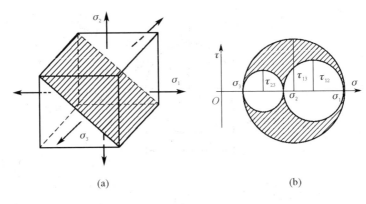

(a)   (b)

图 9 - 11

点的坐标来确定。

综上所述，通过受力构件内一点的所有截面上的应力，与三向应力圆圆周及其所围成的阴影范围内的点一一对应。因此，从三向应力圆可以看出，过受力构件内任意一点处的所有截面上最大正应力和最小正应力分别为

$$\sigma_{\max} = \sigma_1，\sigma_{\min} = \sigma_3$$

极值切应力分别为

$$\tau_{12} = \frac{\sigma_1 - \sigma_2}{2}，\tau_{23} = \frac{\sigma_2 - \sigma_3}{2}，\tau_{13} = \frac{\sigma_1 - \sigma_3}{2} \tag{9-18}$$

三个极值切应力对塑性材料的屈服有较大影响，这种影响有时用**均方根切应力** τ_{m} 的形式表示，即

$$\tau_{\mathrm{m}} = \sqrt{\frac{\tau_{12}^2 + \tau_{23}^2 + \tau_{13}^2}{3}} = \sqrt{\frac{1}{12}\left[(\sigma_1 - \sigma_2)^2 + (\sigma_2 - \sigma_3)^2 + (\sigma_1 - \sigma_3)^2\right]} \tag{9-19}$$

所有截面上的最大切应力为

$$\tau_{\max} = \tau_{13} = \frac{\sigma_1 - \sigma_3}{2} \tag{9-20}$$

9.4　广义胡克定律

前面章节中，我们已经讨论了单向应力状态下的应力应变关系，本节研究复杂应力状态下的应力应变关系。复杂应力状态下，各向同性线性弹性材料在小变形条件下，线应变只与正应力有关，切应变只与切应力有关，线应变与切应变的相互影响可以忽略不计。

如图 9-12 所示单元体为主单元体，若在 σ_1 单独作用下，棱边 1 伸长，棱边 2、3 缩短，则沿三个方向应变分别为

$$\varepsilon_1' = \frac{\sigma_1}{E}，\varepsilon_2' = -\mu\frac{\sigma_1}{E}，\varepsilon_3' = -\mu\frac{\sigma_1}{E}$$

同理，在 σ_2、σ_3 单独作用下，上述三棱边产生的线应变分别为

$$\varepsilon_1'' = -\mu\frac{\sigma_2}{E}，\varepsilon_2'' = \frac{\sigma_2}{E}，\varepsilon_3'' = -\mu\frac{\sigma_2}{E}$$

$$\varepsilon_1''' = -\mu\frac{\sigma_3}{E}，\varepsilon_2''' = -\mu\frac{\sigma_3}{E}，\varepsilon_3''' = \frac{\sigma_3}{E}$$

由叠加原理，三个主应力同时作用时，各棱边的线应变分别为

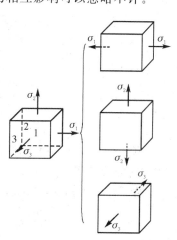

图 9-12

$$\begin{cases} \varepsilon_1 = \dfrac{1}{E}\left[\sigma_1 - \mu(\sigma_2 + \sigma_3)\right] \\[2mm] \varepsilon_2 = \dfrac{1}{E}\left[\sigma_2 - \mu(\sigma_3 + \sigma_1)\right] \\[2mm] \varepsilon_3 = \dfrac{1}{E}\left[\sigma_3 - \mu(\sigma_1 + \sigma_2)\right] \end{cases} \tag{9-21}$$

式中，ε_1、ε_2、ε_3 是和三个主应力对应的应变值，因此称为三个主应变。

对于如图 9-13 所示的一般单元体，在小变形和线弹性条件下，线应变与切应变的相互影响可以忽略不计，利用式(9-21)可得到 σ_x、σ_y 和 σ_z 方向的线应变分别为

$$\begin{cases} \varepsilon_x = \dfrac{1}{E}(\sigma_x - \mu(\sigma_y + \sigma_z)) \\[2mm] \varepsilon_y = \dfrac{1}{E}(\sigma_y - \mu(\sigma_x + \sigma_z)) \\[2mm] \varepsilon_z = \dfrac{1}{E}(\sigma_z - \mu(\sigma_x + \sigma_y)) \end{cases} \qquad (9-22\mathrm{a})$$

由弹性力学研究结果可知，各向同性材料的切应力和切应变之间有如下关系：

$$\begin{cases} \gamma_{xy} = \dfrac{\tau_{xy}}{G} \\[2mm] \gamma_{yz} = \dfrac{\tau_{yz}}{G} \\[2mm] \gamma_{zx} = \dfrac{\tau_{zx}}{G} \end{cases} \qquad (9-22\mathrm{b})$$

式(9-22)是广义胡克定律的一般表达式。

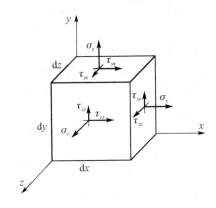

图 9-13

例 9-3　矩形截面钢杆在受轴向拉力 $F=20\ \mathrm{kN}$ 时，测得试样中段 B 点处与其轴线成 30°方向的线应变 $\varepsilon_{30^\circ}=3.25\times10^{-4}$。已知材料的弹性模量 $E=210\ \mathrm{GPa}$，试求泊松比 μ。

解　建立坐标系，如图 9-14(a)所示，得

$$\sigma_x = \frac{F}{A} = \frac{20\times10^3}{0.2\times0.01}\ \mathrm{Pa} = 100\ \mathrm{MPa},\ \sigma_y=0,\ \tau_{xy}=0$$

$$\sigma_{30^\circ} = \frac{\sigma_x+\sigma_y}{2} + \frac{\sigma_x-\sigma_y}{2}\cos60^\circ - \tau_{xy}\sin60^\circ = 75\ \mathrm{MPa}$$

$$\sigma_{120^\circ} = \frac{\sigma_x+\sigma_y}{2} + \frac{\sigma_x-\sigma_y}{2}\cos240^\circ - \tau_{xy}\sin240^\circ = 25\ \mathrm{MPa}$$

已知

$$\varepsilon_{30^\circ} = \frac{1}{E}(\sigma_{30^\circ} - \mu\sigma_{120^\circ}) = \frac{1}{210\times10^3}(75-25\mu) = 3.25\times10^{-4}$$

因此，泊松比 $\mu=0.27$。

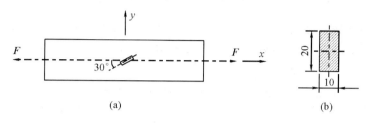

图 9-14

例 9-4　在一体积较大的钢块上开一个贯穿的槽，如图 9-15(a)所示，其宽度和深度都是 10 mm。在槽内紧密无隙地嵌入一个铝质立方块，尺寸是 10 mm×10 mm×10 mm。假设钢块不变形，铝的弹性模量 $E=70$ GPa，$\mu=0.33$。当铝块受到压力 $P=6$ kN 时，试求铝块的三个主应力及相应的应变。

解　(1) 铝块的受力分析：为分析方便，建立坐标系如图 9-15(a)所示，在压力 P 作用下，铝块内水平面上的应力为

$$\delta_y=-\frac{P}{A}=-\frac{6\times10^3}{10\times10\times10^{-6}}=-60\times10^6\ \text{Pa}=-60\ \text{MPa}$$

由于钢块不变形，它阻止了铝块在 x 轴方向的膨胀，因此 $\varepsilon_x=0$。铝块外法线为 z 平面，是自由表面，所以 $\sigma_z=0$。若不考虑钢槽与铝块之间的摩擦，从铝块中沿平行于三个坐标平面截取的单元体，各面上没有剪应力，所以，这样截取的单元体是主单元体，如图 9-15(b)所示。

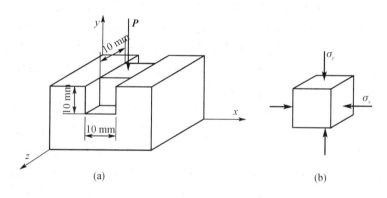

图 9-15

(2) 求主应力及主应变。

根据上述分析，图 9-15(b)所示单元体的已知条件为

$$\sigma_y=-60\ \text{MPa},\ \sigma_z=0,\ \varepsilon_x=0$$

将 $\mu=0.33$ 代入广义胡克定律表达式中，可得

$$0=\frac{1}{E}[\sigma_x-\mu(-60+0)]$$

$$\varepsilon_y=\frac{1}{E}[-60-\mu(\sigma_x+0)]$$

$$\varepsilon_z = \frac{1}{E}\left[0 - \mu(\sigma_x - 60)\right]$$

联立三个方程并求解，得

$$\sigma_x = -19.8 \text{ MPa}, \quad \varepsilon_y = -17.65 \times 10^{-4}, \quad \varepsilon_z = 7.76 \times 10^{-4}$$

即

$$\sigma_1 = \sigma_z = 0, \quad \sigma_2 = \sigma_x = -19.8 \text{ MPa}, \quad \sigma_3 = \sigma_y = -60 \text{ MPa}$$

$$\varepsilon_1 = \varepsilon_z = 3.76 \times 10^{-4}, \quad \varepsilon_2 = \varepsilon_x = 0, \quad \varepsilon_3 = \varepsilon_y = -7.65 \times 10^{-3}$$

9.5　强 度 理 论

9.5.1　概述

为保证构件安全使用，需要研究构件发生破坏的条件，建立强度准则，这是材料力学的一个基本问题。

简单应力状态下，强度条件是直接通过试验建立的。例如，前面几章对单向应力状态和纯剪切应力状态建立了强度条件，即

$$\sigma_{\max} \leqslant [\sigma]$$

$$\tau_{\max} \leqslant [\tau]$$

上述两式中，许用应力$[\sigma]$、$[\tau]$是通过拉伸(压缩)试验或纯剪切试验所测得的极限应力除以安全因数得到的。

然而，工程中许多构件的危险点经常处于复杂应力状态，不能通过直接试验的方法来建立强度条件。这是因为复杂应力状态下，材料的破坏形式与三个主应力的大小及它们之间的比值有关，而三个主应力的比值有无数种，要通过试验测定每一种比值下材料的极限应力值，实际上并不可行，而且，有的试验无法实现。因此，需要寻找新的途径，利用简单应力状态的试验结果建立复杂应力状态下的强度条件。

常温、静载下材料的破坏形式可归结为两类：脆性断裂和塑性屈服。长期以来，人们通过对材料破坏现象的观察和分析，提出了各种关于破坏原因的假说，这些假说认为，无论是在简单应力状态下还是在复杂应力状态下，只要破坏形式相同，破坏原因(应力、应变、应变能等)也相同，这些假说称为强度理论，这样，就可以利用简单应力状态下的试验结果来建立复杂应力状态下的强度条件。至于这些假说是否正确，在什么条件下适用，还必须经过科学试验和生产实践的检验。

9.5.2　常用的四种强度理论

针对脆性断裂和塑性屈服这两类破坏形式，相应的强度理论也分为两类：针对材料脆性断裂的理论——最大拉应力理论、最大伸长线应变理论；针对材料塑性屈服的理论——最大切应力理论、畸变能理论。这就是在常温、静载下常用的四种强度理论。

1. 最大拉应力理论(第一强度理论)

最大拉应力理论认为，引起材料脆性断裂破坏的主要因素是最大拉应力，即不论材料

处于简单应力状态还是复杂应力状态,只要最大拉应力 σ_1 达到材料在简单拉伸破坏时的极限应力 σ_b,就会发生脆性断裂破坏。

因此,材料发生脆性断裂破坏的条件是

$$\sigma_1 = \sigma_b$$

用 σ_b 除以安全因数 n_b,得到材料的许用拉应力 $[\sigma]$,则最大拉应力强度条件为

$$\sigma_1 \leqslant [\sigma] \tag{9-23}$$

最大拉应力理论早在 17 世纪就由伽利略(Galileo)提出,是最早的强度理论,故称为**第一强度理论**。当时工程上使用的材料主要是砖、石、铸铁等脆性材料,这类材料的抗拉性能很差,构件的破坏形式主要是脆性断裂。

试验表明,脆性材料在二向和三向拉伸断裂时,最大拉应力理论与试验结果相当接近;而当存在压应力时,则只要最大压应力不超过最大拉应力值或超过不多,最大拉应力理论与试验结果也大致相符。但是,这一理论没有考虑其他两个主应力对材料强度的影响,无法解释没有拉应力的应力状态的破坏现象(如单向、二向和三向压缩)。

2. 最大拉应变理论(第二强度理论)

最大拉应变理论认为,引起材料脆性断裂破坏的主要因素是最大拉应变,即不论材料处于简单应力状态还是复杂应力状态,只要最大拉应变 ε_1 达到材料在单向拉伸破坏时的极限值 ε_1^0,材料就会发生脆性断裂破坏。因此,材料发生脆性断裂破坏的条件为

$$\varepsilon_1 = \varepsilon_1^0 \tag{a1}$$

假定材料断裂前应力应变关系服从广义胡克定律,则危险点处的最大拉应变为

$$\varepsilon_1 = \frac{1}{E} [\sigma_1 - \mu(\sigma_2 + \sigma_3)] \tag{b1}$$

材料在单向拉伸破坏时的极限应变值为

$$\varepsilon_1^0 = \frac{\sigma_b}{E} \tag{c1}$$

将式(b1)、式(c1)代入式(a1),脆性断裂破坏条件可改写为

$$\sigma_1 - \mu(\sigma_2 + \sigma_3) = \sigma_b$$

用 σ_b 除以安全因数 n_b,得到材料的许用应力 $[\sigma]$,则最大拉应变强度条件为

$$\sigma_1 - \mu(\sigma_2 + \sigma_3) \leqslant [\sigma] \tag{9-24}$$

最大拉应变理论最早由马里奥特(E. Mariotte)在 17 世纪后期提出,故称为**第二强度理论**。试验表明,脆性材料在双向拉伸—压缩应力作用下,且压应力值超过拉应力值时,最大拉应变理论与试验结果大致相符。此外,这一理论还解释了石料或混凝土等脆性材料在压缩时沿着纵向开裂的断裂破坏现象。但按照此理论,脆性材料在两向或三向受拉时比单向拉伸承载力更高,试验结果却不能证实,因其只与少数脆性材料在某些特殊受力形式下的试验结果相吻合,所以目前较少采用此理论。

3. 最大切应力理论(第三强度理论)

最大切应力理论认为,引起材料发生塑性屈服破坏的主要因素是最大切应力,即不论材料处于简单应力状态还是复杂应力状态,只要构件危险点处的最大切应力 τ_{max} 达到材料简单拉伸屈服时的极限切应力 τ_{max}^0,材料就会发生屈服破坏。因此,材料发生屈服破坏的条件为

$$\tau_{\max} = \tau_{\max}^{0} \tag{a2}$$

由应力分析可知,危险点处的切应力为

$$\tau_{\max} = \frac{\sigma_1 - \sigma_3}{2} \tag{b2}$$

单向拉伸屈服时,极限切应力为

$$\tau_{\max}^{0} = \frac{\sigma_s}{2} \tag{c2}$$

将式(b2)、式(c2)代入式(a2),得到用主应力表示的屈服破坏条件为

$$\sigma_1 - \sigma_3 = \sigma_s$$

用 σ_s 除以安全因数 n_s,得到材料的许用应力 $[\sigma]$,则最大切应力强度条件为

$$\sigma_1 - \sigma_3 \leqslant [\sigma] \tag{9-25}$$

最大切应力理论最早由库伦(Coulomb)提出,后经屈雷斯卡(Tresca)加以完善,也称为**第三强度理论**。这一理论能较好地解释塑性材料的屈服现象,与许多塑性材料在大多数受力情况下发生的屈服试验结果相当符合。该理论的缺点是没有考虑主应力 σ_2 的影响,在二向应力状态下,与试验结果比较,理论计算偏于安全。该理论形式简单,因而应用广泛。

4. 均方根切应力理论(第四强度理论)

均方根切应力理论认为,均方根切应力 τ_m 是引起材料塑性屈服的主要因素,即不论材料是处于简单应力状态还是复杂应力状态,只要危险点处的均方根切应力 τ_m 达到其极限值 τ_m^0,材料就会发生塑性屈服。因此,材料发生塑性屈服的条件是

$$\tau_m = \tau_m^0$$

单向拉伸屈服时,有

$$\sigma_1 = \sigma_s, \ \sigma_2 = 0, \ \sigma_3 = 0$$

其均方根切应力为

$$\tau_m^0 = \sqrt{\frac{1}{2}\left[(\sigma_1 - \sigma_2)^2 + (\sigma_2 - \sigma_3)^2 + (\sigma_3 - \sigma_1)^2\right]} = \sigma_s$$

因此得到用主应力描述的屈服破坏条件

$$\sqrt{\frac{1}{2}\left[(\sigma_1 - \sigma_2)^2 + (\sigma_2 - \sigma_3)^2 + (\sigma_3 - \sigma_1)^2\right]} = \sigma_s$$

用上式中的 σ_s 除以安全因数 n_s,得到材料的许用应力 $[\sigma]$,因此得到均方根切应力理论的强度条件为

$$\sqrt{\frac{1}{2}\left[(\sigma_1 - \sigma_2)^2 + (\sigma_2 - \sigma_3)^2 + (\sigma_3 - \sigma_1)^2\right]} \leqslant [\sigma] \tag{9-26}$$

均方根切应力理论最早由胡贝尔(Huber)和米塞斯(Mises)以不同形式提出,后经亨奇(Hench)用形状改变作了进一步解释与论证,也称为**形状改变比能理论**。这一理论考虑了中间主应力 σ_2 的影响,试验结果表明,对于塑性较好的材料,第四强度理论比第三强度理论更符合,且更节约材料,所以得到广泛应用。

9.5.3　强度理论的应用

综上所述,强度理论的强度条件可以写成统一的形式,即

$$\sigma_r \leqslant [\sigma] \tag{9-27}$$

上式中，σ_r 称为**相当应力**，是根据各强度理论得到的复杂应力状态下三个主应力的综合值，四个常用强度理论的相当应力分别为

$$\begin{cases} \sigma_{r1} = \sigma_1 \\ \sigma_{r2} = \sigma_1 - \mu(\sigma_2 + \sigma_3) \\ \sigma_{r3} = \sigma_1 - \sigma_3 \\ \sigma_{r4} = \sqrt{\dfrac{1}{2}\left[(\sigma_1-\sigma_2)^2 + (\sigma_2-\sigma_3)^2 + (\sigma_3-\sigma_1)^2\right]} \end{cases} \tag{9-28}$$

这四个常用的强度理论是针对脆性断裂和塑性屈服这两种失效形式提出的，因此，应根据失效形式选择相应的强度理论。

像铸铁、石料等脆性材料，通常情况下其失效形式为脆性断裂破坏，故采用第一和第二强度理论进行计算；像低碳钢等塑性材料，通常情况下其失效形式为塑性屈服破坏，故采用第三和第四强度理论进行计算，且第三强度理论的计算结果偏于安全；在三向拉伸应力状态下，不论是脆性材料还是塑性材料，其失效形式均为脆性断裂破坏，通常采用第一和第二强度理论进行计算；在三向压缩应力状态下，不论是脆性材料还是塑性材料，其失效形式均为塑性屈服破坏，通常采用第三或第四强度理论进行计算。

最后指出，由于各种因素相互影响，使强度问题变得复杂。目前，各种因素间的本质联系还不完全清楚，上述四个常用的强度理论都具有一定的片面性，随着科学技术的进一步发展，对材料的力学性质、应力状态与材料强度之间关系研究的深入，将会提出更为适用的强度理论。

例 9-5　单元体如图 9-16 所示，试分别按第三和第四强度理论写出其相当应力。

解　由图 9-16 可知，$\sigma_x = \sigma$，$\sigma_y = 0$，$\tau_{xy} = \tau$，按照主应力的计算式(9-7)有

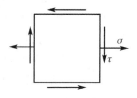

$$\left.\begin{array}{c}\sigma_{\max}\\\sigma_{\min}\end{array}\right\} = \frac{\sigma_x + \sigma_y}{2} \pm \sqrt{\left(\frac{\sigma_x - \sigma_y}{2}\right)^2 + \tau_{xy}^2} = \frac{\sigma}{2} \pm \sqrt{\left(\frac{\sigma}{2}\right)^2 + \tau^2}$$

单元体的主应力为

$$\sigma_1 = \frac{\sigma}{2} + \sqrt{\left(\frac{\sigma}{2}\right)^2 + \tau_{xy}^2}，\ \sigma_2 = 0，\ \sigma_3 = \frac{\sigma}{2} - \sqrt{\left(\frac{\sigma}{2}\right)^2 + \tau_{xy}^2}$$

图 9-16

将主应力的表达式代入式(9-28)中第三和第四强度理论相当应力的表达式中，整理有

$$\sigma_{r3} = \sqrt{\sigma^2 + 4\tau^2}$$
$$\sigma_{r4} = \sqrt{\sigma^2 + 3\tau^2} \tag{9-29}$$

例 9-6　现用某种黄铜材料制成的标准圆柱形试件做拉伸试验。已知临近破坏时，颈缩中心部位的主应力比值为 $\sigma_1 : \sigma_2 : \sigma_3 = 3 : 1 : 1$，并已知这种材料当最大拉应力达到 770 MPa 时发生脆性断裂，最大切应力达到 313 MPa 时发生塑性破坏。若对塑性破坏采用第三强度理论，试问现在试件将发生何种形式的破坏？并给出破坏时各主应力之值。

解　令主应力分别为

$$\sigma_1 = 3\sigma，\ \sigma_2 = \sigma_3 = \sigma$$

脆性断裂时，由第一强度理论知

$$\sigma_{r1} = \sigma_1 = 3\sigma = 770 \text{ MPa}$$

所以

$$\sigma \approx 257 \text{ MPa}$$

塑性破坏时，由第三强度理论有

$$\sigma_{r3} = \sigma_1 - \sigma_3 = 2\sigma = 313 \times 2 = 626 \text{ MPa}$$

所以

$$\sigma = 313 \text{ MPa}$$

故试件将发生脆性断裂。破坏时：

$$\sigma_1 = 770 \text{ MPa}, \sigma_2 = \sigma_3 = 257 \text{ MPa}$$

思 考 题

9.1　单元体无限小，其内部的材料还能保持均匀连续、各向同性吗？如何理解单元体无限小和材料均匀连续、各向同性之间的关系？

9.2　下列关于应力状态的论述中，（　　）是正确的，（　　）是错误的。

（A）正应力为零的截面上，切应力为极大值或极小值

（B）切应力为零的截面上，正应力为极大值或极小值

（C）切应力为极大值和极小值的截面上，正应力总是大小相等、符号相反

（D）若一点在任何截面上的正应力都相等，则任何截面上的切应力都为零

（E）若一点在任何截面上的切应力都为零，则任何截面上的正应力都相等

（F）若一点在任何截面上的正应力都为零，则任何截面上的切应力都相等

（G）若两个截面上的切应力大小相等、符号相反，则这两个截面必定互相垂直

（H）切应力为极大值和极小值的截面总是相互垂直的

（I）正应力为极大值和极小值的截面总是相互垂直的

9.3　将沸水注入厚玻璃杯内，若玻璃杯发生爆裂，则（　　）。

（A）内壁先开裂　　　　　　　（B）外壁先开裂

（C）内外壁同时开裂　　　　　（D）开裂没有什么规律

9.4　塑性材料处于三向等拉应力状态时，为什么发生脆性断裂而不发生塑性屈服？

9.5　有人根据深海中近似三向等压状态下动植物生长和活动现象，认为"不论是塑性材料还是脆性材料，在三向等压状态下都不会发生破坏"，你同意这一观点吗？为什么？

习 题

9-1　试从题 9-1 图中所示各受力构件中的 A 点处取单元体，并标记单元体各面上的应力。

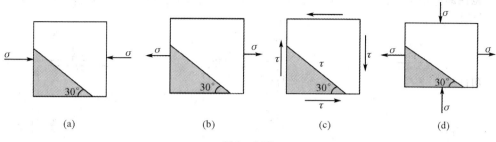

题 9 - 1 图

9-2　如题 9-2 图所示，已知 F、m、d 和 l，试用单元体确定受力构件点 A、B 处的应力状态。

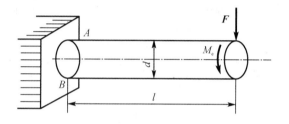

题 9 - 2 图

9-3　已知平面应力状态如题 9-3 图所示（应力单位 MPa），试用解析法及图解法分别确定：

（1）主应力大小，主平面位置。

（2）在单元体上绘制出主平面位置及主应力方向。

（3）最大切应力。

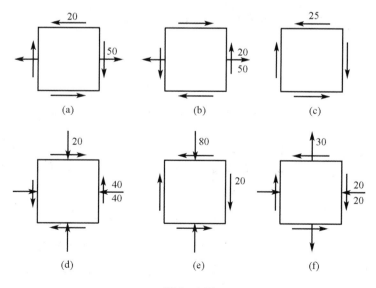

题 9 - 3 图

9-4　试用解析法及图解法分别确定如题 9-4 图所示平面应力状态指定斜截面上的应力(图中应力单位为 MPa)。

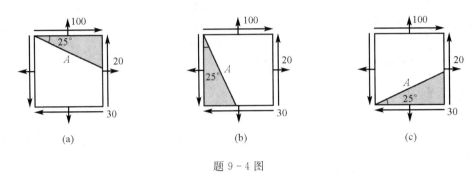

题 9-4 图

9-5　试用图解法绘制出题 9-5 图所示的单元体对应的应力圆,并进行讨论:

(1) 主应力值。

(2) 主平面方位。

(3) 最大切应力值及作用面的方位。

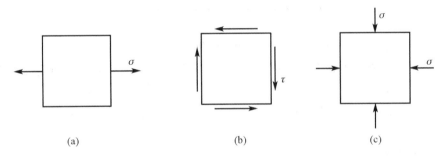

题 9-5 图

9-6　已知题 9-6 图所示锅炉直径 $D=1$ m,壁厚 $t=10$ mm,内部受到蒸气压力 $p=$ 3 MPa。试求:

(1) 壁内主应力及最大切应力。

(2) 斜截面 ab 上的正应力及切应力。

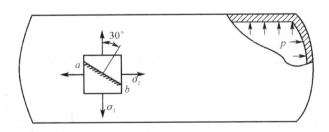

题 9-6 图

9-7　题 9-7 图给出了薄壁圆筒承受扭转—拉伸时的受力状态,已知 $F=20$ kN, $M=600$ N·m,$d=5$ cm,$\delta=2$ mm。试求:

（1）点 A 在指定斜截面上的应力。

（2）点 A 的主应力大小及方向。

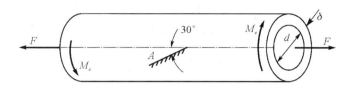

题 9-7 图

9-8　已知主单元的 $\sigma_3=0$，沿主应力 σ_1，σ_2 方向的主应变分布为 $\varepsilon_1=1.7\times10^{-4}$，$\varepsilon_2=0.4\times10^{-4}$，材料的泊松比 $\mu=0.3$，求主应变 ε_3。

9-9　如题 9-9 图所示，试比较正方体棱柱在下列情况下的相当应力 σ_{r3}。设弹性常数 E、ν 均为已知。

（1）棱柱体轴向受压，如图（a）。

（2）棱柱体在刚性方模中轴向受压，如图（b）。

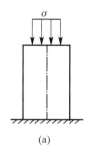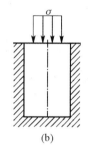

题 9-9 图

9-10　如题 9-10 图所示，已知薄壁容器的平均直径 $D_0=100$ cm，容器内压 $p=3.6$ MPa，扭转力矩 $M_T=314$ kN·m，材料许用应力 $[\sigma]=160$ MPa。试按第三和第四强度理论设计此容器的壁厚。

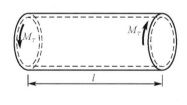

题 9-10 图

9-11　如题 9-11 图所示，在受集中力偶 M 作用下的矩形截面梁中，测得中性层上点沿45°方向的线应变为 $\varepsilon_{45°}$，已知该梁的弹性常数 E、ν 和梁的几何尺寸 b、h、a、d、l，试求 M 大小。

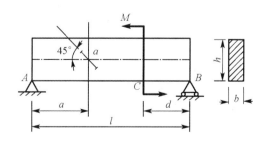

题 9-11 图

9-12　如题 9-12 图所示 NO.36a 工字钢简支梁，$P=140$ kN，$l=4$ m，m 点所指截面在集中力 P 的左侧，且无限接近力 P 的作用线。试求过 m 点指定截面上的应力。

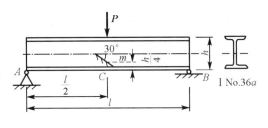

题 9-12 图

9-13　用电阻应变仪测的空心圆轴表面上一点沿母线45°方向的应变 $\varepsilon_{45°}=200$ $\mu\varepsilon$，轴的外径 $D=120$ mm，内径 $d=80$ mm，轴的弹性模量 $E=200$ GPa，泊松比 $\nu=0.30$，轴的转速 $n=120$ r/m，试计算此轴的功率。

第 10 章　组 合 变 形

10.1　概　　述

前面的章节分别考察了构件在发生基本变形(拉压、扭转和平面弯曲变形)时,如何计算。如果构件在荷载作用下同时发生两种或两种以上的基本变形,称构件发生**组合变形**。实际工程问题中,几乎所有的杆件都存在组合变形问题,如图 10 - 1(a)所示的高速公路指示牌,当风载施加在指示牌面板上时,会使支撑立柱发生弯曲和扭转的组合变形;图10 - 1(b)展示的轮船螺旋桨如果在水中推进,会对轴施加一个轴向力,并且螺旋桨的旋转会使轴发生扭转变形。在具体分析组合变形时,通常忽略影响较小的因素所引起的应力或位移,只考虑对构件承载力影响较大的一种或几种基本变形形式,因此研究对象是对实际问题的简化处理模型,而获得的力学模型能够在一定程度上满足工程实践需求并指导工程结构分析。

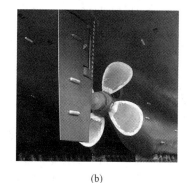

(a)　　　　　　　　　　　　　　　(b)

图 10 - 1

研究组合变形问题的基本思路基于叠加原理:将组合变形分解为若干个基本变形,分别计算各基本变形下的应力和变形,最后进行叠加处理,结合强度条件或强度理论,完成强度计算。利用叠加原理分析组合变形问题,一般可分为外力分析、内力分析、应力分析和强度分析:

(1) 外力分析:将外力向截面形心进行简化,形成等效力系,一般存在多个外力分量。

(2) 内力分析:针对各外力分量引起的变形,分析对应内力分布规律,结合截面的几何性质和材料的力学特性,确定可能的危险截面及内力极值。

(3) 应力分析:按基本变形形式下横截面上的应力变化规律,确定危险截面的危险点处的应力分量,并按叠加原理分析该点的应力状态。

(4) 强度分析:按危险点的应力状态及材料的力学特性,选取适当的强度理论建立强度条件，进行强度计算。

利用叠加原理分析组合变形时，要求杆件材料处于线弹性范围内，且变形很小，可以按杆件的原始形状和尺寸利用叠加原理对基本变形分析后再进行叠加计算。

10.2　斜　弯　曲

在第 8 章，我们介绍过平面弯曲，但有限制条件：作用在梁上的横向力均位于梁的纵向对称面内（形心主惯性平面内），此时梁所发生的变形称为平面弯曲。

而如果施加在梁上的横向力和两条形心主惯性轴都不重合，则称梁发生斜弯曲变形。斜弯曲也是一类平面弯曲，通常可以看作是两个不同形心主惯性平面内的平面弯曲的组合变形形式。下面考虑图 10 - 2 所示的斜弯曲，利用叠加原理计算斜弯曲的强度和刚度。

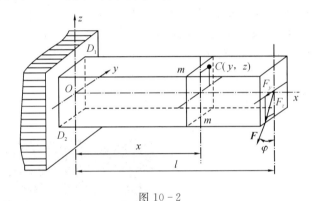

图 10 - 2

将外力 F 沿两个形心主轴方向分解，得

$$F_y = F\sin\varphi, \ F_z = F\cos\varphi$$

其中 F_y 将使梁在 xy 面内发生平面弯曲，而 F_z 则使梁在 xz 面内发生平面弯曲。即构件在 F 作用下，将产生两个平面弯曲的组合变形。

在梁的任意横截面 m - m 上，由 F_y 和 F_z 引起的弯矩值依次为

$$M_y = F_y x, \ M_z = F_z(x-a)$$

在横截面 m - m 上的某点 $C(y, z)$ 处，由弯矩 M_y 和 M_z 引起的正应力分别为

$$\sigma' = \frac{M_y}{I_y}z, \ \sigma'' = -\frac{M_z}{I_z}y$$

根据叠加原理，σ' 和 σ'' 的代数和即为 C 点的正应力，即

$$\sigma' + \sigma'' = \frac{M_y}{I_y}z - \frac{M_z}{I_z}y \tag{10-1}$$

在以上公式中，I_y 和 I_z 分别为横截面对 y 轴和 z 轴的惯性矩，M_y 和 M_z 分别是截面上位于水平和铅垂对称平面内的弯矩。

要完成强度计算，必须确定梁内的最大正应力。最大正应力发生在弯矩最大的截面（危险截面）上，但要确定截面上危险点的位置，即哪一点的正应力最大，应先确定截面上中性轴的位置。由于中性轴上各点处的正应力均为零，令 (y_0, z_0) 代表中性轴上的任一点，将它

的坐标值代入式(10-1)，即可得中性方程：

$$\frac{M_y}{I_y}z_0 - \frac{M_z}{I_z}y_0 = 0 \tag{10-2}$$

从上式可知，中性轴是一条通过横截面形心的直线，令中性轴与 y 轴的夹角为 α，则

$$\tan\alpha = \frac{z_0}{y_0} = \frac{M_z}{M_y} \cdot \frac{I_y}{I_z} = \frac{I_y}{I_z}\tan\varphi \tag{10-3}$$

确定中性轴的位置后，就可看出截面上离中性轴最远的点是正应力 σ 值最大的点。一般只要作与中性轴平行且与横截面周边相切的线，切点就是最大正应力的点。如图 10-2 所示的矩形截面梁，显然右上角 D_1 与左下角 D_2 有最大正应力值，应力绝对值为

$$|\sigma_{\max}| = \left| M\left(\frac{\sin\varphi}{I_z}y_{\max} + \frac{\cos\varphi}{I_y}z_{\max}\right)\right|$$

在确定了梁的危险截面和危险点的位置，并算出危险点处的最大正应力后，由于危险点处于单轴应力状态，于是，可将最大正应力与材料的许用正应力相比较来建立强度条件，进行强度计算。

图 10-2 所示的斜弯曲在自由端处的变形最大，可采用叠加法计算。设自由端的挠度为 w，在两个主惯性平面内的挠度分别为 w_y 和 w_z，总挠度 w 为上述两个挠度的矢量和，其大小和方向可由下式确定：

$$w = \sqrt{w_y^2 + w_z^2}, \quad \tan\beta = \frac{w_y}{w_z} = \frac{I_y}{I_z}\tan\varphi \tag{10-4}$$

其中 β 为总挠度 w 与 z 轴的夹角。

求得总挠度后，可按照刚度条件进行刚度计算。

例 10-1 一个长 2 m 的矩形截面木制悬臂梁，弹性模量 $E = 1.0 \times 10^4$ MPa，梁上作用有两个集中荷载 $F_1 = 1.3$ kN 和 $F_2 = 2.5$ kN，如图 10-3(a)所示，设截面 $b = 0.6h$，$[\sigma] = 10$ MPa。试选择梁的截面尺寸，并计算自由端的挠度。

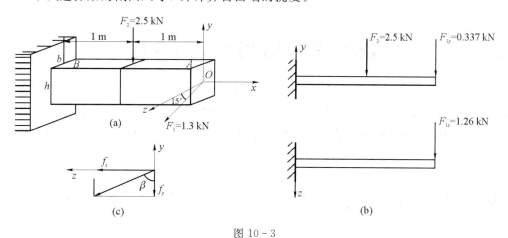

图 10-3

解 (1)选择梁的截面尺寸。

将自由端的作用荷载 F_1 分解，有

$$F_{1y} = F_1\sin 15° = 0.336 \text{ kN}, \quad F_{1z} = F_1\cos 15° = 1.256 \text{ kN}$$

此梁的斜弯曲可分解为在 xy 平面内及 xz 平面内的两个平面弯曲，如图 $10-3$(c)所示。由图 $10-3$ 可知 M_z 和 M_y 在固定端的截面上达到最大值，故危险截面上的弯矩为

$$M_z = 2.5 \times 1 + 0.336 \times 2 = 3.172 \text{ kN} \cdot \text{m}, \quad M_y = 1.256 \times 2 = 2.215 \text{ kN} \cdot \text{m}$$

$$W_z = \frac{1}{6}bh^2 = \frac{1}{6} \times 0.6h \times h^2 = 0.1h^3, \quad W_y = \frac{1}{6}hb^2 = \frac{1}{6} \times h \times 0.6h^2 = 0.06h^3$$

上式中 M_z 与 M_y 只取绝对值，且截面上的最大拉压应力相等，故

$$\sigma_{\max} = \frac{M_z}{W_z} + \frac{M_y}{W_y} = \frac{3.172 \times 10^6}{0.1h^3} + \frac{2.512 \times 10^6}{0.06h^3} = \frac{73.587 \times 10^6}{h^3} \leqslant [\sigma]$$

$$h \geqslant \sqrt[3]{\frac{73.587 \times 10^6}{10}} = 194.5 \text{ mm}$$

可取 $h = 200 \text{ mm}$，$b = 120 \text{ mm}$。

(2) 计算自由端的挠度。分别计算 w_y、w_z 得

$$w_y = \frac{F_{1y}l^3}{3EI_z} = \frac{F_2\left(\frac{l}{2}\right)^2}{6EI_z}\left(3l - \frac{l}{2}\right)$$

$$= \frac{0.336 \times 10^3 \times 2^3 + \frac{1}{2} \times 2.5 \times 10^3 \times 1^3 \times (3 \times 2 - 1)}{3 \times 1.0 \times 10^4 \times 10^6 \times \frac{1}{12} \times 0.12 \times 0.2^3} = 3.72 \text{ mm}$$

$$w_z = \frac{F_{1z}l^3}{3EI_y} = \frac{1.256 \times 10^3 \times 2^3}{3 \times 1.0 \times 10^4 \times 10^6 \times \frac{1}{12} \times 0.2 \times 0.12^3} = 11.6 \text{ mm}$$

$$w = \sqrt{w_z^2 + w_y^2} = \sqrt{(3.72)^2 + (11.6)^2} = 12.18 \text{ mm}$$

$$\beta = \arctan\left(\frac{11.6}{3.7}\right) = 72.45°$$

10.3　拉伸(压缩)与弯曲组合

如果作用在杆上的力，除横向力外，还有轴向拉(压)力，则杆将发生弯曲与拉伸(压缩)的组合变形。对于抗弯刚度 EI 较大的杆，可忽略轴向力对弯曲变形的影响，此时拉伸(压缩)和弯曲两个基本变形是各自独立的，可以应用叠加原理计算。如图 $10-4$(a)所示悬臂杆 AB，在它的自由端 A 作用一个与铅直方向成 φ 角的力 $\boldsymbol{F}$(在纵向对称面 xy 平面内)。将力 $\boldsymbol{F}$ 分别沿 x 轴、y 轴分解，可得 $F_x = F\sin\varphi$，$F_y = F\cos\varphi$。式中 F_x 为轴向力，使梁发生轴向拉伸变形，如图 $10-4$(b)所示；F_y 为横向力，使梁发生平面弯曲变形，如图 $10-4$(c)所示。

取距 A 端距离为 x 的截面，则其轴力为 $F_N = F_x = F\sin\varphi$，弯矩为 $M_z = -F_y x = -F\cos\varphi \cdot x$。

在轴向力 F_x 作用下，杆各个横截面上有相同的轴力 $F_N = F_x$。而在横向力作用下，固定端横截面上存在最大弯矩，即 $M_{\max} = -F\cos\varphi \cdot l$，故危险截面在固定端。

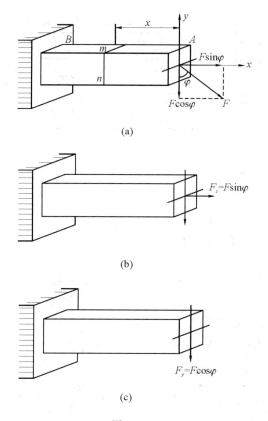

图 10 - 4

在轴力 F_N 作用下，危险截面上产生的拉应力 σ_t 在该截面上各点处均相等，其值为

$$\sigma_t = \frac{F_N}{A} = \frac{F_x}{A} = \frac{F\sin\varphi}{A}$$

在弯矩 M_{max} 作用下，危险截面上产生的最大弯曲正应力 σ_b 出现在该截面的上、下边缘处，其绝对值为

$$\sigma_b = \left| \frac{M_{max}}{W_z} \right| = \frac{Fl\cos\varphi}{W_z}$$

在危险截面上与 F_N、M_{max} 对应的正应力沿截面高度变化的情况分别如图 10 - 5(a) 和图 10 - 5(b) 所示。将弯曲正应力与拉伸正应力叠加后，正应力沿截面高度的变化情况如图 10 - 5(c) 所示。

若 $\sigma_t > \sigma_b$，则 σ_{min} 为拉应力；若 $\sigma_t < \sigma_b$，则 σ_{min} 为压应力。所以，σ_{min} 值取决于轴向力和横向力引起的应力大小。杆件的最大正应力是危险截面上边缘各点处的拉应力，其值为

$$\sigma_{max} = \frac{F\sin\varphi}{A} + \frac{Fl\cos\varphi}{W_z} \tag{10 - 5}$$

由于危险点处的应力状态为单轴应力状态，故可将最大拉应力与材料的许用应力相比较，以进行强度计算。

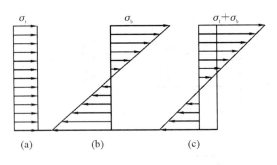

图 10 - 5

例 10 - 2　求如图 10 - 6(a)所示杆内的最大正应力。力 **F** 与杆的轴线平行。

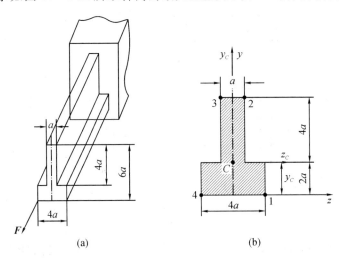

图 10 - 6

解　横截面如图 10 - 6(b)所示，其面积为

$$A = 4a \times 2a + 4a \times a = 12a^2$$

形心 C 的坐标为

$$y_C = \frac{a \times 4a \times 4a + 4a \times 2a \times a}{a \times 4a + 4a \times 2a} = 2a，z_C = 0$$

形心主惯性矩为

$$I_{z_C} = \frac{a \times (4a)^3}{12} + a \times 4a \times (2a)^2 + \frac{4a \times (2a)^3}{12} + 2a \times 4a \times a^2 = 32a^4$$

$$I_{y_C} = \frac{1}{12}[2a \times (4a)^3 + 4a \times a^3] = 11a^4$$

力 F 对主惯性轴 y_C 和 z_C 之矩为

$$M_{y_C} = F \times 2a = 2Fa，M_{z_C} = F \times 2a = 2Fa$$

比较如图 10 - 6(b)所示截面 4 个角点上的正应力可知，角点 4 上的正应力最大，即

$$\sigma_4 = \frac{F}{A} + \frac{M_{z_C} \times 2a}{I_{z_C}} + \frac{M_{y_C} \times 2a}{I_{y_C}} = \frac{F}{12a^2} + \frac{2Fa \times 2a}{32a^4} + \frac{2Fa \times 2a}{11a^4} = 0.572 \frac{F}{a^2}$$

10.4　偏心压缩与截面核心

第 5 章在解决拉压问题时，对作用在杆件上的外荷载做出了一定的限制，即外力作用线必须与杆件的轴线重合，这时杆件发生的变形才属于轴向拉压变形。但如果构件所受外力作用线与杆件轴线平行但不重合，即不通过截面形心，此时就会产生偏心压缩或偏心拉伸变形，这类变形实际上是拉压和弯曲的组合变形形式。一个轴向拉压与一个平面弯曲的组合称为单向偏心，一个轴向拉压与两个平面弯曲的组合称为双向偏心。本节将分析和讨论偏心拉压问题的强度计算。下面就以立柱为例，如图 10-7(a) 所示，讨论偏心压缩时的强度计算，偏心拉伸的强度计算方法类似。

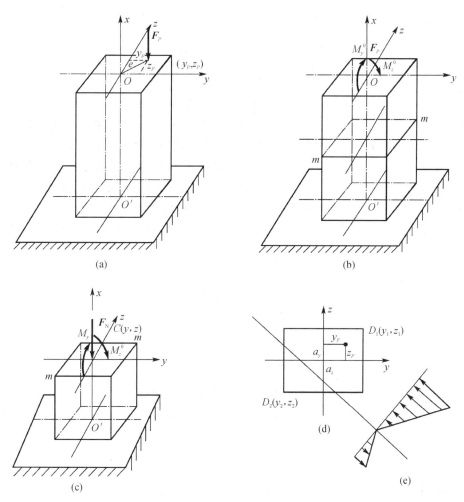

图 10-7

如图 10-7(a) 所示为一立柱，在上端受集中力 F_P 的作用，力 F_P 的作用点到截面形心的距离 $OA = e$，称为**偏心距**。取轴线为 x 轴，截面的对称轴分别为 y 轴、z 轴，压力 F_P 的作用点是 $A(y_F, z_F)$。将荷载 F_P 向顶面形心 O 点简化，得到轴向压力 F_P，作用在 xOy

平面内的力偶矩 $M_z^0 = F_P y_F$，作用在 xOz 平面内的力偶矩 $M_y^0 = F_P z_F$，如图 $10-7(b)$ 所示，在该力系作用下，立柱发生轴向压缩和 xOy、xOz 两个纵向对称面内平面弯曲的组合变形。

由截面法，立柱的任意横截面 $m-m$ 上的内力[如图 $10-7(c)$ 所示]为

$$F_N = F_P, \quad M_y = F_P z_F, \quad M_z = F_P y_F$$

F_N、M_y、M_z 代表 $m-m$ 截面上内力的大小。在截面 $m-m$ 上任意点 $C(y,z)$ 处，使立柱发生压缩变形，xOy、xOz 两个纵向对称面内发生平面弯曲变形的应力分别是

$$\sigma' = -\frac{F_N}{A} = -\frac{F_P}{A}, \quad \sigma'' = -\frac{M_z y}{I_z}, \quad \sigma''' = -\frac{M_y z}{I_y}$$

$C(y,z)$ 点的总应力为

$$\sigma = \sigma' + \sigma'' + \sigma''' = -\frac{F_P}{A} - \frac{M_z y}{I_z} - \frac{M_y z}{I_y}$$

$$= -\frac{F_P}{A} - \frac{F_P y_F y}{I_z} - \frac{F_P z_F z}{I_y} = -\frac{F_P}{A}\left(1 + \frac{y_F y}{i_z^2} + \frac{z_F z}{i_y^2}\right) \tag{10-6}$$

式 $(10-6)$ 中，截面惯性半径 $i_y = \sqrt{\dfrac{I_y}{A}}$，$i_z = \sqrt{\dfrac{I_z}{A}}$。

需要指出的是，实际计算时，式 $(10-6)$ 中的外力 $\boldsymbol{F}_P$、弯矩及截面上点的坐标均取绝对值代入，而各项的正负号可直接根据杆的变形情况确定：对于 σ'，拉伸变形时，为拉应力，取正号；压缩变形时，为压应力，取负号。对于 σ''、σ'''，所求应力的点位于弯曲变形凸出边时，为拉应力，取正号；位于弯曲变形凹入边时，为压应力，取负号。图 $10-7(c)$ 中，C 点处的正应力 σ'、σ''、σ''' 均为压应力，所以式 $(10-6)$ 中均取负号。

下面讨论中性轴的计算。设点 (y_0, z_0) 是中性轴上任意一点，由弯曲应力一章可知，中性轴上各点正应力为零，即

$$\sigma(y_0, z_0) = 0$$

$$-\frac{F_P}{A} - \frac{M_z y_0}{I_z} - \frac{M_y z_0}{I_y} = 0$$

或

$$1 + \frac{y_F y_0}{i_z^2} + \frac{z_F z_0}{i_y^2} = 0 \tag{10-7}$$

由式 $(10-7)$ 可知，偏心拉伸或压缩时，横截面上的中性轴是一条不通过截面形心的直线，如图 $10-7(d)$ 所示。设中性轴在 z 轴、y 轴上的截距分别为 a_z、a_y，根据截距的定义，由式 $(10-7)$ 有

$$a_y = -\frac{i_z^2}{y_F}, \quad a_z = -\frac{i_y^2}{z_F} \tag{10-8}$$

应力分布如图 $10-7(e)$ 所示。

横截面上离中性轴最远的点应力最大。在横截面图形周边上作与中性轴平行的切线，切点 D_1、D_2 是截面上离中性轴最远的点，为危险点，即

$$\sigma_{D_1} = \sigma_{cmax} = -\frac{F_P}{A} - \frac{F_P z_F z_{D_1}}{I_y} - \frac{F_P y_F y_{D_1}}{I_z} \tag{10-9}$$

$$\sigma_{D_2} = \sigma_{\text{tmax}} = -\frac{F_P}{A} + \frac{F_P z_F z_{D_2}}{I_y} + \frac{F_P y_F y_{D_2}}{I_z} \tag{10-10}$$

危险点处于单向应力状态，因此强度条件为

对于塑性材料，有

$$\sigma_{\text{max}} = \max(|\sigma_{\text{tmax}}|, |\sigma_{\text{cmax}}|) \leqslant [\sigma] \tag{10-11}$$

对于脆性材料，有

$$\sigma_{\text{tmax}} \leqslant [\sigma], |\sigma_{\text{cmax}}| \leqslant [\sigma_c] \tag{10-12}$$

由式(10-7)可知，中性轴是一条不通过坐标原点的直线，它在坐标轴上的截距与外力作用点的坐标值成反比，因此，外力作用点离形心越近，中性轴离形心就越远，当中性轴与截面周边相切或位于截面之外时，整个截面上就只有压应力而无拉应力，与这些中性轴对应的作用点会在截面形心周围形成一个小区域，这个区域称为**截面核心**。对于混凝土、石料等抗拉能力比抗压能力小得多的材料，设计时不希望偏心压缩在构件中产生拉应力，为达到这一要求，只需将外力作用在截面核心内即可。

由截面核心的定义，把截面周边上若干点的切线作为中性轴，算出中性轴在坐标轴上的截距，再利用式(10-8)求出各中性轴所对应的外力作用点的坐标，顺序连接所求得的各外力作用点，即可得到一条围绕截面形心的封闭曲线，它所包围的区域就是截面核心。

矩形截面和圆形截面的截面核心如图 10-8 中阴影区域所示。

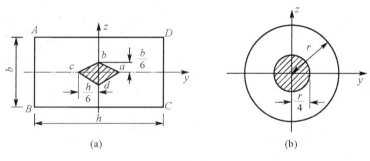

图 10-8

10.5　弯曲与扭转组合

弯扭组合变形是指由平面弯曲与扭转组合而成的变形形式，这里以图 10-9(a)所示直径为 d 的圆截面杆 AB 为例，说明弯扭组合变形的分析方法。

杆 AB 的受力简图如图 10-9(b)所示，任一截面 m—m 上的内力如图 10-9(c)所示，任一横截面上的应力情况如图 10-9(d)所示，比较特殊的三点 D、E、F 的应力状态如图 10-9(e)所示，危险截面和危险点的情况如图 10-9(f)所示。

对于弯扭联合作用下的杆，一般用塑性材料制成，通常用第三、四强度理论，即

$$\sigma_{r3} = \sqrt{\sigma^2 + 4\tau^2} \leqslant [\sigma] \tag{10-13}$$

$$\sigma_{r4} = \sqrt{\sigma^2 + 3\tau^2} \leqslant [\sigma] \tag{10-14}$$

由于圆截面的抗扭截面系数是抗弯截面系数的 2 倍，即 $W_p = 2W$，所以有

$$\sigma_{r3} = \frac{\sqrt{M^2 + M_n^2}}{W} \leqslant [\sigma] \tag{10-15}$$

$$\sigma_{r4} = \frac{\sqrt{M^2 + 0.75M_n^2}}{W} \leqslant [\sigma] \tag{10-16}$$

对于式(10-15)和式(10-16)，只适用于弯扭组合变形圆轴，其他截面只能用式(10-13)和式(10-14)；若杆件受拉压＋弯曲＋扭转同时作用的组合变形时，只能用式(10-13)和式(10-14)；实际问题中，圆截面杆往往在互相垂直的两个平面内同时存在弯矩 M_z、M_y，则 $M = \sqrt{M_z^2 + M_y^2}$，代入式(10-15)和式(10-16)即可。

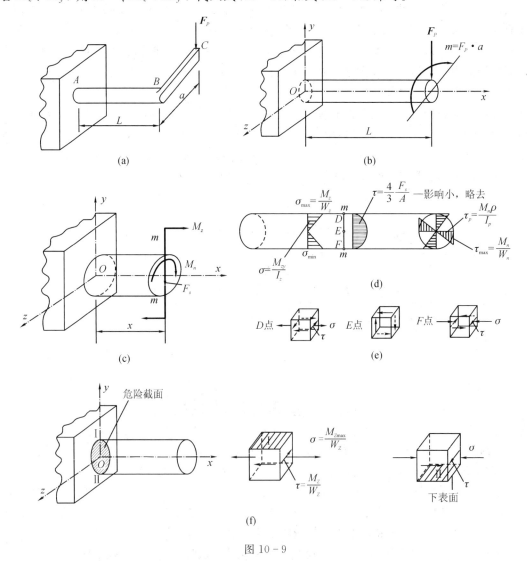

图 10-9

例 10-3　一个钢制圆轴上装有两胶带轮 A、B，两轮的直径 $DA = DB = 1$ m，两轮自重 $F = 5$ kN，胶带的张力大小和方向如图 10-9(a)所示。设圆轴材料的$[\sigma] = 80$ MPa，试按第三强度理论求轴所需要的直径 d。

解 （1）作轴的计算简图如图 10-9(b)所示。

（2）作杆的扭矩图和弯矩图如图 10-9(c)所示。

（3）计算 B、C 截面处的合成弯矩。

$$M_B = \sqrt{(M_z)^2 + (M_y)^2} = \sqrt{(1.05)^2 + (2.25)^2} = 2.49 \text{ kN} \cdot \text{m}$$

$$M_C = \sqrt{(2.1)^2 + (1.5)^2} = 2.58 \text{ kN} \cdot \text{m}$$

（4）确定 $M_{\max}$ 截面。

因为 $M_C > M_B$，故 $M_{\max} = M_C$。

（5）确定直径 d。

按第三强度理论，有

$$\frac{\sqrt{(M_C)^2 + (M_n)^2}}{W} \leqslant [\sigma]$$

$$\frac{\sqrt{(2.58 \times 10^3)^2 + (1.5 \times 10^3)^2}}{0.1 d^3} \leqslant 80 \times 10^6$$

由此得所需的直径为 $d = 72$ mm。

思 考 题

10.1 解组合变形采用什么基本方法？它有什么前提？

10.2 什么是平面弯曲？什么是斜弯曲？二者有什么区别？

10.3 什么是截面核心？为什么工程中将偏心压力控制在受压杆的截面核心范围内？

习 题

10-1 如题 10-1 图所示，跨度为 $l = 3$ m 的矩形截面木桁条，受均布荷载 $q = 800$ N/m 作用，木桁条的容许应力 $[\sigma] = 12$ MPa，容许挠度 $\left[\dfrac{w}{l}\right] = \dfrac{1}{200}$，材料的弹性模量 $E = 9 \times 10^3$ MPa，试选择木桁条的截面尺寸，并作刚度校核。

10-2 如题 10-2 图所示为简易起重机，其最大起重量 $F_G = 15.5$ kN，横梁 AB 为工字钢，许用应力 $[\sigma] = 170$ MPa，$\alpha = 30°$。若梁的自重不计，试按正应力强度条件选择横梁工字钢型号。

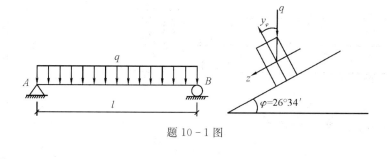

题 10-1 图

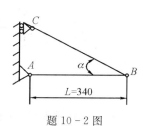

题 10-2 图

10-3　如题 10-3 图所示钻床，钻孔时受到压力 $F=15$ kN。已知偏心距 $e=0.4$ m，铸铁立柱的直径 $d=125$ mm，许用拉应力为 $[\sigma_t]=35$ MPa，许用压应力为 $[\sigma_c]=120$ MPa。试校核铸铁立柱的强度。

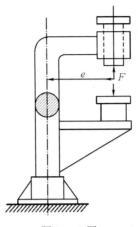

题 10-3 图

10-4　如题 10-4 图所示水塔，盛满水时连同基础总重量为 F_G，在离地面 H 处，受一水平风力合力为 $\boldsymbol{F}_P$ 作用，圆形基础直径为 d，基础埋深为 h，若基础土壤的许用应力 $[\sigma]=300$ kN/m²，试校核基础的承载力。

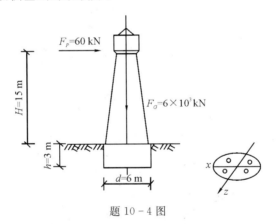

题 10-4 图

10-5　矩形截面钢杆如题 10-5 图所示，用应变片测得杆件上、下表面的线应变分别为 $\varepsilon_a=1\times10^{-3}$，$\varepsilon_b=0.4\times10^{-3}$，材料的弹性模量 $E=210$ GPa。要求：

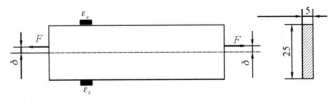

题 10-5 图

（1）试绘制横截面的正应力分布图。

（2）确定拉力 F 及偏心距 δ 的大小。

10 - 6　在力 F 和 F_1 联合作用下的短柱如题 10 - 6 图所示。试求固定端截面上角点 A、B、C、D 的正应力。

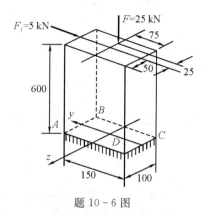

题 10 - 6 图

10 - 7　如题 10 - 7 图所示，轴上安装两个圆轮，F_P、F_Q 分别作用在两轮上，并沿竖直方向，轮轴处于平衡状态。若轴的直径 $d = 110$ mm，许用应力 $[\sigma] = 60$ MPa。试按第四强度理论确定许用荷载 F_P。

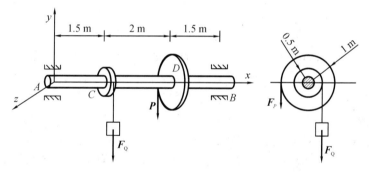

题 10 - 7 图

10 - 8　传动轴如题 10 - 8 图所示，C 轮受铅垂力 F_1 作用，直径 $D_1 = 200$ mm，$F_1 = 2$ kN；E 轮受水平拉力 F_2 作用，$D_2 = 100$ mm。轴材料的许用应力 $[\sigma] = 80$ MPa。已知轮轴处于平衡状态。要求：画出轴的扭矩图和弯矩图，并按第三强度理论设计轴的直径，单位为 mm。

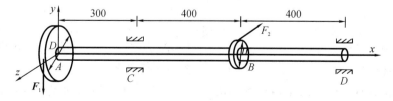

题 10 - 8 图

第 11 章　压杆稳定

11.1　概　　述

工程实际中，有许多受压杆件，如图 11-1 所示起重机的液压杆、高架桥的桥墩、桁架结构的弦杆等。对于受压杆件，除了必须具有足够的强度和刚度，还需要考虑**稳定性**问题。

液压杆

(a)　　　　　　　　　　(b)　　　　　　　　　　(c)

图 11-1

关于稳定性，考虑如图 11-2(a)所示刚性小球，在下凹曲面的最低点 A 点处于静止平衡状态，若给小球一个干扰力，使其离开最低点 A，当撤去干扰力后，小球总会回到原来的平衡位置 A 点，我们称小球在 A 点的平衡是**稳定平衡**；在图 11-2(b)中，小球在光滑平面上，若不计摩擦，则小球可以在任意位置上处于静止平衡状态，这种现象称为**随遇平衡**；如图 11-2(c)所示，若小球在曲面最高点 C 点处于静止平衡状态，给小球一个干扰力，则小球将下滚，离开原来的平衡位置 C 点，故小球在 C 点的平衡是**不稳定的平衡**。

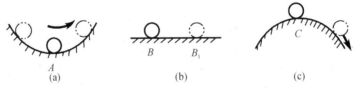

A
(a)　　　　　　　　　　B　　B₁
(b)　　　　　　　　　　C
(c)

图 11-2

不仅刚体有平衡的稳定性问题，弹性体同样存在平衡的稳定性问题。以图 11-3 所示的细长压杆为例说明，当轴向压力小于某一数值（即 $F < F_{cr}$）时，在横向干扰力作用下，杆产生横向弯曲变形（微弯），但当去掉干扰后，杆将恢复原有的竖直状态，如图 11-3(b)所示，即压杆在竖直状态下的平衡是**稳定的平衡**。当轴向压力增大到等于该数值时（即 $F = F_{cr}$），杆件仍可暂时维持直线平衡状态，若有横向干扰，压杆产生微弯，横向干扰去掉后，压杆将不能恢复直线平衡而处于微弯的平衡状态，如图 11-3(c)所示，此时压杆的直线平衡状态为**不稳定的平衡**。压杆由稳定平衡过渡到不稳定平衡时轴向压力的临界值 F_{cr} 称为**临界力**或**临界荷载**，是压杆承载力的一个重要指标。当轴向压力大于该临界力（即 $F > F_{cr}$）

时，压杆在微小的横向干扰力下，会发生较大弯曲，甚至丧失承载能力，如图 11 - 3(d)所示。压杆不能保持其初始的直线平衡状态，称为**丧失稳定性**，简称**失稳**或**屈曲**。压杆失稳是不同于强度破坏的一种失效形式，研究压杆稳定性的关键是确定临界荷载 F_{cr} 的数值。

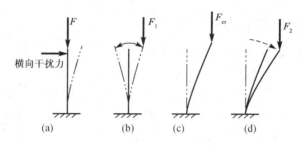

图 11 - 3

由于构件的失稳往往是突然发生的，有时会引起整个机器或结构的破坏，危害较大。工程上曾多次发生因构件失稳而引起的重大事故，如 1907 年加拿大劳伦斯河上，跨长为 548 米的奎拜克大桥，因压杆失稳导致整座大桥倒塌，如图 11 - 4(a)所示；2000 年某电视台演播厅施工现场脚手架失稳导致结构坍塌，如图 11 - 4(b)所示。因此，在设计受压杆件时，必须保证压杆有足够的稳定性。

图 11 - 4

除压杆外，还有一些构件也存在稳定性问题，如图 11 - 5(a)所示狭长的矩形截面梁，在横向荷载作用下，会出现侧向弯曲和绕轴线的扭转；如图 11 - 5(b)所示受外压作用的圆柱形薄壳，外压过大时，其形状可能突然变成椭圆；如图 11 - 5(c)所示圆环形拱受径向均布压力时，也可能产生失稳等。本章仅讨论压杆的稳定性问题。

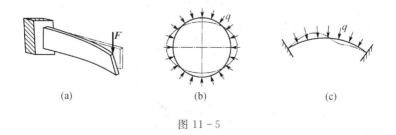

图 11 - 5

11.2　细长压杆的临界力

11.2.1　两端铰支细长压杆的临界力

如图 11-6(a)所示为两端铰支的细长压杆,推导其临界力计算公式。

选取坐标系如图 11-6(a)所示,设压杆处于临界状态,即具有微弯的平衡形式。假想沿任意截面将压杆截开,保留部分如图 11-6(b)所示,由保留部分的平衡得

$$M(x) = F_{cr}w$$

在图示的坐标系中,弯矩 M 与挠度 w 的符号总相同。

对微小的弯曲变形,根据挠曲线近似微分方程有

$$\frac{\mathrm{d}^2 w}{\mathrm{d}x^2} = -\frac{M(x)}{EI} = -\frac{F_{cr}w}{EI} \tag{a}$$

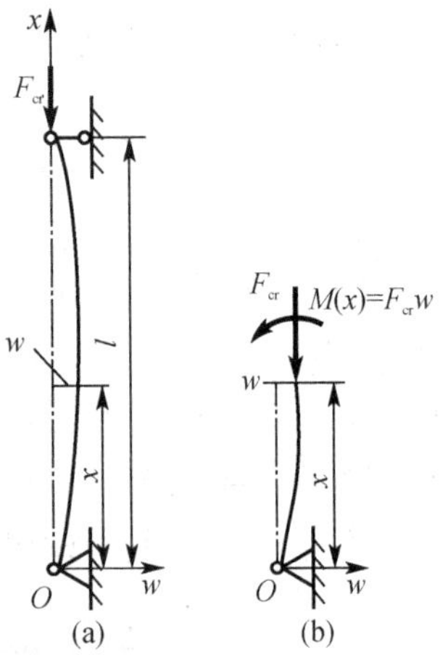

令 $k^2 = \dfrac{F_{cr}}{EI}$,式(a)可改写为

$$\frac{\mathrm{d}^2 w}{\mathrm{d}x^2} + k^2 w = 0 \tag{b}$$

此微分方程的通解为

$$w = A_1 \sin kx + A_2 \cos kx \tag{c}$$

式中 A_1、A_2 为积分常数。

图 11-6

在压杆两端铰支的情况下,边界条件为

$$x = 0, \ w = 0 \tag{d}$$

$$x = l, \ w = 0 \tag{e}$$

将式(c)代入边界条件(d),得 $A_2 = 0$,于是

$$w = A_1 \sin kx$$

将式(c)代入边界条件(e),有

$$A_1 \sin kl = 0 \tag{f}$$

在式(f)中,积分常数 A_1 不能等于零,否则将使 $w \equiv 0$,这意味着压杆处于直线平衡状态与压杆处于微弯平衡状态相矛盾,故只能是

$$\sin kl = 0 \tag{g}$$

由式(g)解得 $kl = n\pi (n = 0, 1, 2, \cdots)$,从而有

$$k = \frac{n\pi}{l} \tag{h}$$

则

$$k^2 = \frac{n^2 \pi^2}{l^2} = \frac{F_{cr}}{EI} \tag{i}$$

或

$$F_{cr} = \frac{n^2 \pi^2 EI}{l^2} \quad (n = 0, 1, 2, \cdots) \tag{j}$$

由上节分析可知，临界力是使压杆保持微弯平衡的最小轴向压力，若取 $n=0$，则 $F=0$，与讨论的情况不符，因此 $n=1$，于是可得两端铰支细长压杆的临界力计算公式为

$$F_{cr} = \frac{\pi^2 EI}{l^2} \tag{11-1}$$

式 (11-1) 称为**欧拉公式**。

在此临界力作用下，$k = \dfrac{\pi}{l}$，则可写成

$$w = A_1 \sin \frac{\pi x}{l}$$

可见，两端铰支细长压杆在临界力作用下处于微弯状态时的挠曲线是一条半波正弦曲线。将 $x = \dfrac{l}{2}$ 代入 w，可得压杆跨长中点处的挠度，即压杆的最大挠度：

$$w_{x=\frac{l}{2}} = A_1 \sin \frac{\pi}{l} \frac{l}{2} = A_1 = w_{max}$$

11.2.2　其他约束条件下细长压杆的临界力

在工程实际中，受压杆件的两端约束除了铰支，还有其他约束形式。由两端铰支细长压杆临界力推导过程可知，临界力与约束有关。约束条件不同，压杆的临界力也不相同，即杆端的约束对临界力有影响。不论杆端具有怎样的约束条件，都可以仿照两端铰支临界力的推导方法求得其相应的临界力计算公式。对于杆长为 l、各种不同约束条件下细长压杆，临界力公式可统一写成

$$F_{cr} = \frac{\pi^2 EI}{(\mu l)^2} \tag{11-2}$$

上式称为欧拉公式的一般形式。系数 μ 描述杆端约束对临界力的影响，称**长度系数**；μl 为压杆的**相当长度**，表示把长为 l 的压杆折算成两端铰支压杆后的长度。几种常见约束情况下的长度系数 μ 列入表 11-1 中。

由表 11-1 可知，杆端的约束愈强，则 μ 值愈小，压杆的临界荷载愈高；杆端的约束愈弱，则 μ 值愈大，压杆的临界荷载愈低。需要指出的是，上述各种 μ 值都是对理想约束而言的，实际工程中的约束往往是比较复杂的。例如，压杆两端若与其他构件连接在一起，则杆端的约束是弹性的，μ 值一般为 0.5~1，通常将 μ 值取接近于 1。对于工程中常用的支座情况，长度因数 μ 可从有关设计手册或规范中查到。

例 11-1　一个细长圆截面杆，两端铰支，长度 $l = 800$ mm，直径 $d = 20$ mm，材料为 Q235 钢，其弹性模量 $E = 200$ GPa。试计算该杆件的临界荷载。

解　该杆为两端铰支细长压杆，由欧拉公式得其临界荷载为

$$F_{cr} = \frac{\pi^2 E}{l^2} \frac{\pi d^4}{64} = \frac{\pi^3 \times 200 \times 10^9 \times 0.02^4}{64 \times 0.8^2} = 2.42 \times 10^4 \text{ N}$$

Q235 钢的屈服极限 $\sigma_s = 235$ MPa，因此，使连杆压缩屈服的轴向压力为

$$F_s = A\sigma_s = \frac{\pi d^2}{4}\sigma_s = \frac{\pi \times 0.02^2 \times 235 \times 10^6}{4} = 7.38 \times 10^4 \ \text{N} > F_{cr}$$

计算结果表明，细长压杆的承压能力是由稳定性要求确定的。

表 11 - 1   不同杆端约束下的长度系数 μ

约束情况	两端铰支	一端固定 一端自由	一端固定 一端铰支	两端固定
简图	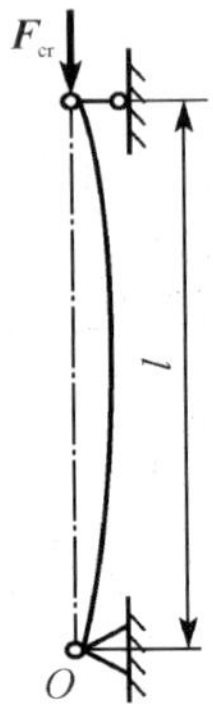	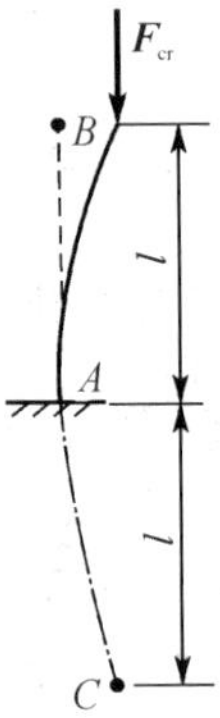	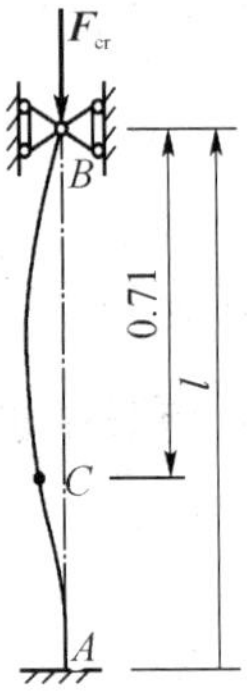	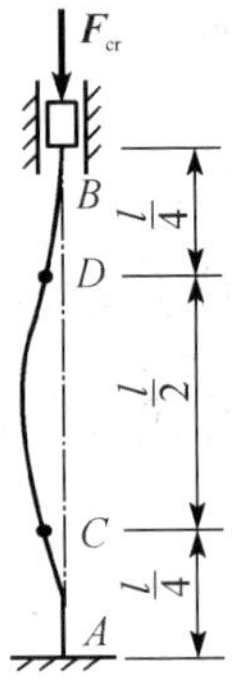
μ	1	2	0.7	0.5

11.3   压杆的临界应力

11.3.1   欧拉公式的适用范围

对于式(11-2)，用杆件的临界荷载除以压杆横截面面积 A 得到杆件的平均应力，称为压杆的临界应力 σ_{cr}，即

$$\sigma_{cr} = \frac{F_{cr}}{A} = \frac{\pi^2 EI}{(\mu l)^2 A}$$

引入第 6 章截面的惯性半径 i，可知

$$i = \sqrt{\frac{I}{A}}$$

代入 σ_{cr}，得

$$\sigma_{cr} = \frac{\pi^2 E}{\left(\dfrac{\mu l}{i}\right)^2}$$

令

$$\lambda = \frac{\mu l}{i} \tag{11-3}$$

则有

$$\sigma_{cr} = \frac{\pi^2 E}{\lambda^2} \qquad\qquad (11-4)$$

式(11-4)就是计算压杆临界应力的公式，是欧拉公式的另一种表达形式。式中，$\lambda = \frac{\mu l}{i}$ 称为压杆的**柔度**或**长细比**，它集中反映了压杆的长度、约束条件、截面尺寸和形状等因素对临界应力的影响。从式(11-4)可以看出，压杆的临界应力与柔度的平方成反比，柔度越大，则压杆的临界应力越低，压杆越容易失稳。因此，在压杆的稳定性问题中，柔度 λ 是一个很重要的参数。压杆总是在柔度较大的弯曲平面内发生失稳。

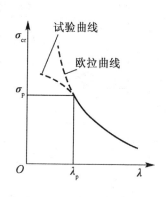

图 11-7

在推导欧拉公式时，应用了梁弯曲时挠曲线的近似微分方程，该式要求材料服从胡克定律。因此，当临界应力不超过材料比例极限 σ_p 时，欧拉公式才能成立，此时由欧拉公式得到的理论曲线与试验曲线十分相符。但当临界应力超过 σ_p 时，两条曲线随着柔度减小相差得越来越大，如图 11-7 所示，进一步表明欧拉公式只有在临界应力不超过材料比例极限时才适用，即

$$\sigma_{cr} = \frac{\pi^2 EI}{\lambda^2} \leqslant \sigma_p \quad \text{或} \quad \lambda \geqslant \pi \sqrt{\frac{E}{\sigma_p}} \qquad (a)$$

λ_p 表示与比例极限 σ_p 对应的柔度值，则

$$\lambda_p = \pi \sqrt{\frac{E}{\sigma_p}} \qquad\qquad (b)$$

式(a)可写为

$$\lambda \geqslant \lambda_p \qquad\qquad (c)$$

λ_p 是能够应用欧拉公式的最小柔度，仅与压杆材料的弹性模量 E 和比例极限 σ_p 有关。例如，对于常用的 Q235 钢，$E = 210$ GPa，$\sigma_p = 200$ MPa，由式(b)可得 $\lambda_p \approx 102$。通常把满足 $\lambda \geqslant \lambda_p$ 的压杆称为**细长杆**或**大柔度杆**。

11.3.2　临界应力的经验公式

在工程中常用的压杆，其柔度往往小于 λ_p。试验结果表明，这种压杆丧失承载能力的原因仍然是失稳。但此时临界应力 σ_{cr} 已大于材料的比例极限 σ_p，欧拉公式已不适用，这是超过材料比例极限压杆的稳定问题。工程中对这类压杆的计算，一般使用以试验结果为依据的经验公式。在这里，我们介绍两种经常使用的经验公式：直线公式和抛物线公式。

1. 直线公式

把临界应力与压杆的柔度表示成如下的线性关系：

$$\sigma_{cr} = a - b\lambda \qquad\qquad (11-5)$$

式中 a、b 是与材料性质有关的系数，可以通过查相关手册得到，常用材料的 a、b 值如表 11-2 所示。可以观察到，临界应力 σ_{cr} 随着柔度 λ 的减小而增大。

表 11 - 2　常用材料的 a、b 值

材料	a/MPa	b/MPa	λ_p	λ_s
Q235 钢 $\sigma_s=235$ MPa $\sigma_b \geqslant 372$ MPa	304	1.12	102	62
优质碳钢 $\sigma_s=306$ MPa $\sigma_b \geqslant 471$ MPa	460	2.57	100	60
硅钢 $\sigma_s=353$ MPa $\sigma_b \geqslant 510$ MPa	578	3.74	100	60
铬钼钢	981	5.30	55	
铸铁	332	1.45	80	
硬铝	372	2.14	50	
松木	39	0.20	59	

必须指出，对于 λ 很小的压杆，其临界应力 σ_{cr} 超过**屈服强度** σ_s（或**抗压强度** σ_b）时，压杆会因为强度不足而发生破坏，此时不存在稳定性问题。因此，应用直线公式计算压杆临界力时，柔度 λ 必然有一个最小值，若用 λ_s 表示对应于 σ_s 时的柔度值，则

$$\lambda_s = \frac{a - \sigma_s}{b} \qquad (11-6)$$

以 Q235 钢为例，$\sigma_s=235$ MPa，$a=304$ MPa，$b=1.12$ MPa，由式（11-6），得 $\lambda_s=\frac{(304-235)}{1.12}=61.6$。当压杆的柔度 λ 满足 $\lambda_s \leqslant \lambda < \lambda_p$ 时，临界应力用直线公式计算，这样的压杆被称为**中柔度杆**或**中长杆**。当压杆的柔度 λ 满足 $\lambda < \lambda_s$ 时，这样的压杆称为**小柔度杆**或**短粗杆**，其临界应力 $\sigma_{cr} = \sigma_s$（或 σ_b）。

综上所述，压杆的临界应力随着压杆柔度的变化可用临界应力总图（见图 11 - 8）表示，说明如下：

（1）当 $\lambda \geqslant \lambda_p$ 时，是细长杆，存在材料比例极限内的稳定性问题，临界应力用欧拉公式计算。

（2）当 λ_s（或 λ_b）$< \lambda_p$ 时，是中长杆，存在超过比例极限的稳定性问题，临界应力用直线公式计算。

（3）当 $\lambda < \lambda_s$（或 λ_b）时，是短粗杆，不存在稳定性问题，只有强度问题，临界应力就是屈服强度 σ_s 或抗压强度 σ_b。

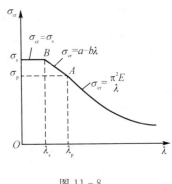

图 11 - 8

从图 11 - 8 可以看出，随着柔度的增大，压杆的破坏性质由强度破坏逐渐向失稳破坏转化。

2. 抛物线公式

把临界应力 σ_{cr} 与柔度 λ 的关系表示为如下形式：

$$\sigma_{cr} = \sigma_s \left[1 - a \left(\frac{\lambda}{\lambda_c} \right)^2 \right] \quad (\lambda \leqslant \lambda_c) \qquad (11-7)$$

式中 σ_s 是材料的屈服强度，a 是与材料性质有关的系数，λ_c 是欧拉公式与抛物线公式适用范围的分界柔度。对低碳钢和低锰钢，有

$$\lambda_c = \pi \sqrt{\frac{E}{0.57\sigma_s}}$$

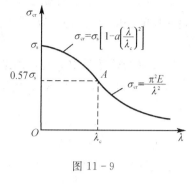

图 11 - 9

由欧拉公式和抛物线公式，可以绘出临界应力总图，如图 11 - 9 所示。

11.4　压杆的稳定计算

对于不同柔度的压杆总可以计算出它的临界应力，将临界应力乘以压杆横截面面积，就得到临界力。需要指出的是，临界力是由压杆整体变形决定的，局部削弱（如开孔、开槽等）对杆件整体变形影响很小，所以计算临界应力或临界力时可采用未削弱前的横截面面积 A 和惯性矩 I。

工程上通常采用下列两种方法进行压杆的稳定计算。

11.4.1　安全因数法

为了保证压杆不发生失稳，压杆的临界力 F_{cr} 与压杆实际承受的轴向压力 F 的比值，即压杆实际的工作安全因数 n，需不小于规定的**稳定安全因数** n_{st}。因此，压杆的稳定性条件为

$$n = \frac{F_{cr}}{F} \geqslant n_{st} \qquad (11-8)$$

或

$$n = \frac{\sigma_{cr}}{\sigma} \geqslant n_{st} \qquad (11-9)$$

由稳定性条件便可对压杆稳定性进行计算，在工程中主要是稳定性校核。通常规定的 n_{st} 比强度安全系数高，原因是由于荷载的偏心、压杆的初始曲率、材料的不均匀及支座欠缺等因素难以避免，其对压杆稳定性影响远远超过对强度的影响。

11.4.2　折减系数法

在土建工程中，通常采用折减系数法进行稳定计算。由式（11 - 9）进行变换，并引入稳定许用应力 $[\sigma]_{st} = \dfrac{\sigma_{cr}}{[n_{st}]}$，则用应力形式表示稳定性条件为

$$\sigma \leqslant [\sigma]_{st}$$

式中 $[\sigma]_{st}$ 为**稳定许用应力**。由于临界应力 σ_{cr} 随压杆的柔度而变，而且对不同柔度的压杆又

规定不同的稳定安全系数 n_{st}，所以，$[\sigma]_{st}$ 是柔度 λ 的函数。在某些结构设计中，常常把材料的强度许用应力 $[\sigma]$ 乘以一个小于 1 的系数 φ 作为**稳定许用应力** $[\sigma]_{st}$，即

$$[\sigma]_{st} = \varphi[\sigma]$$

式中 φ 称为**折减系数**或**稳定因数**。因为 $[\sigma]_{st}$ 是柔度 λ 的函数，所以 φ 也是 λ 的函数，且总有 $\varphi < 1$。这样，压杆的稳定条件为

$$\sigma = \frac{F}{A} \leqslant \varphi[\sigma] \tag{11-10}$$

折减系数 φ 是由压杆的材料、长度、横截面形状和尺寸、杆端约束形式等因素决定的，可由设计规范中的稳定系数表查得，部分数值见表 11-3。

表 11-3　折减系数

λ	φ			λ	φ		
	Q235	16 锰钢	木材		Q235	16 锰钢	木材
0	1.000	1.000	1.000	110	0.536	0.384	0.248
10	0.995	0.993	0.971	120	0.466	0.325	0.208
20	0.981	0.973	0.932	130	0.401	0.279	0.178
30	0.958	0.940	0.883	140	0.349	0.242	0.153
40	0.927	0.895	0.822	150	0.306	0.213	0.133
50	0.888	0.840	0.751	160	0.272	0.188	0.117
60	0.842	0.776	0.668	170	0.243	0.168	0.104
70	0.789	0.705	0.575	180	0.218	0.151	0.093
80	0.731	0.627	0.470	190	0.197	0.136	0.083
90	0.669	0.546	0.370	200	0.180	0.124	0.075
100	0.604	0.462	0.300				

例 11-2　图 11-10 为一个用 20a 工字钢制成的压杆，材料为 Q235 钢，$E = 200$ MPa，$\sigma_p = 200$ MPa，压杆长度 $l = 5$ m，$F = 200$ kN。若 $n_{st} = 2$，试校核压杆的稳定性。

解　(1) 计算 λ。

由附录中的型钢表查得 $i_y = 2.12$ cm，$i_z = 8.51$ cm，$A = 35.5$ cm²。压杆在 i 最小的纵向平面内抗弯刚度最小，柔度最大，临界应力将最小，因而压杆失稳一定发生在压杆 λ_{max} 的纵向平面内。故有

$$\lambda_{max} = \frac{\mu l}{i_y} = \frac{0.5 \times 5}{2.12 \times 10^{-2}} = 117.9$$

(2) 计算临界应力，校核稳定性。

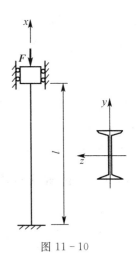

图 11-10

$$\lambda_p = \pi\sqrt{\frac{E}{\sigma_p}} = \pi\sqrt{\frac{200 \times 10^9}{200 \times 10^6}} = 99.3$$

因为 $\lambda_{max} > \lambda_p$，此压杆属细长杆，要用欧拉公式来计算临界应力。有

$$\sigma_{cr} = \frac{\pi^2 E}{\lambda_{max}^2} = \frac{\pi^2 \times 200 \times 10^3}{117.9^2} \text{ MPa} = 142 \text{ MPa}$$

$$F_{cr} = A\sigma_{cr} = 35.5 \times 10^{-4} \times 142 \times 10^6 = 504.1 \times 10^3 \text{ N} = 504.1 \text{ kN}$$

$$n = \frac{F_{cr}}{F} = \frac{504.1}{200} = 2.57 > n_{st}$$

所以此压杆稳定。

例 11 - 3　如图 11 - 11 所示连杆，材料为 Q235 钢，其 $E = 200$ MPa，$\sigma_p = 200$ MPa，$\sigma_s = 235$ MPa，承受轴向压力 $F = 110$ kN。若 $n_{st} = 3$，试校核连杆的稳定性。

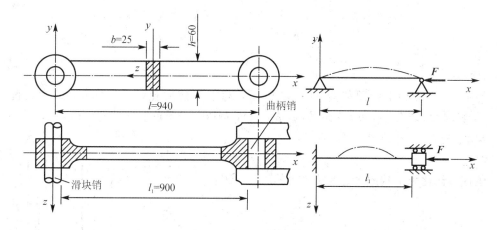

图 11 - 11

解　根据图 11 - 11 中连杆端部的约束情况，在 xy 纵向平面内可视为两端铰支，在 xz 平面内可视为两端固定约束。又因压杆为矩形截面，所以 $I_y \neq I_z$。

根据上面的分析，首先应分别算出杆件在两个平面内的柔度，以判断此杆将在哪个平面内失稳，然后再根据柔度值选用相应的公式来计算临界力。

（1）计算 λ。

在 xy 纵向平面内，$\mu = 1$，z 轴为中性轴，故有

$$i_z = \sqrt{\frac{I_z}{A}} = \frac{h}{2\sqrt{3}} = \frac{6}{2\sqrt{3}} \text{ cm} = 1.732 \text{ cm}$$

$$\lambda_z = \frac{\mu l}{i_z} = \frac{1 \times 94}{1.732} = 54.3$$

在 xz 纵向平面内，$\mu = 0.5$，y 轴为中性轴，故有

$$i_y = \sqrt{\frac{I_y}{A}} = \frac{b}{2\sqrt{3}} = \frac{2.5}{2\sqrt{3}} \text{ cm} = 0.722 \text{ cm}$$

$$\lambda_y = \frac{\mu l}{i_y} = \frac{0.5 \times 90}{0.722} = 62.3$$

$\lambda_y > \lambda_z$，$\lambda_{max} = \lambda_y = 62.3$。连杆若失稳必发生在 xz 纵向平面内。

（2）计算临界力，校核稳定性。

$$\lambda_p = \pi\sqrt{\frac{E}{\sigma_p}} = \pi\sqrt{\frac{200\times10^9}{200\times10^6}} \approx 99.3$$

$\lambda_{max} < \lambda_p$，该连杆不属细长杆，不能用欧拉公式计算其临界力。这里采用直线公式，查表 11-2，Q235 钢的 $a=304$ MPa，$b=1.12$ MPa，故有

$$\lambda_s = \frac{a-\sigma_s}{b} = \frac{304-235}{1.12} = 61.6$$

$\lambda_s < \lambda_{max} < \lambda_p$，属中等杆，因此

$$\sigma_{cr} = a - b\lambda_{max} = (304-1.12\times62.3)\ \text{MPa} = 234.2\ \text{MPa}$$

$$F_{cr} = A\sigma_{cr} = 6\times2.5\times10^{-4}\times234.2\times10^3\ \text{kN} = 351.3\ \text{kN}$$

$$n = \frac{F_{cr}}{F} = \frac{351.3}{110} = 3.2 > n_{st}$$

该连杆稳定。

例 11-4 螺旋千斤顶如图 11-12 所示，起重丝杠内径 $d=5.2$ cm，最大长度 $l=50$ cm，材料为 Q235 钢，$E=200$ GPa，$\sigma_s=240$ MPa，千斤顶起重量 $F=100$ kN。若 $n_{st}=3.5$，试校核丝杠的稳定性。

解 （1）计算 λ。

丝杠可简化为下端固定、上端自由的压杆，故有

$$i = \sqrt{\frac{I}{A}} = \sqrt{\frac{\dfrac{\pi d^4}{64}}{\dfrac{\pi d^4}{4}}} = \frac{d}{4}$$

$$\lambda = \frac{\mu l}{i} = \frac{4\mu l}{d} = \frac{4\times2\times50}{5.2} \approx 77$$

（2）计算 F_{cr}，校核稳定性。

$$\lambda_c = \pi\sqrt{\frac{E}{0.57\sigma_s}} = \pi\sqrt{\frac{200\times10^9}{0.57\times240\times10^6}} \approx 120$$

由于 $\lambda < \lambda_c$，故采用抛物线公式计算临界应力，即

$$\sigma_{cr} = \sigma_s\left[1-a\left(\frac{\lambda}{\lambda_c}\right)^2\right] = 240\times\left[1-0.43\times\left(\frac{77}{120}\right)^2\right]\ \text{MPa} = 197.5\ \text{MPa}$$

$$F_{cr} = A\sigma_{cr} = \frac{\pi\times5.2^2\times10^{-4}}{4}\times197.5\times10^3\ \text{kN} = 419.5\ \text{kN}$$

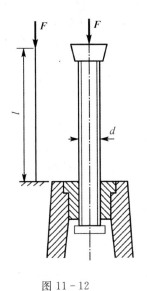

图 11-12

$$n_{st} = \frac{F_{cr}}{F} = \frac{419.5}{100} = 4.2 > [n]_{st}$$

千斤顶的丝杠稳定。

例 11-5 某液压缸活塞杆承受轴向压力作用。已知活塞直径 $D=65$ mm，油压 $p=1.2$ MPa，活塞杆长度 $l=1250$ mm，两端视为铰支，材料为碳钢，$\sigma_p=220$ MPa，$E=210$ GPa。取 $[n]_{st}=6$，试设计活塞直径 d。

解 （1）计算 F_{cr}。

活塞杆承受的轴向压力为

$$F=\frac{\pi}{4}D^2p=\frac{\pi}{4}(65\times10^{-3})^2\times1.2\times10^6\ \text{N}=3982\ \text{N}$$

活塞杆工作时不失稳所应具有的临界力值为

$$F_{cr}\geqslant n_{st}F=6\times3982\ \text{N}=23\ 892\ \text{N}$$

（2）设计活塞杆直径。

因为直径未知，无法求出活塞杆的柔度，不能判定用怎样的公式计算临界力。为此，在计算时可先按欧拉公式计算活塞杆直径，然后再检查是否满足欧拉公式的条件 $F_{cr}=\dfrac{\pi^2EI}{(\mu l)^2}=$

$\dfrac{\pi^2E\dfrac{\pi d^4}{64}}{l^2}\geqslant23\ 892\ \text{N}$。即

$$d\geqslant\sqrt[4]{\frac{64\times23892\times1.25^2}{\pi^3\times210\times10^9}}\ \text{m}=0.0246\ \text{m}$$

可取 $d=25$ mm，然后检查是否满足欧拉公式的条件：

$$\lambda=\frac{\mu l}{i}=\frac{4\mu l}{d}=\frac{4\times1250}{25}=200$$

$$\lambda_p=\pi\sqrt{\frac{E}{\sigma_p}}=\pi\sqrt{\frac{210\times10^9}{220\times10^6}}\approx97$$

由于 $\lambda>\lambda_p$，所以用欧拉公式计算是正确的。

例 11-6　简易吊车摇臂如图 11-13 所示，两端铰接的 AB 杆由钢管制成，材料为 Q235 钢，其强度许用应力$[\sigma]=140$ MPa，试应用折减系数法校核 AB 杆的稳定性。

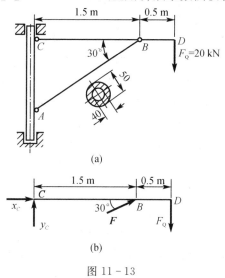

图 11-13

解　（1）求 AB 杆所受轴向压力，由平衡方程：

$$\sum M_C=0\Rightarrow F\times1500\times\sin30°-2000F_Q=0$$

得

$$F=53.3\ \text{kN}$$

（2）计算 λ。

$$i=\sqrt{\dfrac{I}{A}}=\dfrac{1}{4}\sqrt{D^2+d^2}=\dfrac{1}{4}\times\sqrt{50^2+40^2}\ \mathrm{mm}=16\ \mathrm{mm}$$

$$\lambda=\dfrac{\mu l}{i}=\dfrac{1\times\dfrac{1500}{\cos 30^\circ}}{16}=108$$

（3）校核稳定性。

据 $\lambda=108$，由设计规范查表可得折减系数 $\varphi=0.55$，稳定许用应力

$$[\sigma]_{\mathrm{st}}=\varphi[\sigma]=0.55\times140\ \mathrm{MPa}=77\ \mathrm{MPa}$$

AB 杆的工作应力为

$$\sigma=\dfrac{F}{A}=\dfrac{53.3\times10^{-3}}{\dfrac{\pi}{4}(50^2-40^2)\times10^{-6}}\ \mathrm{MPa}=75.4\ \mathrm{MPa}$$

$\sigma<[\sigma]_{\mathrm{st}}$，所以 AB 杆稳定。

11.5　提高压杆承载能力的措施

通过以上讨论可知，影响压杆稳定性的因素有：压杆的截面形状，压杆的长度，约束条件和材料的性质等。因而，当讨论如何提高压杆的稳定性时，也应从这几方面入手。

1. 选择合理的截面形状

从欧拉公式可知，截面的惯性矩 I 越大，临界力 F_{cr} 越高。从经验公式可知，柔度 λ 越小，临界应力越高。由于 $\lambda=\dfrac{\mu l}{i}$，所以提高惯性半径 i 的数值就能减小 λ 的数值。可见，在不增加压杆横截面面积的前提下，应尽可能把材料放在离截面形心较远的地方，以取得较大的 I 和 i，提高临界压力。例如，空心圆环截面要比实心圆截面合理。

如果压杆在过其主轴的两个纵向平面约束条件相同或相差不大，那么应采用圆形或正多边形截面；若约束条件不同，应采用对两个主形心轴惯性半径不等的截面形状，例如矩形截面或工字形截面，以使压杆在两个纵向平面内有相近的柔度值。这样，在两个相互垂直的主惯性纵向平面内有接近相同的稳定性。

2. 尽量减小压杆长度

由式（11-3）可知，压杆的柔度与压杆的长度成正比。在结构允许的情况下，应尽可能减小压杆的长度，甚至可改变结构布局，将压杆改为拉杆，如图 11-14(a)所示的托架改成图 11-14(b)的形式。

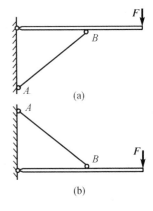

图 11-14

3. 改善约束条件

改变压杆的支座条件直接影响临界力的大小。例如，长为 l 两端铰支的压杆，其 $\mu=1$，

$F_{cr} = \dfrac{\pi^2 EI}{l^2}$。若在这一压杆的中点增加一个中间支座或者把两端改为固定端，则相当长度变

为 $\mu l = \dfrac{l}{2}$，临界力变为

$$F_{cr} = \frac{\pi^2 EI}{\left(\dfrac{l}{2}\right)^2} = \frac{4\pi^2 EI}{l^2}$$

可见临界力变为原来的四倍。一般情况下，增加压杆的约束，使其更不容易发生弯曲变形，可以提高压杆的稳定性。

4. 合理选择材料

由欧拉公式可知，临界应力与材料的弹性模量 E 有关。然而，由于各种钢材的弹性模量 E 大致相等，所以对于细长杆，选用优质钢材或低碳钢并无很大差别。但对于中等杆，无论是根据经验公式还是理论分析，临界应力都与材料的强度有关，优质钢材在一定程度上可以提高临界应力的数值。至于短粗杆，本来就是强度问题，选择优质钢材自然可以提高其强度。

思　考　题

11.1　在稳定性计算中，对于中长杆，若用欧拉公式计算其临界力，压杆是否安全？对于细长杆，若用经验公式计算其临界力，能否判断压杆的安全性？

11.2　对于理想细长压杆，如何区分稳定的平衡、临界平衡及不稳定的平衡？其特点分别是什么？

11.3　图 11-15 所示各根压杆的材料及直径均相同，试判断哪一根最容易失稳，哪一根最不容易失稳。

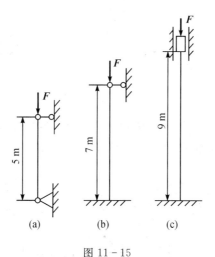

图 11-15

11.4　为何压杆的柔度 $\lambda \geqslant \lambda_p$ 时，该杆为细长杆即可以用欧拉公式？$\lambda \geqslant \lambda_p$ 代表的本质含义是什么？

11.5　矩形截面细长压杆如图 11-16 所示，其两端约束情况为：在纸平面内为两端铰

支，在垂直于纸面的平面内一端固定、一端夹支（不能水平移动与转动）。已知 $b=2.5a$，试问 F 逐渐增加时，压杆将于哪个平面内失稳？

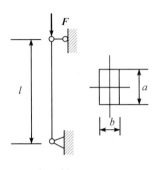

图 11-16

11.6　思考题 11.5 中的压杆，试分析其截面高度 b 和宽度 a 的合理比值。

习　　题

11-1　如题 11-1 图所示压杆的材料为 Q235 钢，在题 11-1 图(a)平面内弯曲时两端为铰支，在题 11-1 图(b)平面内弯曲时两端为固定，试求其临界力。

11-2　题 11-2 图所示为某型飞机起落架中承受轴向压力的斜撑杆，杆为空心圆管，外径 $D=52$ mm，内径 $d=44$ mm，$l=950$ mm，材料为 30CrMnSiNi2A，$\sigma_b=1600$ MPa，$\sigma_p=1200$ MPa，$E=210$ GPa。试求斜撑杆的临界压力 F_{cr} 和临界应力 σ_{cr}。

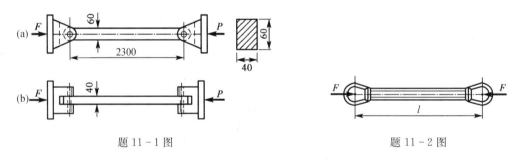

题 11-1 图　　　　　　　　　　　　　　　　题 11-2 图

11-3　三根圆截面压杆，直径均为 $d=160$ mm，材料为 Q235 钢，$E=200$ GPa，$\sigma_s=235$ MPa，两端均为铰支，长度分别 l_1、l_2 和 l_3，且 $l_1=2l_2=4l_3=5$ m。试求各杆的临界压力 F_{cr}。

11-4　无缝钢管厂的穿孔顶杆如题 11-4 图所示。杆端承受压力，杆长 $l=4.5$ m，横截面直径 $d=15$ cm，材料为低合金钢，$E=210$ GPa。两端可简化为铰支座，规定的稳定安

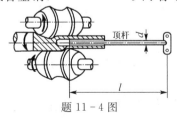

题 11-4 图

全系数为 $n_{st}=3.3$。试求顶杆的许可荷载。

11-5　由三根钢管构成的支架如题 11-5 图所示。钢管的外径为 30 mm，内径为 22 mm，长度 $l=2.5$ m，$E=210$ GPa，在支架的顶点三杆铰接。若取稳定安全系数 $n_{st}=3$，试求许可荷载 F。

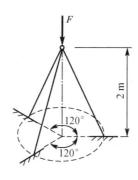

题 11-5 图

11-6　在题 11-6 图所示铰接杆系 ABC 中，AB 和 BC 皆为细长压杆，且截面相同，材料相同。若因在 ABC 平面内失稳而破坏，并规定 $0<\theta<\dfrac{\pi}{2}$，试确定 F 为最大值时的 θ 角。

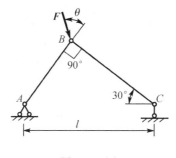

题 11-6 图

11-7　在题 11-7 图所示结构中，AB 为圆截面杆，直径 $d=80$ mm，BC 杆为正方形截面，边长 $a=70$ mm，两材料均为 Q235 钢，$E=210$ GPa，它们可以各自独立发生弯曲而互不影响。已知 A 端固定，B、C 为球铰，$l=3$ m，稳定安全系数 $n_{st}=2.5$。试求此结构的许用荷载 $[F]$。

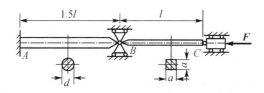

题 11-7 图

11-8　万能铣床工作台升降丝杠的内径为 22 mm，螺距 $P=5$ mm。工作台升至最高位置时，$l=500$ mm。丝杆钢材的 $E=210$ GPa，$\sigma_s=300$ MPa，$\sigma_p=260$ MPa。若伞齿轮的传动比为 $\frac{1}{2}$，即手轮旋转一周丝杆旋转半周，且手轮半径为 10 cm，手轮上作用的最大圆周力为 200 N，试求丝杆的工作安全系数。

11-9　蒸汽机车的连杆如题 11-9 图所示，截面为工字形，材料为 Q235 钢。连杆所受最大轴向压力为 465 kN。连杆在摆动平面(xy 平面)内发生弯曲时，两端可认为铰支，在与摆动平面垂直的 xz 平面内发生弯曲时，两端可认为是固定支座。试确定其工作安全系数。

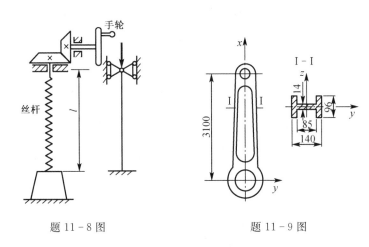

题 11-8 图　　　　　　　　　　题 11-9 图

11-10　某厂自制的简易起重机如题 11-10 图所示，其压杆 BD 为 20 号槽钢，材料为 Q235 钢，起重机的最大起重量是 $P=40$ kN。若规定的稳定安全系数为 $n_{st}=5$，试校核 BD 杆的稳定性。

11-11　题 11-11 图所示结构中，CG 为铸铁圆杆，直径 $d_1=100$ mm，许用压应力 $\sigma_c=120$ MPa。BE 为 Q235 钢圆杆，直径 $d_2=50$ mm，$[\sigma]=160$ MPa，横梁 ABCD 视为刚体，试求结构的许可荷载 $[F]$。已知 $E_{铁}=120$ GPa，$E_{钢}=200$ GPa。

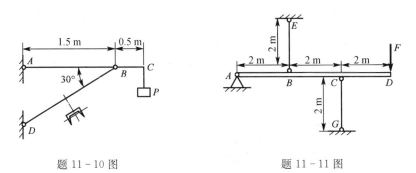

题 11-10 图　　　　　　　　　　题 11-11 图

11-12　如题 11-12 图所示结构中 AB 梁可视为刚体，CD 及 EG 均为细长杆，抗弯刚度均为 EI。因变形微小，故可认为压杆受力达到 F_{cr} 后，其承受能力不能再提高。试求结构所受荷载 F 的极限值 F_{max}。

11-13　如题 11-13 图所示，10 号工字梁的 C 端固定，A 端铰支于空心钢管 AB 上。钢管的内径和外径分别为 30 mm 和 40 mm，B 端亦为铰支。梁及钢管同为 Q235 钢。当重为 300 N 的重物落于梁的 A 端时，试校核 AB 杆的稳定性。规定稳定安全系数 $n_{st}=2.5$。

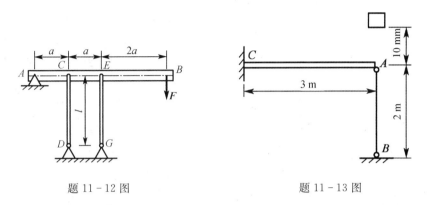

题 11-12 图　　　　　　　　　　　　　　题 11-13 图

11-14　两端固定的管道长为 2 m，内径 $d=30$ mm，外径 $D=40$ mm。材料为 Q235 钢，$E=210$ GPa，线膨胀系数 $\alpha=125\times10^{-7}/℃$。若安装管道时的温度为 10℃，试求不引起管道失稳的最高温度。

11-15　由压杆挠曲线的微分方程式导出一端固定、另一端自由的压杆的欧拉公式。

11-16　压杆的一端固定，另一端自由，如题 11-16 图(a)所示。为提高其稳定性，在中点增加支座，如题 11-16 图(b)所示。试求加强后压杆的欧拉公式，并与加强前的压杆进行比较。

11-17　题 11-17 图(a)为万能机的示意图，四根立柱的长度为 $l=3$ m。钢材的弹性模量 $E=210$ GPa。立柱丧失稳定后的变形曲线如题 11-17 图(b)所示。若 F 的最大值为 1000 kN，规定的稳定安全系数为 $n_{st}=4$，试按稳定条件设计立柱的直径。

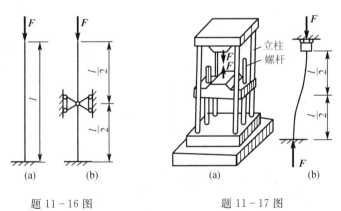

题 11-16 图　　　　　　　　　　　　題 11-17 图

附录 A　型钢规格表

表 1　热轧等边角钢(GB9787—1988)

符号意义:b——边宽度;
d——边厚度;
r——内圆弧半径;
r_1——边端内圆弧半径;
I——惯性矩;
i——惯性半径;
W——弯曲截面系数;
z_0——重心距离;

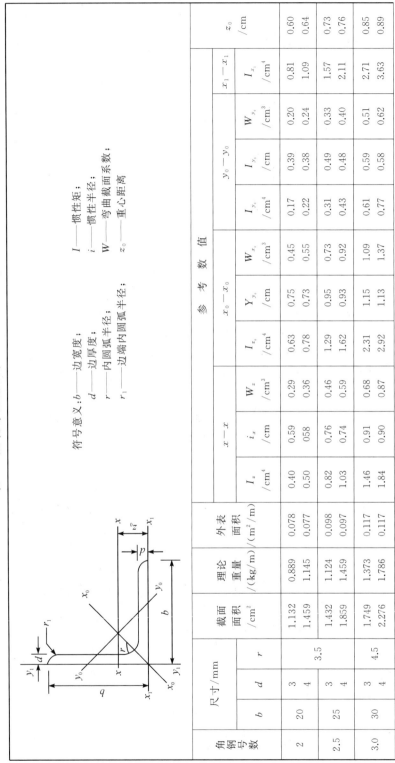

角钢号数	尺寸/mm b	d	r	截面面积 /cm²	理论重量 /(kg/m)	外表面积 /(m²/m)	$x-x$ I_x /cm⁴	i_x /cm	W_x /cm³	x_0-x_0 I_{x_0} /cm⁴	i_{x_0} /cm	W_{x_0} /cm³	y_0-y_0 I_{y_0} /cm⁴	i_{y_0} /cm	W_{y_0} /cm³	x_1-x_1 I_{x_1} /cm⁴	z_0 /cm
2	20	3	3.5	1.132	0.889	0.078	0.40	0.59	0.29	0.63	0.75	0.45	0.17	0.39	0.20	0.81	0.60
		4		1.459	1.145	0.077	0.50	058	0.36	0.78	0.73	0.55	0.22	0.38	0.24	1.09	0.64
2.5	25	3	3.5	1.432	1.124	0.098	0.82	0.76	0.46	1.29	0.95	0.73	0.31	0.49	0.33	1.57	0.73
		4		1.859	1.459	0.097	1.03	0.74	0.59	1.62	0.93	0.92	0.43	0.48	0.40	2.11	0.76
3.0	30	3	4.5	1.749	1.373	0.117	1.46	0.91	0.68	2.31	1.15	1.09	0.61	0.59	0.51	2.71	0.85
		4		2.276	1.786	0.117	1.84	0.90	0.87	2.92	1.13	1.37	0.77	0.58	0.62	3.63	0.89

参　考　数　值

续表一

角钢号数	尺寸/mm			截面面积/cm²	理论重量/(kg/m)	外表面积/(m²/m)	参考数值										
							$x-x$			x_0-x_0			y_0-y_0			x_1-x_1	z_0
	b	d	r				I_z/cm⁴	i_x/cm	W_z/cm³	I_{x0}/cm⁴	Y_{y0}/cm	W_{x0}/cm³	I_{y0}/cm⁴	I_{x0}/cm	W_{y0}/cm³	I_{x1}/cm⁴	/cm
3.6	36	3	4.5	2.109	1.656	0.141	2.58	1.11	0.99	4.09	1.39	1.61	1.07	0.71	0.76	4.68	1.00
		4		2.756	2.163	0.141	3.29	1.09	1.28	5.22	1.38	2.05	1.37	0.70	0.93	6.25	1.04
		5		3.382	2.654	0.141	3.95	1.08	1.56	6.24	1.36	2.45	1.65	0.70	1.09	7.84	1.07
4.0	40	3	5	2.359	1.852	0.157	3.59	1.23	1.23	5.69	1.55	2.01	1.49	0.79	0.96	6.41	1.09
		4		3.086	2.422	0.157	4.60	1.22	1.60	7.29	1.54	2.58	1.91	0.79	1.19	8.56	1.13
		5		3.791	2.976	0.156	5.53	1.21	1.96	8.76	1.52	3.01	2.30	0.78	1.39	10.74	1.17
4.5	45	3	5	2.659	2.088	0.177	5.17	1.40	1.58	8.20	1.76	2.58	2.14	0.90	1.24	9.12	1.22
		4		3.486	2.736	0.177	6.65	1.38	2.05	10.56	1.74	3.32	2.75	0.89	1.54	12.18	1.26
		5		4.292	3.369	0.176	8.04	1.37	2.51	12.74	1.72	4.00	3.33	0.88	1.81	15.25	1.30
		6		5.076	3.985	0.176	9.33	1.36	2.95	14.76	1.70	4.64	3.89	0.88	2.06	18.35	1.33
5	50	3	5.5	2.971	2.332	0.197	7.18	1.55	1.96	11.37	1.96	3.22	2.98	1.00	1.57	12.50	1.34
		4		3.897	3.059	0.197	9.26	1.54	2.56	14.70	1.94	4.16	3.82	0.99	1.96	16.69	1.38
		5		4.803	3.770	1.196	11.21	1.53	3.13	17.79	1.92	5.03	4.64	0.98	2.31	20.90	1.42
		6		5.688	4.465	0.196	13.05	1.52	3.68	20.68	1.91	5.85	5.42	0.98	2.63	25.14	1.46
5.6	56	3	6	3.343	2.624	0.221	10.19	1.75	2.48	16.14	2.20	4.08	4.24	1.13	2.02	17.56	1.48
		4		4.390	3.446	0.220	13.18	1.73	3.24	20.92	2.18	5.28	5.46	1.11	2.52	23.43	1.53
		5	6	5.415	4.251	0.220	16.02	1.72	3.97	25.42	2.17	6.42	6.61	1.10	2.98	29.33	1.57
		8	7	8.367	6.568	0.219	23.63	1.68	6.03	37.37	2.11	9.44	9.89	1.09	4.16	47.24	1.68
6.3	63	4	7	4.978	3.907	0.248	19.03	1.96	4.13	30.17	2.46	6.78	7.89	1.26	3.29	33.35	1.70
		5		6.143	4.822	0.248	23.17	1.94	5.08	36.77	2.45	8.25	9.57	1.25	3.90	41.73	1.74
		6		7.288	5.721	0.247	27.12	1.93	6.00	43.03	2.43	9.66	11.20	1.24	4.46	50.14	1.78
		8		9.515	7.469	0.247	34.46	1.90	7.75	54.56	2.40	12.25	14.33	1.23	5.47	67.11	1.85
		10		11.657	9.151	0.246	41.09	1.88	9.39	64.85	2.36	14.56	17.33	1.22	6.36	84.31	1.93

续表二

角钢号数	尺寸/mm b	尺寸/mm d	尺寸/mm r	截面面积/cm²	理论重量/(kg/m)	外表面积/(m²/m)	参考数值 x—x I_z/cm⁴	i_x/cm	W_z/cm³	x_0-x_0 I_{z_0}/cm⁴	Y_{y_0}/cm	W_{x_0}/cm³	y_0-y_0 I_{y_0}/cm⁴	I_{y_0}/cm	W_{y_0}/cm³	x_1-x_1 I_{x_1}/cm⁴	z_0/cm
7	70	4	8	5.570	4.372	0.275	26.39	2.18	5.14	41.80	2.74	8.44	10.99	1.40	4.17	45.74	1.86
		5		6.875	5.397	0.275	32.21	2.16	6.32	51.08	2.73	10.32	13.34	1.39	4.95	57.21	1.91
		6		8.160	6.406	0.275	37.77	2.15	7.48	59.93	2.71	12.11	15.61	1.38	5.67	68.73	1.95
		7		9.424	7.398	0.275	43.09	2.14	8.59	68.35	2.69	13.81	17.82	1.38	6.34	80.29	1.99
		8		10.667	8.373	0.274	48.17	2.12	9.68	76.37	2.68	15.43	19.98	1.37	6.98	91.92	2.03
7.5	75	5	9	7.367	5.818	0.295	39.97	2.33	7.32	63.30	2.92	11.94	16.63	1.50	5.77	70.56	2.04
		6		8.797	6.905	0.294	46.95	2.31	8.64	74.38	2.90	14.02	19.51	1.49	6.67	84.55	2.07
		7		10.160	7.976	0.294	53.57	2.30	9.93	84.96	2.89	16.02	22.18	1.48	7.44	98.71	2.11
		8		11.503	9.030	0.294	59.96	2.28	11.20	95.07	2.88	17.93	24.86	1.47	8.19	112.97	2.15
		10		14.126	11.089	0.293	71.98	2.26	13.64	113.92	2.84	21.48	30.05	1.46	9.56	141.71	2.22
8	80	5	9	7.912	6.211	0.315	48.79	2.48	8.34	77.33	3.13	13.67	20.25	1.60	6.66	85.36	2.15
		6		9.397	7.376	0.314	57.35	2.47	9.87	90.98	3.11	16.08	23.72	1.59	7.65	102.50	2.19
		7		10.860	8.525	0.314	65.58	2.46	11.37	104.07	3.10	18.40	27.09	1.58	8.58	119.70	2.23
		8		12.303	9.658	0.314	73.49	2.44	12.83	116.60	3.08	20.61	30.39	1.57	9.46	136.97	2.27
		10		15.126	11.874	0.313	88.43	2.42	15.64	140.09	3.04	24.76	36.77	1.56	11.08	171.74	2.35
9	90	6	10	10.637	8.350	0.354	82.77	2.79	12.61	131.26	3.51	20.63	34.28	1.80	9.95	145.87	2.44
		7		12.301	9.656	0.354	94.83	2.78	14.54	150.47	3.50	23.64	39.18	1.78	11.19	170.30	2.48
		8		13.944	10.946	0.353	106.47	2.76	16.42	168.97	3.48	26.55	43.97	1.78	12.35	194.80	2.52
		10		17.167	13.476	0.353	128.58	2.74	20.07	203.90	3.45	32.04	53.26	1.76	14.52	244.07	2.59
		12		20.306	15.940	0.352	149.22	2.71	23.57	236.21	3.41	37.12	62.22	1.75	16.49	293.76	2.67

续表三

角钢号数	尺寸/mm b	尺寸/mm d	尺寸/mm r	截面面积 /cm²	理论重量 /(kg/m)	外表面积 /(m²/m)	$x—x$ I_z /cm⁴	$x—x$ i_x /cm	$x—x$ W_z /cm³	$x_0—x_0$ I_{z0} /cm⁴	$x_0—x_0$ Y_{y0} /cm	$x_0—x_0$ W_{x0} /cm³	$y_0—y_0$ I_{y0} /cm⁴	$y_0—y_0$ i_{y0} /cm	$y_0—y_0$ W_{y0} /cm³	$x_1—x_1$ I_{x1} /cm⁴	z_0 /cm
10	100	6	12	11.932	9.366	0.393	114.95	3.01	15.68	181.98	3.90	25.74	47.92	2.00	12.69	200.07	2.67
		7		13.796	10.830	0.393	131.86	3.09	18.10	208.97	3.89	29.55	54.74	1.99	14.26	233.54	2.71
		8		15.638	12.276	0.393	148.24	3.08	20.47	235.07	3.88	33.24	61.41	1.98	15.75	267.09	2.76
		10		19.261	15.120	0.392	179.51	3.05	25.06	284.68	3.84	40.26	74.35	1.96	18.54	334.48	2.84
		12		22.800	17.898	0.391	208.90	3.03	29.48	330.95	3.81	46.80	86.84	1.95	21.08	402.34	2.91
		14		26.256	20.611	0.391	236.53	3.00	33.73	374.06	3.77	52.90	99.00	1.94	23.44	470.75	2.99
		16		29.627	23.257	0.390	262.53	2.98	37.82	414.16	3.74	58.57	110.89	1.994	25.63	539.80	3.06
11	110	7	12	15.196	11.928	0.433	177.16	3.41	22.05	280.94	4.30	36.12	73.38	2.20	17.51	310.64	2.96
		8		17.238	13.532	0.433	199.46	3.40	24.95	316.49	4.28	40.69	82.42	2.19	19.39	355.20	3.01
		10		21.261	16.690	0.432	242.19	3.38	30.60	384.39	4.25	49.42	99.98	2.17	22.91	444.65	3.09
		12		25.200	19.782	0.431	282.55	3.35	36.05	448.17	4.22	57.62	116.93	2.15	26.15	534.60	3.16
		14		29.056	22.809	0.431	320.71	3.32	41.31	508.01	4.18	65.31	133.40	2.14	29.14	625.16	3.24
12.5	125	8	14	19.750	15.504	0.492	297.03	3.88	32.52	470.89	4.88	53.28	123.16	2.50	25.86	521.01	3.37
		10		24.373	19.133	0.491	361.67	3.85	39.97	573.89	4.85	64.93	149.46	2.48	30.62	651.93	3.45
		12		28.912	22.696	0.491	423.16	3.83	41.17	671.44	4.82	75.96	174.88	2.46	35.03	783.42	3.53
		14		33.367	26.193	0.490	481.65	3.80	54.16	763.73	4.78	86.41	199.57	2.45	39.13	915.61	3.61
14	140	10	14	27.373	21.488	0.551	514.65	4.34	50.58	817.27	5.46	82.56	212.04	2.78	39.20	915.11	3.82
		12		32.512	25.522	0.551	603.68	4.31	59.80	958.79	5.43	96.85	248.57	2.76	45.02	1099.28	3.90
		14		37.567	29.490	0.550	688.81	4.28	68.75	1093.56	5.40	110.47	284.06	2.75	50.45	1284.22	3.98
		16		42.539	33.393	0.549	770.24	4.26	77.46	1221.81	5.36	123.42	318.67	2.74	55.55	1470.07	4.06

参考数值

续表四

角钢号数	尺寸/mm			截面面积/cm²	理论重量/(kg/m)	外表面积/(m²/m)	参考数值											
							x-x			x₀-x₀			y₀-y₀			x₁-x₁	z₀/cm
	b	d	r				I_z/cm⁴	i_x/cm	W_z/cm³	I_{z0}/cm⁴	Y_{y0}/cm	W_{x0}/cm³	I_{y0}/cm⁴	i_{y0}/cm	W_{y0}/cm³	I_{x1}/cm⁴	
16	160	10	16	31.502	24.729	0.630	779.53	4.98	66.70	1237.30	6.27	109.36	321.76	3.20	52.76	1365.33	4.31
		12		37.441	29.391	0.630	916.58	4.95	78.98	1455.68	6.24	128.67	377.49	3.18	60.74	1639.57	4.39
		14		43.296	33.987	0.629	1048.36	4.92	90.95	1665.02	6.20	147.17	431.70	3.16	68.244	1914.68	4.47
		16		49.067	38.518	0.629	1175.08	4.89	102.63	1856.57	6.17	164.89	484.59	3.14	75.31	2190.82	4.55
18	180	12	16	42.241	33.159	0.710	1321.35	5.59	100.82	2100.10	7.05	165.00	542.61	3.58	78.41	2332.80	4.89
		14		48.896	38.388	0.709	1514.48	5.56	116.25	2407.42	7.02	189.14	625.53	3.56	88.38	2723.48	4.97
		16		55.467	43.542	0.709	1700.99	5.54	131.13	2703.37	6.98	212.40	698.60	3.55	97.83	3115.29	5.05
		18		61.955	48.634	0.708	1875.12	5.50	145.64	2988.24	6.94	234.78	762.01	3.51	105.14	3502.43	5.13
20	200	14	18	54.642	42.894	0.788	2103.55	6.20	144.70	3343.26	7.82	236.40	863.83	3.98	111.82	3743.10	5.46
		16		62.013	48.680	0.788	2366.15	6.18	163.65	3760.89	7.79	265.93	971.41	3.96	123.93	4270.39	5.54
		18		69.301	54.401	0.787	2620.64	6.15	182.22	4164.54	7.75	294.48	1076.74	3.94	135.52	4808.13	5.62
		20		76.505	60.056	0.787	2867.30	6.12	200.42	4554.55	7.72	322.06	1180.04	3.93	146.55	5347.51	5.69
		24		90.661	71.168	0.785	3338.25	6.07	236.17	5294.97	7.64	374.41	1381.53	3.90	166.55	6457.16	5.87

注：截面图中的 $r_1 = d/3$ 及表中 r 值的数据用于孔型设计，不作为交货条件。

表 2　热轧等边边角钢(GB9787—1988)

符号意义:B——长边宽度;　b——短边宽度;
d——边厚度;　r——内圆弧半径;
r_1——边端内圆弧半径;　I——惯性矩;
i——惯性半径;　W——抗弯截面系数;
x_0——形心坐标;　y_0——形心坐标

角钢号数	尺寸/mm B	b	d	r	截面面积 /cm²	理论重量 /(kg/m)	外表面积 /(m²/m)	x—x I_x/cm⁴	i_x/cm	W_x/cm³	y—y I_y/cm⁴	i_y/cm	W_y/cm³	x₁—x₁ I_{x_1}/cm⁴	y_0/cm	y₁—y₁ I_{y_1}/cm⁴	x_0/cm	u—u I_u/cm⁴	i_u/cm	W_u/cm³	tan α
2.5/1.6	25	16	3	3.5	1.162	0.912	0.080	0.70	0.78	0.43	0.22	0.44	0.19	1.56	0.86	0.43	0.42	0.14	0.34	0.16	0.392
			4		1.499	1.176	0.079	0.88	0.77	0.55	0.27	0.43	0.24	2.09	0.90	0.59	0.46	0.17	0.34	0.20	0.381
3.2/2	32	20	3		1.492	1.171	0.102	1.53	1.01	0.72	0.46	0.55	0.30	3.27	1.08	0.82	0.49	0.28	0.43	0.25	0.382
			4	4	1.939	1.522	0.101	1.93	1.00	0.93	0.57	0.54	0.39	4.37	1.12	1.12	0.53	0.35	0.42	0.32	0.374
4/2.5	40	25	3		1.890	1.484	0.127	3.08	1.28	1.15	0.93	0.70	0.49	6.39	1.32	1.59	0.59	0.56	0.54	0.40	0.386
			4		2.467	1.936	0.127	3.93	1.26	1.49	1.18	0.69	0.63	8.53	1.37	2.14	0.63	0.71	0.54	0.52	0.381
4.5/2.8	45	28	3	5	2.149	1.687	0.143	4.45	1.44	1.47	1.34	0.79	0.62	9.10	1.47	2.23	0.64	0.80	0.61	0.51	0.383
			4		2.806	2.203	0.143	5.69	1.42	1.91	1.70	0.78	0.80	12.13	1.51	3.00	0.68	1.02	0.60	0.66	0.380
5/3.2	50	32	3	5.5	2.431	1.908	0.161	6.24	1.60	1.84	2.02	0.91	0.82	12.49	1.60	3.31	0.73	1.20	0.70	0.68	0.404
			4		3.177	2.494	0.160	8.02	1.59	2.39	2.58	0.90	1.06	16.65	1.65	4.45	0.77	1.53	0.69	0.87	0.402

参 考 数 值

续表一

角钢号数	B	b	d	r	截面面积 /cm²	理论重量 /(kg/m)	外表面积 /(m²/m)	I_x /cm⁴	i_x /cm	W_x /cm³	I_y /cm⁴	i_y /cm	W_y /cm³	I_{x_1} /cm⁴	y_0 /cm	I_{y_1} /cm⁴	x_0 /cm	I_u /cm⁴	i_u /cm	W_u /cm³	$\tan\alpha$
5.6/3.6	56	36	3	6	2.743	2.153	0.181	8.88	1.80	2.32	2.92	1.03	1.05	17.54	1.78	4.70	0.80	1.73	0.79	0.87	0.408
			4		3.590	2.818	0.180	11.25	1.78	3.03	3.76	1.02	1.37	23.39	1.82	6.33	0.85	2.23	0.79	1.13	0.408
			5		4.415	3.466	0.180	13.86	1.77	3.71	4.49	1.01	1.65	29.25	1.87	7.94	0.88	2.67	0.78	1.36	0.404
6.3/4	63	40	4	7	4.058	3.185	0.202	16.49	2.02	3.87	5.23	1.14	1.70	33.30	2.04	8.63	0.92	3.12	0.88	1.40	0.398
			5		4.993	3.920	0.202	20.02	2.00	4.74	6.31	1.12	2.71	41.63	2.08	10.86	0.95	3.76	0.87	1.71	0.396
			6		5.908	4.638	0.201	23.36	1.96	5.59	7.29	1.11	2.43	49.98	2.12	13.12	0.99	4.34	0.86	1.99	0.393
			7		6.802	5.339	0.201	26.53	1.98	6.40	8.24	1.10	2.78	58.07	2.15	15.47	1.03	4.97	0.86	2.29	0.389
7/4.5	70	45	4	7.5	4.547	3.570	0.226	23.17	2.26	4.86	7.55	1.29	2.17	45.92	2.24	12.26	1.02	4.40	0.98	1.77	0.410
			5		5.609	4.403	0.225	27.95	2.23	5.92	9.13	1.28	2.65	57.10	2.28	15.39	1.06	5.40	0.98	2.19	0.407
			6		6.647	5.218	0.225	32.54	2.21	6.95	10.62	1.26	3.12	68.35	2.32	18.58	1.09	6.35	0.93	2.59	0.404
			7		7.657	6.011	0.225	37.22	2.20	8.03	12.01	1.25	3.57	79.99	2.36	21.84	1.13	7.16	0.97	2.94	0.402
7.5/5	75	50	5	8	6.125	4.808	0.245	34.86	2.39	6.83	12.61	1.44	3.30	70.00	2.40	21.04	1.17	7.41	1.10	2.74	0.435
			6		7.260	5.699	0.245	41.12	2.38	8.12	14.70	1.42	3.88	84.30	2.44	25.37	1.21	8.54	1.08	3.19	0.435
			8		9.467	7.431	0.244	52.39	2.35	10.52	18.53	1.40	4.99	112.50	2.52	34.23	1.29	10.87	1.07	4.10	0.429
			10		11.590	9.098	0.244	62.71	2.33	12.79	21.96	1.38	6.04	140.80	2.60	43.43	1.36	13.10	1.06	4.99	0.423
8/5	80	50	5	8	6.375	5.005	0.255	41.96	2.56	7.78	12.82	1.42	3.32	85.21	2.60	21.06	1.14	7.66	1.10	2.74	0.388
			6		7.560	5.935	0.255	49.49	2.56	9.25	14.95	1.41	3.91	102.53	2.65	25.41	1.18	8.85	1.08	3.20	0.387
			7		8.724	6.848	0.255	56.16	2.54	10.58	16.96	1.39	4.48	119.33	2.69	29.82	1.21	10.18	1.08	3.70	0.384
			8		9.867	7.745	0.254	62.83	2.52	11.92	18.85	1.38	5.03	136.41	2.73	34.32	1.25	11.38	1.07	4.16	0.381
9/5.6	90	56	5	9	7.212	5.661	0.287	60.45	2.90	9.92	18.32	1.59	4.21	121.32	2.91	29.53	1.25	10.98	1.23	3.49	0.385
			6		8.557	6.717	0.286	71.03	2.88	11.74	21.42	1.58	4.96	145.59	2.95	35.58	1.29	12.90	1.23	4.18	0.384
			7		9.880	7.756	0.286	81.01	2.86	13.49	24.36	1.57	5.70	169.66	3.00	41.71	1.33	14.67	1.22	4.72	0.382
			8		11.183	8.779	0.286	91.03	2.85	15.27	27.15	1.56	6.41	194.17	3.04	47.93	1.36	16.34	1.21	5.29	0.380

续表二

角钢号数	B	b	d	r	截面面积/cm²	理论重量/(kg/m)	外表面积/(m²/m)	I_x/cm⁴	i_x/cm	W_x/cm³	I_y/cm⁴	i_y/cm	W_y/cm³	I_{x_1}/cm⁴	y_0/cm	I_{y_1}/cm⁴	x_0/cm	I_u/cm⁴	i_u/cm	W_u/cm³	$\tan\alpha$
10/6.3	100	63	6	10	9.617	7.550	0.320	99.06	3.21	14.64	30.94	1.79	6.35	199.71	3.24	50.50	1.43	18.42	1.38	5.25	0.394
			7		11.111	8.722	0.320	113.45	3.29	16.88	35.26	1.78	7.29	233.00	3.28	59.14	1.47	21.00	1.38	6.02	0.394
			8		12.584	9.878	0.319	127.37	3.18	19.08	39.39	1.77	8.21	266.32	3.32	67.88	1.50	23.50	1.37	6.78	0.391
			10		15.467	12.142	0.319	153.81	3.15	23.32	47.12	1.74	9.98	333.06	3.40	85.73	1.58	28.33	1.35	8.24	0.387
10/8	100	80	6	10	10.637	8.350	0.354	107.04	3.17	15.19	61.24	2.40	10.16	199.83	2.95	102.68	1.97	31.65	1.72	8.37	0.627
			7		12.301	9.656	0.354	122.73	3.16	17.52	70.08	2.39	11.71	233.20	3.00	119.98	2.01	36.17	1.72	9.60	0.626
			8		13.944	10.946	0.353	137.92	3.14	19.81	78.58	2.37	13.21	266.61	3.04	137.37	2.05	40.58	1.71	10.80	0.625
			10		17.167	13.476	0.353	166.87	3.12	24.24	94.65	2.35	16.12	333.63	3.12	172.48	2.13	49.10	1.69	13.12	0.622
11/7	110	70	6	10	10.637	8.350	0.354	133.37	3.54	17.85	42.92	2.01	7.90	265.78	3.53	69.08	1.57	25.36	1.54	6.53	0.403
			7		12.301	9.656	0.354	153.00	3.53	20.60	49.01	2.00	9.09	310.07	3.57	80.82	1.61	28.95	1.53	7.50	0.402
			8		13.944	10.946	0.353	172.04	3.51	23.30	54.87	1.98	10.25	354.39	3.62	92.70	1.65	32.45	1.53	8.45	0.401
			10		17.167	13.467	0.353	208.39	3.48	28.54	65.88	1.96	12.48	443.13	3.70	116.83	1.72	39.20	1.51	10.29	0.397
12.5/8	125	80	7	11	14.096	11.066	0.403	227.98	4.02	26.86	74.42	2.30	12.01	454.99	4.01	120.32	1.80	43.81	1.76	9.92	0.408
			8		15.989	12.551	0.403	256.77	4.01	30.41	83.49	2.28	13.56	519.99	4.06	137.85	1.84	49.15	1.75	11.18	0.407
			10		19.712	15.474	0.402	312.04	3.98	37.33	100.67	2.26	16.56	650.09	4.14	173.40	1.92	59.45	1.74	13.64	0.404
			12		23.351	18.330	0.402	364.41	3.95	44.01	116.67	2.24	19.43	780.39	4.22	209.67	2.00	69.35	1.72	16.01	0.400
14/9	140	90	8	12	18.038	14.160	0.453	365.64	4.50	38.48	120.69	2.59	17.34	730.53	4.50	195.79	2.04	70.83	1.98	14.31	0.411
			10		22.261	17.475	0.452	445.50	4.47	47.31	146.03	2.56	21.22	913.20	4.58	245.92	2.12	85.82	1.96	17.48	0.409
			12		26.400	20.724	0.451	521.59	4.44	55.87	169.79	2.54	24.95	1096.09	4.66	296.89	2.19	100.21	1.95	20.54	0.406
			14		30.456	23.908	0.451	594.10	4.42	64.18	192.10	2.51	28.54	1279.26	4.77	348.82	2.27	114.13	1.94	23.52	0.403

续表三

角钢号数	尺寸/mm B	b	d	r	截面面积/cm²	理论重量/(kg/m)	外表面积/(m²/m)	I_x/cm⁴	i_x/cm	W_x/cm³	I_y/cm⁴	i_y/cm	W_y/cm³	I_{x_1}/cm⁴	y_0/cm	I_{y_1}/cm⁴	x_0/cm	I_u/cm⁴	i_u/cm	W_u/cm³	$\tan\alpha$
16/10	160	100	10	13	25.315	19.872	0.512	668.69	5.14	62.13	205.03	2.85	26.56	1362.89	5.24	336.59	2.28	121.74	2.19	21.92	0.390
			12		30.054	23.592	0.511	784.91	5.11	73.49	239.06	2.82	31.28	1635.56	5.32	405.94	2.36	142.33	2.17	25.79	0.388
			14		34.709	27.247	0.510	896.30	5.08	84.56	271.20	2.80	35.83	1908.50	5.40	476.42	2.43	162.23	2.16	29.56	0.385
			16		39.281	30.835	0.510	1003.04	5.05	95.33	301.60	2.77	40.24	2181.79	5.48	548.22	2.51	182.57	2.16	33.44	0.382
18/11	180	110	10	14	28.373	22.273	0.571	956.25	5.80	78.96	278.11	3.13	32.49	1940.40	5.89	447.22	2.44	166.50	2.42	26.88	0.376
			12		33.712	26.464	0.571	1124.72	5.78	93.53	325.03	3.10	38.32	2328.38	5.98	538.94	2.52	194.87	2.40	31.66	0.374
			14		38.967	30.589	0.570	1286.91	5.75	107.76	369.55	3.08	43.97	2716.60	6.06	631.95	2.59	222.30	2.39	36.32	0.372
			16		44.139	34.649	0.569	1443.06	5.72	121.64	411.85	3.06	49.44	3105.15	6.14	726.46	2.67	248.94	2.38	40.87	0.369
20/12.5	200	125	12	14	37.912	29.761	0.641	1570.90	6.44	116.73	483.16	3.57	49.99	3193.85	6.54	787.74	2.83	285.79	2.74	41.23	0.392
			14		43.867	34.436	0.640	1800.97	6.41	134.65	550.83	3.54	57.44	3726.17	6.02	922.47	2.91	326.58	2.73	47.34	0.390
			16		49.739	39.045	0.639	2023.35	6.38	152.18	615.44	3.52	64.69	4258.86	6.70	1058.86	2.99	366.21	2.71	53.32	0.388
			18		55.526	43.588	0.639	2238.30	6.35	169.33	677.19	3.49	71.74	4792.00	6.78	1197.13	3.06	404.83	2.70	59.18	0.385

注：1. 括号内型号不推荐使用。
2. 截面图中的 $r_1 = d/3$ 及表中 r 值的数据用于孔型设计，不作为交货条件。

表 3 热轧工字钢（GB706—1988）

符号意义：h——高度；
b——腿宽度；
d——腰厚度；
δ——平均腿厚度；
r——内圆弧半径；
r_1——腿端圆弧半径；
I——惯性矩；
W——弯曲截面系数；
i——惯性半径；
S——半截面的静矩

斜度 1:6

型号	尺寸/mm						截面面积 /cm²	理论重量 /(kg/m)	参考数值 x—x				参考数值 y—y		
	h	b	d	δ	r	r_1			I_x /cm⁴	W_x /cm³	i_x /cm	$I_x:S_x$ /cm	I_y /cm⁴	W_y /cm³	i_y /cm
10	100	68	4.5	7.6	6.5	3.3	14.3	11.2	245	49	4.14	8.59	33	9.72	1.52
12.6	126	74	5	8.4	7	3.5	18.1	14.2	488.43	77.529	5.195	10.85	46.906	12.677	1.609
14	140	80	5.5	9.1	7.5	3.8	21.5	16.9	712	102	5.76	12	64.4	16.1	1.73
16	160	88	6	9.9	8	4	26.1	20.5	1130	141	6.58	13.8	93.1	21.2	1.89
18	180	94	6.5	10.7	8.5	4.3	30.6	24.1	1660	185	7.26	15.4	122	26	2
20a	200	100	7	11.4	9	4.5	35.5	27.9	2370	237	8.15	17.2	158	31.5	2.12
20b	200	102	9	11.4	9	4.5	39.5	31.1	2500	250	7.96	16.9	169	33.1	2.06
22a	220	110	7.5	12.3	9.5	4.8	42	33	3400	309	8.99	18.9	225	40.9	2.31
22b	220	112	9.5	12.3	9.5	4.8	46.4	36.4	3570	325	8.78	18.7	239	42.7	2.27
25a	250	116	8	13	10	5	48.5	38.1	5023.54	401.88	10.18	21.58	280.046	48.283	2.403
25b	250	118	10	13	10	5	53.5	42	5283.96	422.72	9.938	21.27	309.297	52.423	2.404
28a	280	122	8.5	13.7	10.5	5.3	55.45	43.4	7114.14	508.15	11.32	24.62	345.051	56.565	2.495
28b	280	124	10.5	13.7	10.5	5.3	61.05	47.9	7480	534.29	11.08	24.24	379.496	61.209	2.493

续表

型号	尺寸/mm						截面面积 /cm²	理论重量 /(kg/m)	参考数值						
									x－x				y－y		
	h	b	d	δ	r	r₁			I_x /cm⁴	W_x /cm³	i_x /cm	$I_x:S_x$ /cm	I_y /cm⁴	W_y /cm³	i_y /cm
32a	320	130	9.5	15	11.5	5.8	67.05	52.7	11075.5	692.2	12.84	27.46	459.93	70.758	2.619
32b	320	132	11.5	15	11.5	5.8	73.45	57.7	11621.4	726.33	12.58	27.09	501.53	75.989	2.614
32c	320	134	13.5	15	11.5	5.8	79.95	62.8	12167.5	760.47	12.34	26.77	543.81	81.166	2.608
36a	360	136	10	15.8	12	6	76.3	59.9	15760	875	14.4	30.7	552	81.2	2.69
36b	360	138	12	15.8	12	6	83.5	65.6	16530	919	14.1	30.3	582	84.3	2.64
36c	360	40	14	15.8	12	6	90.7	71.2	17310	962	13.8	29.9	612	87.4	2.6
40a	400	142	10.5	16.5	12.5	6.3	86.1	67.6	21720	1090	15.9	34.1	660	93.2	2.77
40b	400	144	12.5	16.5	12.5	6.3	94.1	73.8	22780	1140	15.6	33.6	692	96.2	2.71
40c	400	146	14.5	16.5	12.5	6.3	102	80.1	23850	1190	15.2	33.2	727	99.6	2.65
45a	450	150	11.5	18	13.5	6.8	102	80.4	32240	1430	17.7	38.6	855	114	2.89
45b	450	152	13.5	18	13.5	6.8	111	87.4	33760	1500	17.4	38	894	118	2.84
45c	450	154	15.5	18	13.5	6.8	120	94.5	35280	1570	17.1	37.6	938	122	2.79
50a	500	158	12	20	14	7	119	93.6	46470	1860	19.7	42.8	1120	142	3.07
50b	500	160	14	20	14	7	129	101	48560	1940	19.4	42.4	1170	146	3.01
50c	500	162	16	20	14	7	139	109	50640	2080	19	41.8	1220	151	2.96
56a	560	166	12.5	21	14.5	7.3	135.25	106.2	65585.6	2342.31	22.02	47.73	1370.16	165.08	3.182
56b	560	168	14.5	21	14.5	7.3	146.45	115	68512.5	2446.69	21.63	47.17	1486.75	174.25	3.162
56c	560	170	16.5	21	14.5	7.3	157.85	123.9	71439.4	2551.41	21.27	46.66	1558.39	183.34	3.158
63a	630	176	13	22	15	7.5	154.9	121.6	93916.2	2981.47	24.62	54.17	1700.55	193.24	3.314
63b	630	178	15	22	15	7.5	167.5	131.5	98083.6	3163.38	24.2	53.51	1812.07	203.6	3.289
63c	630	180	17	22	15	7.5	180.1	141	102251.1	3298.42	23.82	52.92	1924.91	213.88	3.268

表 4　热轧槽钢 (GB707—1988)

符号意义: h——高度;
b——腿宽度;
d——腰厚度;
δ——平均腿厚度;
r——内圆弧半径;
r_1——腿端圆弧半径;
I——惯性矩;
W——抗弯截面系数;
i——惯性半径;
z_0—— $y-y$ 轴与 y_1-y_1 轴间距

型号	尺寸/mm						截面面积 /cm²	理论重量 /(kg/m)	参考数值							
									$x-x$			$y-y$			y_1-y_1	
	h	b	d	δ	r	r_1			W_z /cm³	I_x /cm⁴	i_x /cm	W_y /cm³	I_y /cm⁴	i_y /cm	I_{y_1} /cm⁴	z_0 /cm
5	50	37	4.5	7	7	3.5	6.93	5.44	10.4	26	1.94	3.55	8.3	1.1	20.9	1.35
6.3	63	40	4.8	7.5	7.5	3.75	8.444	6.63	16.123	50.786	2.453	4.50	11.872	1.185	28.38	1.36
8	80	43	5	8	8	4	10.24	8.04	25.3	101.3	3.15	5.79	16.6	1.27	37.4	1.43
10	100	48	5.3	8.5	8.5	4.25	12.74	10	39.7	198.3	3.95	7.8	25.6	1.41	54.9	1.52
12.6	126	53	5.5	9	9	4.5	15.69	12.37	62.137	391.466	4.953	10.242	37.99	1.567	77.09	1.59
14a	140	58	6	9.5	9.5	4.75	18.51	14.53	80.5	563.7	5.52	13.01	53.2	1.7	107.1	1.71
14a	140	60	8	9.5	9.5	4.75	21.31	16.73	87.1	609.4	5.35	14.12	61.1	1.69	120.6	1.67
16a	160	63	6.5	10	10	5	21.95	17.23	108.3	866.2	6.28	16.3	73.3	1.83	144.1	1.8
16	160	65	8.5	10	10	5	25.15	19.74	116.8	934.5	6.1	17.55	83.4	1.82	160.8	1.75

续表

| 型号 | 尺寸/mm | | | | | | 截面面积 /cm² | 理论重量 /(kg/m) | 参考数值 | | | | | | | |
| | h | b | d | δ | r | r_1 | | | $x-x$ | | | $y-y$ | | | y_1-y_1 | z_0 /cm |
									W_z /cm³	I_x /cm⁴	i_x /cm	W_y /cm³	I_y /cm⁴	i_y /cm	I_{y_1} /cm⁴	
18a	180	68	7	10.5	10.5	5.25	25.69	20.17	141.4	1272.7	7.04	20.03	98.6	1.96	189.7	1.88
18	180	70	9	10.5	10.5	5.25	29.29	22.99	152.2	1369.9	6.84	21.52	111	1.95	210.1	1.84
20a	200	73	7	11	11	5.5	28.83	22.63	178	1780.4	7.86	24.2	128	2.11	244	2.01
20	200	75	9	11	11	5.5	32.83	25.77	191.4	1913.7	7.64	25.88	143.6	2.09	268.4	1.95
22a	220	77	7	11.5	11.5	5.75	31.84	24.99	217.6	2393.9	8.67	28.17	157.8	2.23	298.2	2.1
22	220	79	9	11.5	11.5	5.75	36.24	28.45	233.8	2571.4	8.42	30.05	176.4	2.21	326.3	2.03
25a	250	78	7	12	12	6	34.91	27.47	269.597	3369.62	9.823	30.607	175.529	2.243	322.256	2.065
25b	250	80	9	12	12	6	39.91	31.39	282.402	3530.04	9.405	32.657	196.421	2.218	353.187	1.982
25c	250	82	11	12	12	6	44.91	35.32	295.236	3690.45	9.065	35.926	218.415	2.206	384.133	1.921
28a	280	82	7.5	12.5	12.5	6.25	40.02	31.42	340.328	4764.59	10.91	35.718	217.989	2.333	387.566	2.097
28b	280	84	9.5	12.5	12.5	6.25	45.62	35.81	366.46	5130.45	10.6	37.929	242.144	2.304	427.589	2.016
28c	280	86	11.5	12.5	12.5	6.25	51.22	40.21	392.594	5496.32	10.35	40.301	267.602	2.286	426.597	1.951
32a	320	88	8	14	14	7	48.7	38.22	474.879	7598.06	12.49	46.473	304.787	2.502	552.31	2.242
32b	320	90	10	14	14	7	55.1	43.25	509.012	8144.2	12.15	49.157	336.332	2.471	592.933	2.158
32c	320	92	12	14	14	7	61.5	48.28	543.145	8690.33	11.88	52.642	374.175	2.467	643.299	2.092
36a	360	96	9	16	16	8	60.89	47.8	659.7	11874.2	13.97	63.54	455	2.73	818.4	2.44
36b	360	98	11	16	16	8	68.09	53.45	702.9	12651.8	13.63	66.85	496.7	2.7	880.4	2.37
36c	360	100	13	16	16	8	75.29	50.1	746.1	13429.4	13.36	70.02	536.4	2.67	947.9	2.34
40a	400	100	10.5	18	18	9	75.05	58.91	878.9	17577.9	15.30	78.83	592	2.81	1067.7	2.49
40b	400	102	12.5	18	18	9	83.05	65.19	932.2	18644.5	14.98	82.52	640	2.78	1135.6	2.44
40c	400	104	14.5	18	18	9	91.05	71.47	985.6	19711.2	14.71	86.19	687.8	2.75	1220.7	2.42

注：截面图和表中标注的圆弧半径 r，r_1 的数据用于孔型设计，不作为交货条件。

附录 B　部分习题参考答案

第 3 章

3-1　$F_R = 171.3$ N；$\theta = 40.99°$；位于第一象限。

3-2　(1) 0；(2) Fl；(3) $Fl\sin\alpha$；(4) $a\sin\alpha - Fb\cos\alpha$。

3-3　$\boldsymbol{M}_O = -\dfrac{Fa}{2}\boldsymbol{j} + \sqrt{6}\,\dfrac{Fa}{4}\boldsymbol{k}$。

3-4　(1) $M_x = F\cos\varphi\cos\theta \cdot c + F\sin\varphi \cdot b$；

　　(2) $M_y = -F\cos\varphi\sin\theta \cdot c - F\sin\varphi \cdot a$；

　　(3) $M_z = F\cos\varphi\sin\theta \cdot b - F\cos\varphi\cos\theta \cdot a$。

3-5　$M_{AB} = Fa\sin\alpha\sin\beta$。

3-6　合力偶，其力偶矩为 $\sqrt{2}\,Fa$。

3-7　(1) $\boldsymbol{F}'_R = -437.6\boldsymbol{i} - 161.6\boldsymbol{j}$ N；$M_O = 21.44$ N·m；

　　(2) $F_R = 466.5$ N；$d = 45.96$ mm。

3-8　(1) $\boldsymbol{F}'_R = -80\boldsymbol{i} - 60\boldsymbol{j}$ N；$M_O = 600$ N·mm；

　　(2) $\boldsymbol{F}_R = -80\boldsymbol{i} - 60\boldsymbol{j}$ N；$d = -10$ mm。

3-9　$F'_R = 8027$ kN；$M_O = 6121$ kN·m；$d = 0.763$ m。

3-10　$\boldsymbol{F}_R = 1400\boldsymbol{k}$ N；作用点位置 (3, 2.5, 0)。

3-11　$\boldsymbol{F}'_R = -345.4\boldsymbol{i} - 249.6\boldsymbol{j} + 10.56\boldsymbol{k}$ N；$\boldsymbol{M}_O = -51.78\boldsymbol{i} - 36.65\boldsymbol{j} + 103.6\boldsymbol{k}$ N·m。

3-12　$F'_R = 638$ N；$M_A = 163$ N·mm。

第 4 章

4-1　(a) $F_{Ax} = 25$ kN，$F_{Ay} = 27.77$ kN，$F_B = 35.53$ kN；

　　(b) $F_{Ax} = 0$；$F_{Ay} = 15$ kN，$F_B = 21$ kN；

　　(c) $F_{Ax} = 0$；$F_{Ay} = 192$ kN，$F_B = 288$ kN；

　　(d) $F_{Ax} = 0$；$F_{Ay} = 1.5$ kN，$M_A = 1.5$ kN·m。

4-2　(a) $F_{Ax} = 0$，$F_{Ay} = 6$ kN，$M_A = 1.5$ kN·m；

　　(b) $F_{Ax} = -5$ kN，$F_{Ay} = 0$，$F_B = 10$ kN；

　　(c) $F_{Ax} = 0$，$F_{Ay} = 5.96$ kN，$F_B = 6.12$ kN。

4-3　$F_{BA} = -7.321$ kN；$F_{BC} = 27.32$ kN。

4-4　361 kN $\leqslant P_2 \leqslant$ 375 kN。

4-5　$F_{OA} = -1414$ N，$F_{OB} = F_{OC} = 707$ N。

4-6　$F_D = 5.8$ kN，$F_B = 7.777$ kN，$F_A = 4.423$ kN。

4-7　$F = 200$ N，$F_{Bx} = F_{Bz} = 0$ N，$F_{Ax} = 86.6$ N，$F_{Ay} = 150$ N，$F_{Az} = 100$ N。

4-8　$F_1 = F_5 = -F$（压），$F_3 = F$（拉），$F_2 = F_4 = F_6 = 0$。

4 - 9 $F_A = F_C = \dfrac{M}{2\sqrt{2}a}$。

4 - 10 $F_{Ax} = 0$，$F_{Ay} = -\dfrac{M}{2a}$，$F_{Dx} = 0$，$F_{Dy} = \dfrac{M}{a}$，$F_{Bx} = 0$，$F_{By} = -\dfrac{M}{2a}$。

4 - 11 (a) $F_{Ax} = \dfrac{M}{a}\tan\theta$，$F_{Ay} = -\dfrac{M}{a}$，$M_A = -M$，$F_B = F_C = \dfrac{M}{a\cos\theta}$；

  (b) $F_{Ax} = \dfrac{qa}{2}\tan\theta$，$F_{Ay} = -\dfrac{qa}{2}$，$M_A = \dfrac{qa^2}{2}$，$F_{Bx} = \dfrac{qa}{2}\tan\theta$，$F_{By} = \dfrac{qa}{2}$，$F_{Bx} = \dfrac{qa}{2\cos\theta}$。

4 - 12 (a) $F_{Ax} = 34.64$ kN，$F_{Ay} = 60$ kN，$M_A = 220$ kN・m，$F_{Bx} = -34.64$ kN，

  $F_{By} = 60$ kN，$F_{NC} = 69.28$ N；

  (b) $F_{Ay} = -2.5$ kN，$F_{NB} = 15$ kN，$F_{Cy} = 2.5$ kN，$F_{ND} = 2.5$ kN。

4 - 13 $F_{Ax} = 6.928$ kN；$F_{Ay} = 2.7$ kN；$F_D = 20.7$ kN。

4 - 14 $F_A = \dfrac{3}{2}q_0 L$；$M_A = 3q_0 L^2$；$F_E = q_0 L$。

4 - 15 $F_H = 2$ kN；$F_C = 1$ kN。

4 - 16 $F_{Ax} = 20$ kN；$F_{Ay} = 70$ kN；$F_{Bx} = -20$ kN；$F_{By} = 50$ kN；$F_{Cx} = 20$ kN；$F_{Cy} = 10$ kN。

4 - 17 $F_{Ax} = 0.3$ kN；$F_{Ay} = -0.538$ kN；$F_B = 3.538$ kN。

4 - 18 $F_{AC} = 8$ kN；$F_{BC} = -6.93$ kN。

4 - 19 $F_{BD} = -33$ kN。

4 - 20 $F = 3.67$ kN。

4 - 21 $F_1 = F_4 = 2F$；$F_2 = -F_6 = -2.24F$；$F_3 = F$；$F_5 = 0$。

4 - 22 $F_1 = 0$；$F_2 = \sqrt{2}F$；$F_3 = -2F$。

第 5 章

5 - 1 (a) $F_{N1} = F$，$F_{N2} = -F$； (b) $F_{N1} = 2F$，$F_{N2} = 0$；

  (c) $F_{N1} = 2F$，$F_{N2} = F$； (d) $F_{N1} = F$，$F_{N2} = -2F$。

5 - 2 $F_{N1} = -20$ kN，$\sigma_1 = -50$ MPa；$F_{N2} = -10$ kN，$\sigma_2 = -25$ MPa；$F_{N3} = 10$ kN，

  $\sigma_3 = 25$ MPa。

5 - 3 $F_{N1} = -20$ kN，$\sigma_1 = -50$ MPa；$F_{N2} = -10$ kN，$\sigma_2 = -33.3$ MPa；$F_{N3} = 10$ kN，

  $\sigma_3 = 50$ MPa。

5 - 4 $\sigma_{0°} = 100$ MPa，$\tau_{0°} = 0$ MPa；$\sigma_{45°} = 50$ MPa，$\tau_{45°} = 50$ MPa；$\sigma_{90°} = 0$ MPa，$\tau_{90°} = 0$ MPa。

5 - 5 $\alpha = -26.6°$。

5 - 6 $E = 70$ GPa，$\nu = 0.33$。

5 - 7 $[F] = 57.6$ kN。

5 - 8 $d \geqslant 26$ mm，$b \geqslant 100$ mm。

5 - 9 $\alpha = 54°44'$。

5 - 11 (1) $\sigma = 735$ MPa。(2) $\Delta = 83.7$ mm。(3) $F = 96.4$ N。

5 - 12 $\Delta l = \dfrac{Fl}{E\delta(b_2 - b_1)}\ln\dfrac{b_2}{b_1}$。

5-13　$\Delta_x=0.05\times10^3$ m(水平)，$\Delta_y=0.50\times10^3$ m(铅垂)。

5-14　(1) $x=0.6$ m。(2) $F=200$ kN。

5-15　(a) $F_B=\dfrac{2}{3}F(\leftarrow)$，$F_C=\dfrac{1}{3}F(\leftarrow)$，$F_{Nmax}=\dfrac{2}{3}F$；

　　　(b) $F_A=\dfrac{7}{4}F(\leftarrow)$，$F_B=\dfrac{5}{4}F(\leftarrow)$，$F_{Nmax}=\dfrac{7}{4}F$。

5-16　$A_1\geqslant6.67\times10^{-4}$ m²；$A_2\geqslant2.22\times10^{-4}$ m²。

5-17　$[F]=452.2$ kN。

5-18　(1) $F_A=180$ kN，$F_C=0$。(2) $F_A=155.5$ kN，$F_C=24.5$ kN。

5-19　(1) $\sigma_1=\sigma_3=-35$ MPa，$\sigma_2=70$ MPa。(2) $\sigma_1=\sigma_3=17.5$ MPa，$\sigma_2=-35$ MPa。

5-20　$\sigma=72$ MPa。

5-21　$D:h:d=1.225:0.333:1$。

5-22　$l\geqslant100$ mm，$a\geqslant20$ mm。

5-23　$d\geqslant17.8$ mm。

5-24　$l\geqslant127$ mm。

5-25　$\tau=99.5$ MPa，$\sigma_{bs}=125$ MPa，$\sigma'=125$ MPa，$\sigma''=125$ MPa。

第 6 章

6-1　(a) $y_C=z_C=\dfrac{4R}{3\pi}$；(b) $y_C=\dfrac{h}{3}$，$z_C=\dfrac{b}{3}$。

6-2　(a) $S_z=\dfrac{bh^2}{8}$；(b) $S_z=\dfrac{B}{8}(H^2-h^2)+\dfrac{bh^2}{8}$；(c) $S_z=52240$ mm³。

6-3　(a) $y_C=-\dfrac{(4b-a)h}{3(a+b)}$；(b) $y_C=-\dfrac{19}{14}$，$z_C=\dfrac{19}{14}a$。

6-4　(a) $I_y=\dfrac{hb^3}{12}-\dfrac{\pi d^4}{64}$；(b) $I_y=1496.67$ cm⁴。

6-5　$I_z=0.01336$ m⁴。

6-6　$a=111.2$ mm。

6-7　(a) $I_y=I_z=\dfrac{\pi d^4}{64}$；

　　　(b) $I_y=\dfrac{5\pi d^4}{32}$，$I_z=\dfrac{\pi d^4}{32}$；

　　　(c) $I_y=\dfrac{11\pi d^4}{64}$，$I_z=\dfrac{105\pi d^4}{192}$；

　　　(d) $I_y=I_z=\dfrac{33\pi d^4}{32}$。

第 7 章

7-1　(a) $T_{max}=2M_e$；(b) $T_{max}=M_e$；(c) $T_{max}=40$ kN·m；(d) $T_{max}=4$ kN·m。

7-2　(1) $T_{max}=1145.9$ kN·m。(2) $T_{max}=763.9$ kN·m。

7-3　最大正扭矩 $T_{max}=636.6$ kN·m，最大负扭矩 $T_{max}=1591.5$ kN·m。

7－4　$d \geqslant 39.3$ mm, $d_1 \geqslant 20$ mm, $D_1 \geqslant 40$ mm。

7－5　$\tau_{max} = 81.5$ MPa, $\theta_{max} = 1.17$ °/m。

7－6　$G = 79.65$ GPa。

7－7　$d \geqslant 70$ mm。

7－8　$M_A = \dfrac{2}{3} M_e$, $M_B = \dfrac{1}{3} M_e$。

7－9　$[M_e] = 372.7$ N·m, $T_{max} = \dfrac{5}{3} M_e$。

第 8 章

8－1　(a) $F_{QA} = -qa$, $M_A = 0$, $F_{QB} = -3qa$, $M_B = -7qa^2$, $F_{QC} = 2qa$, $M_C = -\dfrac{3qa^2}{2}$,

　　　$F_{QD} = -3qa$, $M_D = -4qa^2$;

　　　(b) $F_{QA} = qa$, $M_A = 0$, $F_{QB} = -qa$, $M_B = 0$, $F_{QC} = qa$, $M_C = qa^2$, $F_{QD} = 0$,

　　　$M_D = \dfrac{3qa^2}{2}$。

8－2　(a) $F_{QA} = \dfrac{3qa}{4}$, $M_A = 0$, $F_{QB} = 0$, $M_B = 0$, $F_{QC左} = \dfrac{3qa}{4}$, $F_{QC右} = \dfrac{qa}{4}$, $M_{C左} = -\dfrac{3qa^2}{4}$,

　　　$M_{C右} = -\dfrac{qa^2}{4}$, $F_{QD左} = -\dfrac{qa}{4}$, $F_{QD右} = qa$, $M_{D左} = M_{D右} = \dfrac{qa^2}{2}$;

　　　(b) $F_{QA} = 0$, $M_A = -Fa$, $F_{QB} = 0$, $M_B = 0$, $F_{QC左} = F$, $F_{QC右} = F$, $M_{C左} = M_{C右} = Fa$,

　　　$F_{QD左} = F$, $F_{QD右} = 0$, $M_{D左} = M_{D右} = \dfrac{qa^2}{2}$。

8－3　(a) $F_{Qmax} = 0$, $M_{max} = M_e$;

　　　(b) $F_{Qmax} = \dfrac{M_e}{l}$, $M_{max} = M_e$。

8－4　(a) $F_{Qmax} = F$, $M_{max} = Fb$;

　　　(b) $F_{Qmax} = \dfrac{M_e}{l}$, $M_{max} = \dfrac{aM_e}{l}$;

　　　(c) $F_{Qmax} = 2qa$, $M_{max} = 2qa^2$;

　　　(d) $F_{Qmax} = 2qa$, $M_{max} = qa^2$。

8－5　(a) $|F_{Qmax}| = 5$ kN, $M_{max} = 6$ kN·m;

　　　(b) $|F_{Qmax}| = 2$ kN, $M_{max} = 2.5$ kN·m;

　　　(c) $F_{Qmax} = 20$ kN, $M_{max} = 17.5$ kN·m;

　　　(d) $F_{Qmax} = 10$ kN, $M_{max} = 10$ kN·m。

8－6　(a) $F_{Qmax} = \dfrac{qa}{2}$, $M_{max} = \dfrac{qa^2}{2}$;

　　　(b) $F_{Qmax} = qa$, $M_{max} = aq^2$;

　　　(c) $|F_{Qmax}| = \dfrac{3qa}{2}$, $|M_{max}| = \dfrac{5qa^2}{2}$;

(d) $F_{Q\max}=qa$，$M_{\max}=qa^2$。

8 - 7　(1) $\sigma_a=-41.9$ MPa，$\sigma_b=20.95$ MPa，$\sigma_c=0$，$\delta_d=41.9$ MPa；

　　　　(2) $\sigma_a=-62.55$ MPa；$\sigma_b=-31.27$ MPa，$\sigma_c=0$，$\sigma_d=62.55$ MPa。

8 - 8　(1) $\sigma_{\max}^+=30.3$ MPa，$\sigma_{\max}^-=69$ MPa；

　　　　(2) $\sigma_{\max}^+=69$ MPa，$\sigma_{\max}^-=30.3$ MPa。

8 - 9　$\sigma_{\max}^+=26.2$ MPa$<[\sigma^+]$，$\sigma_{\max}^-=52.4$ MPa$<[\sigma^-]$，安全。

8 - 10　$[q]=7.69$ kN/m。

8 - 12　(a) $x_1=a$，$w_1=0$；$x_2=l+a$，$w_2=0$；$x_1=x_2=a$，$w_1=w_2$，$\theta_1=\theta_2$；

　　　　(b) $x_1=0$，$w_1=0$；$x_2=l$，$w_2=\dfrac{ql^2h}{2EA}$；

　　　　(c) $x_1=0$，$w_1=0$；$x_2=l$，$w_2=\dfrac{ql^2h}{2C}$；

　　　　(d) $x_1=0$，$w_1=0$，$\theta_1=0$；$x_3=3l$，$w_3=0$；$x_1=x_2=l$，$w_1=w_2$；$x_2=x_3=2l$，
　　　　$w_2=w_3$，$\theta_2=\theta_3$。

8 - 13　(a) $w_B=\dfrac{ql^4}{8EI}$，$\theta_B=\dfrac{ql^3}{6EI}$；

　　　　(b) $w_B=\dfrac{3Fl^3}{16EI}$，$\theta_B=\dfrac{5Fl^2}{16EI}$；

　　　　(c) $w_B=\dfrac{2F_{\mathrm{P}}l^2+3ml^2}{6EI}$，$\theta_B=\dfrac{2F_{\mathrm{P}}l^3+2ml}{2EI}$；

　　　　(d) $w_B=\dfrac{41ql^4}{384EI}$，$\theta_B=\dfrac{7ql^3}{48EI}$。

8 - 14　(a) $w_{\max}=\dfrac{ql^4}{8EI}+\dfrac{M_el^2}{2EI}$，$\theta_{\max}=\dfrac{ql^3}{9EI}+\dfrac{M_el}{EI}$；

　　　　(b) $w_{\max}=\dfrac{5ql^4}{384EI}+\dfrac{M_el}{16EI}$，$\theta_{\max}=\dfrac{ql^3}{24EI}+\dfrac{M_el}{3EI}$。

8 - 15　(a) $w_C=\dfrac{qal^3}{24EI}$，$\theta_B=\dfrac{ql^3}{24EI}$；

　　　　(b) $w_C=\dfrac{qa^3}{24EI}(4l+3a)$，$\theta_B=\dfrac{qa^2l}{6EI}$。

8 - 16　$b\geqslant90$ mm，$h\geqslant180$ mm。

8 - 18　$[w]=0.0001l=0.0001\times400=0.04$ mm；

　　　　$[\theta]=0.001=1\times10^{-3}$ rad；

　　　　$w_C=0.0353$ mm$<[v]=0.04$ mm；

　　　　$\theta_B=0.1094\times10^{-3}$ rad$<[\theta]=1\times10^{-3}$ rad。

满足刚度要求。

第 9 章

9 - 3　(a) $\sigma_1=57$ MPa，$\sigma_3=-7$ MPa，$\alpha_0=-19°20'$，$\tau_{\max}=32$ MPa；

　　　　(b) $\sigma_1=57$ MPa，$\sigma_3=-7$ MPa，$\alpha_0=-19°20'$，$\tau_{\max}=32$ MPa；

(c) $\sigma_1 = 25$ MPa, $\sigma_3 = -25$ MPa, $\alpha_0 = -45°$, $\tau_{max} = 25$ MPa；

(d) $\sigma_1 = 11.2$ MPa, $\sigma_3 = -71.2$ MPa, $\alpha_0 = -37°59'$, $\tau_{max} = 41.2$ MPa；

(e) $\sigma_1 = 4.7$ MPa, $\sigma_3 = -84.7$ MPa, $\alpha_0 = -13°17'$, $\tau_{max} = 44.7$ MPa；

(f) $\sigma_1 = 37$ MPa, $\sigma_3 = -27$ MPa, $\alpha_0 = -19°20'$, $\tau_{max} = 32$ MPa。

9-4　(a) $\alpha = -115°$, $\sigma_\alpha = 108.7$ MPa, $\tau_\alpha = -11.35$ MPa；

　　　(b) $\alpha = 25°$, $\sigma_\alpha = 57.26$ MPa, $\tau_\alpha = -49.92$ MPa；

　　　(c) $\alpha = 115°$, $\sigma_\alpha = 62.73$ MPa, $\tau_\alpha = 49.92$ MPa。

9-6　(1) $\sigma_1 = 150$ MPa, $\sigma_2 = 75$ MPa, $\tau_{max} = 75$ MPa。

　　　(2) $\sigma_\alpha = 131$ MPa, $\tau_\alpha = -32.5$ MPa。

9-7　(1) $\sigma_{60°} = -47.5$ MPa, $\tau_{60°} = 9$ MPa。

　　　(2) $\sigma_1 = 111.69$ MPa, $\sigma_3 = -48.2$ MPa, $\alpha = 33.26°$。

9-8　$\varepsilon_3 = -0.9 \times 10^{-4}$。

9-10　11.51 mm；9.97 mm。

9-11　$\dfrac{2Ebhl}{3(1+\nu)}\varepsilon_{45°}$。

9-12　$\sigma_\alpha = 2.13$ MPa, $\tau_\alpha = 24.25$ MPa。

9-13　105.1 kW。

第 10 章

10-1　$b = 80$ mm, $h = 120$ mm。

10-2　选用 14 号工字钢作为横梁。

10-3　立柱强度足够。

10-4　$|\sigma_{max}^-| = 263.14$ kPa $\leqslant [\sigma]$。

10-5　(2) $F = 18.38$ kN, $\delta = 1.785$ mm。

10-6　$\sigma_A = 8.83$ MPa, $\sigma_B = 3.83$ MPa, $\sigma_C = -12.17$ MPa, $\sigma_D = -7.17$ MPa。

10-7　$F_P \leqslant 2.91$ kN。

10-8　$d \geqslant 48.16$ mm。

第 11 章

11-1　275 kN。

11-2　$F_{cr} = 401$ kN；$\sigma_{cr} = 665$ MN/m²。

11-3　2540 kN；4750 kN；4825 kN。

11-4　775 kN。

11-5　7490 kN。

11-6　$F_{cr} = \dfrac{\pi^2 EI}{l^2} \rightarrow F_{cr,AB} = \dfrac{\pi^2 EI}{a^2}$, $F_{cr,BC} = \dfrac{\pi^2 EI}{3a^2}$, $\theta = 18.43°$。

11-7　160 kN。

11-8　$n = 2.25$。

11-9　$n = 3.26$。

11-10　$n = 6.48 > 5$，安全。

11 - 11　180 kN。

11 - 12　$[F]$＝215.9 kN。

11 - 13　n＝2.29＜2.5，不安全。

11 - 14　40.625℃。

11 - 17　$d \geqslant 97$ mm。

参 考 文 献

[1]　蔡怀崇，闵行. 材料力学. 西安：西安交通大学出版社，2004.

[2]　刘德华，程光均. 工程力学. 重庆：重庆大学出版社，2010.

[3]　石晶. 材料力学. 北京：交通出版社，2016.

[4]　商泽进，王爱勤，尹冠生. 理论力学. 北京：清华大学出版社，2017.

[5]　哈尔滨工业大学理论力学教研室. 理论力学(I). 北京：高等教育出版社，2002.

[6]　刘荣梅，蔡新，范钦珊. 工程力学(工程静力学与材料力学). 北京：机械工业出版社，2020.

[7]　HIBBELER R C. Statics and Mechanics of Materials. 范钦珊，王晶，翟建明，译. 工程力学(工程静力学与材料力学). 北京：机械工业出版社，2018.

[8]　唐静静，范钦珊. 工程力学(工程静力学与材料力学). 北京：高等教育出版社，2016.

[9]　李晓芳，王秀梅. 工程力学. 北京：北京理工大学出版社，2014.

[10]　翟振东，石晶. 材料力学. 北京：中国建筑工业出版社，2004.